高等职业教育能源动力与材料大类系列教材

业扩报装

YEKUO BAOZHUANG

● 主　编　贺　晨

● 参　编　黎　岚　刘迪宙

骆　军　李金斗

● 主　审　李　理　蔡　芬

曾红艳

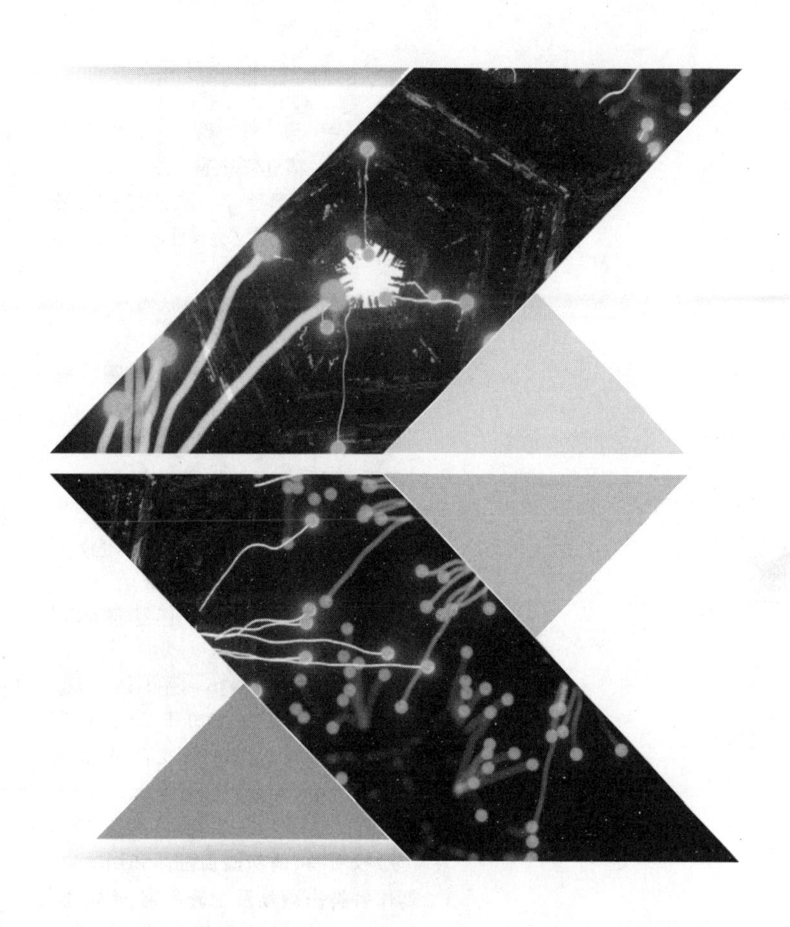

重庆大学出版社

内容提要

本书为国网湖南电力企业大学规划教材，分为8个学习情境22个学习任务，主要内容包括业扩报装服务认知，业务扩充，变更用电，供用电合同，客户用电受理服务，线上办电，新型业务办理服务，安全、纪律风险防控，各学习任务都有任务指导书及任务评价表。

本书可作为高职高专供用电技术专业、供电服务专业的教材，也可作为电力营销工作人员的培训教材或参考用书。

图书在版编目（CIP）数据

业扩报装 / 贺晨主编. -- 重庆 : 重庆大学出版社，2020.4

ISBN 978-7-5689-2094-0

Ⅰ. ①业… Ⅱ. ①贺… Ⅲ. ①用电管理—高等职业教育—教材 Ⅳ. ①TM92

中国版本图书馆 CIP 数据核字（2020）第061015号

业扩报装

主　编　贺　晨

参　编　黎　岚　刘迪宙

　　　　骆　军　李金斗

主　审　李　理　蔡　芬　曾红艳

策划编辑：鲁　黎

责任编辑：杨育彪　　版式设计：鲁　黎

责任校对：王　倩　　责任印制：张　策

*

重庆大学出版社出版发行

出版人：饶帮华

社址：重庆市沙坪坝区大学城西路21号

邮编：401331

电话：（023）88617190　88617185（中小学）

传真：（023）88617186　88617166

网址：http://www.cqup.com.cn

邮箱：fxk@cqup.com.cn（营销中心）

全国新华书店经销

重庆市国丰印务有限责任公司印刷

*

开本：787mm×1092mm　1/16　印张：16　字数：381千

2020年4月第1版　2020年4月第1次印刷

ISBN 978-7-5689-2094-0　定价：39.00元

高等职业教育能源动力与材料大类

（供电服务）系列教材编委会

序言

实施乡村振兴战略，是党的十九大作出的重大决策部署。习近平总书记指出，“乡村振兴是一盘大棋，要把这盘大棋走好”。近年来，在国家电网有限公司统一部署下，国网湖南省电力有限公司全面建设“全能型”乡镇供电所，持续加大农网改造力度，不断提升农村电网供电保障能力，与此同时，也对供电所岗位从业人员技术技能水平提出了更新更高的要求。

近年来，长沙电力职业技术学院始终以“产教融合”为主线，以“做精做特”为思路，立足服务公司和电力行业需求，大力实施面向供电服务职工的定制定向培养，推进人才培养与“全能型”供电服务岗位需求对接，重点培养电力行业新时代卓越产业工人，为服务乡村振兴和经济社会发展提供强有力的人才保障。

教材，是人才培养和开展教育教学的支撑和载体。为此，长沙电力职业技术学院把编制适应供电服务岗位需求的教材作为抓好定向培养的关键切入点，从培养供电服务一线职工的角度出发，破解职业教育传统教材与生产实际、就业岗位需求脱节的突出问题。本套教材由长沙电力职业技术学院教师与供电企业专家、技术能手和星级供电所所长等人员共同编写而成，贯穿了“产教协同”的思路理念，汇聚了源自供电服务一线的实践经验。

以德为先，德育和智育相互融合。本套教材立足高职学生视角，突出内容设计和语言表达的针对性、通俗性、可读性的同时，注重将核心价值观、职业道德和电力行业企业文化等元素融入其中，引导学生树立共产主义远大理想，把“爱国情、强国志、报国行”自觉融入实现“中国梦”的奋斗之中，努力成为德、智、体、美、劳全面发展的社会主义建设者和接班人。

以实为体，理论与实践相互支撑。“教育上最重要的事是要给学生一种改造环境的能力”（陶行知语）。为此，本套教材更加突出对学生职业能力的培养，在确保理论知识适度、实用的基础上，采用任务驱动模式编排学习内容，以“项目 + 任务”为主体，导入大量典型岗位案例，启发学生“做中学、学中做”，促进实现工学结合、“教学做”一体化目标。同时，得益于本套教材为校企合作开发，确保了课程内容源于企业生产实际，具有较好的“技术跟随度”，较为全面地反映了专业最新知识，以及新工艺、新方法、新规范和新标准。

以生为本，线上与线下相互衔接。本套教材配有数字化教学资源平台，能够更好地适应混合式教学、在线学习等泛在教学模式的需要，有利于教材跟随能源电力专业技术发展和产业升级情况，及时调整更新。该平台建立了动态化、立体化的教学资源体系，内容涵盖课程电子教案、教学课件、辅助资源（视频、动画、文字、图片）、测试题库、考核方案等，学生可通过扫描二维码，结合线上资源与纸质教材进行自主学习，为大力开展网络课堂和智慧学习提供了有力的技术支撑。

“教育者，非为已往，非为现在，而专为将来”（蔡元培语）。随着现场工作标准的提高、新技术的应用，本套教材还将不断改进和完善。希望本套教材的出版，能够为全国供电服务职工培养培训提供参考借鉴，为“全能型”供电所建设发展做出有益探索！

与此同时，对为本套系列教材辛勤付出的编委会成员、编写人员、出版社工作人员表示衷心的感谢！

2019 年 12 月

前言

为认真贯彻落实“职教 20 条”和职业院校改革发展精神，推进“三教”（教师、教材、教法）改革，编写贴近生产实际的新时代电力专业教材，教材开发坚持突出产教融合、立德树人、行动教学和评价导向的原则。

本书以《关于全面提高高等职业教育教学质量的若干意见》为指导，依据国网湖南电力公司最新供用电技术专业人才培养方案编写的。本书以工作过程为导向，依据典型工作任务设置课程情境，围绕岗位工作内容设计理论讲授与实训操作高度融合的任务项目，突出职业教育的教育性与职业性；针对岗位特点，分析岗位所需知识、技能和态度，按照行动导向教学模式，梳理学习情境和学习任务；着重强化了学生技能，考核标准结合国网公司技能等级评价标准，按照标准操作流程与要求制定，可有效评估学习效果，形成学习闭环。

本书依托行业优势，校企合作，共同开发，在编写过程中经过了广泛调研，融入了当前新政策、新技术，内容突出了专业的实用性和针对性。

本书由长沙电力职业技术学院贺晨主编；国网湖南省电力科学研究院李理、国网常德供电公司蔡芬、长沙电力职业技术学院曾红艳主审；国网常德供电公司黎岚、刘迪宙、李金斗，国网株洲公司骆军参编。具体编写分工如下：情境 1 和情境 3 由李金斗编写，情境 2 任务 1、任务 2、任务 4 和情境 4 由骆军编写，情境 2 任务 3 由贺晨编写，情境 5 和情境 6 由黎岚编写，情境 7 和情境 8 由刘迪宙编写。

由于编者水平有限，书中难免有不当之处，恳请读者批评指正。

编　者

2019 年 11 月

目录

情境 1　业扩报装服务认知

【情境描述】

本情境是在遵循相关法律法规和标准的前提下，对电力客户服务实施整体把握。要求以供用电网和客户服务组织构建起客户服务大情境。涵盖的工作任务主要包括电力客户服务基本知识、营业厅客户服务、95598 客户服务和现场客户服务。要求学习本情境后能明确电力客户服务的分类与面临的挑战，掌握电力客户服务的基本规范和基本要求，具备电力客户服务基本技能。

【情境目标】

1. 知识目标

(1) 熟悉业扩相关服务的概念、工作内容。

(2) 明确业扩相关服务工作的意义。

(3) 熟悉电价制度及现行电价政策，能正确判断客户执行的电价，包含电价制度认知、销售电价实施范围和输配电价三项任务。核心知识点包括销售电价实施范围。关键技能项包括电价的查询及客户执行电价的确定。

2. 能力目标

(1) 能正确说明业扩相关工作服务所面临的挑战。

(2) 能简要说明柜台服务、95598 客户服务和业扩现场客户服务的主要内容及服务规范。

(3) 能简要说明国家电网公司供电服务"十项承诺"、国家电网公司员工服务"十个不准"、国家电网公司调度交易服务"十项措施"。

(4) 明确电力客户服务基本礼仪和基本语言。

3. 态度目标

(1) 能主动提出问题并积极查找相关资料。

(2) 能团结协作，共同学习与提高。

任务1.1　电力客户服务基本知识

【任务目标】

1. 能简要说明柜台服务、95598客户服务和现场服务的主要内容。
2. 能简要说明售前服务、售中服务和售后服务的主要内容。
3. 能简要说明大工业客户、分时电价客户、农业生产客户和居民客户的主要服务内容。
4. 能正确说明电力客户服务所面临的挑战。

【任务描述】

以柜台服务或95598客户服务中的具体情境——城乡电网改造，智能电能表投入使用后所面临的电力客户服务问题为案例解析电力客户服务所面临的挑战。

【任务准备】

1. 知识准备

客户服务的基本概念与分类。

2. 资料准备

电价文件。

【相关知识】

1.1.1　电力客户服务的内容

电力客户服务贯穿于客户从报装开始到装表接电、用电的整个过程，服务的内容可以从以下3个方面分类。

(1)按供电公司为客户提供服务的渠道来划分,可分为柜台服务、电话服务、现场服务、网络服务、社区服务。

目前应用较广泛的是柜台服务、电话服务、现场服务。

①柜台服务(营业窗口服务)。指供电公司服务人员在柜台(营业窗口)为客户提供的服务,包括业扩报装申请、用电咨询、缴费、开具发票等。柜台服务是目前较为原始、应用面广泛的渠道之一,随着服务手段多元化的不断发展,柜台服务最终会被取代。

②电话服务(热线服务)。指通过电话沟通的方式,受理电力客户用电方面的诉求,为客户解决用电问题和需求,包括客户用电方面的咨询、查询、投诉、举报、故障报修、意见和建议等。随着电话服务内容的不断发展和扩充,客户还可以通过电话获取即时复电、业扩报装申请、更改密码等。目前全国统一的供电服务热线为95598。

③现场服务。指供电服务人员在客户用电现场为客户提供的服务,主要包括用电业务申请与现场勘查、电力工程施工、装表接电、抄表、设备缺陷处理、电费通知发放、抢修或宣传服务等。

④网络服务。指客户通过网络获取的电力客户服务。网络服务的内容主要包括用电信息查询、在线业务申请、网上缴费等。

⑤社区服务。指客户在社区即可获取的电力客户服务。当前社区服务主要包括电费通知、停电通知、电费缴纳、用电政策宣传等。随着服务渠道多元化的发展,社区服务因其便捷和通达,已成为老百姓非常乐意接受的渠道之一。随着智能用电技术的发展以及智能小区的推广,智能社区服务将成为提高客户生活品质、全方位满足客户用电需求的有效渠道。

(2)按电力销售环节来划分,可分为售前服务、售中服务、售后服务。

①售前服务。客户在没有办理正式业扩手续之前,供电公司提供的服务都可称为售前服务。售前服务的主要目的是使客户产生信任,让客户愿意与供电公司形成交易关系。售前服务包括业务咨询、用电政策宣传、现场勘查、供电方案制订和答复。通常客户第一次来供电公司咨询业务办理情况时,为了给客户提供更好的服务,从而赢得客户,供电公司可以积极开展售前服务。

②售中服务。从客户办理业扩报装申请手续,到正式装表接电这个过程,供电公司提供的服务均可称为售中服务。售中服务内容包括业扩收费,业扩工程中间检查、竣工验收,用电技术指导,装表接电等。

③售后服务。售后服务内容较为广泛,包括抢修服务、设备维护、热线服务、信息告知、技术培训、安全用电检查和指导等。售后服务可以对产品在销售过程中出现的失误给予补救以使客户满意。在一些民营电网与国家电网并存的区域,售后服务的优劣直接影响到客户对供电公司的选择。因此,售后服务还可以开拓售电市场。

(3)按产权分界来划分,可分为有偿服务、无偿服务。

①有偿服务。有偿服务指供电公司给客户提供的服务是需要收费的。目前供电公司提供的有偿服务内容主要有客户用电设备代为维护、电能计量装置的故障抢修、信息订阅服务。随着智能用电、互联网的不断发展和应用,未来还会催生出更多新的有偿服务内容。

②无偿服务。无偿服务是相对有偿服务而言的,即由供电公司免费给客户提供的服务,主要以客户产权分界点来划分,在故障抢修、设备维护等方面的界线非常明显。除此之外,供电公司目前提供的服务基本上都是免费的。

1.1.2 湖南省物价局关于全省销售电价分类的通知【湘价电〔2014〕107号】

为进一步规范用电分类,促进用户公平负担,优化电力资源配置,兼顾公共政策目标,根据《国家发展改革委关于调整销售电价分类结构有关问题的通知》(发改价格〔2013〕973号)精神,结合实际,我省现行销售电价分为居民生活用电、农业生产用电、大工业用电、一般工商业及其他用电4个类别,现将各类销售电价具体适用范围通知如下。

1)居民生活用电

居民生活用电包括城乡居民住宅家庭(包括租赁住房)生活用电、城乡居民住宅小区公用附属设施用电、学校教学和学生生活用电、社会福利场所生活用电、宗教场所生活用电、城乡社区居民委员会服务设施用电、农村饮水安全工程居民供水用电、监狱监房生活用电、市州政府所在城市的社区农超对接店用电。

(1)城乡居民住宅家庭生活用电:城乡居民家庭住宅,以及机关、部队、学校、企事业单位宿舍的生活用电。

(2)城乡居民住宅小区公用附属设施用电:城乡居民家庭住宅小区内的公共场所照明、电梯、电子防盗门、电子门铃、二次供水水泵用电、消防、绿地、门卫、车库、物业管理、集中供暖或制冷设施以及为居民服务的非经营性用电。

(3)学校教学和学生生活用电:学校的教室、图书馆、实验室、体育用房、学校行政用房等教学设施,以及食堂、澡堂、宿舍等学生生活设施用电。

执行居民生活用电价格的学校,是指经国家有关部门批准,由政府及其有关部门、社会组织和公民个人举办的公办、民办学校,包括:①普通高等学校(包括大学、独立设置的学院和高等专科学校);②普通高中、成人高中和中等职业学校(包括普通中专、成人中专、职业高中、技工学校);③普通初中、职业初中、成人初中;④普通小学、成人小学;⑤幼儿园(托儿所);⑥特殊教育学校(对残障儿童、少年实施义务教育的机构)及残疾人技能培训机构;⑦党校行政学院、电大、函大、职大、夜大等非经营性成人高等教育机构。

执行居民生活用电价格的学校,不含除残疾人技能培训机构外的各类经营性培训机构(如驾校、烹饪、美容美发、语言、继续教育、电脑培训等)和各类企事业单位的培训中心等。

(4)社会福利场所生活用电:经县级及以上人民政府民政部门批准,由国家、社会组织和公民个人举办的,为老年人、残疾人、孤儿、弃婴提供养护、康复、托管等服务场所的生活及非经营性生活附属服务设施用电。

(5)宗教场所生活用电:经县级及以上人民政府宗教事务部门登记的寺院、宫观、清真寺、教堂等宗教活动场所常住人员和外来暂住人员的生活用电。

(6)城乡社区居民委员会服务设施用电:城乡居民社区居民委员会工作场所及非经营性服务设施的用电。具体包括:城乡社区居民委员会办公场所用电;附属的非经营公益性的图书阅览室、警务室、医务室、健身室等用电;附属的福利院、敬老院以及为老年人提供膳宿服务的养老服务设施的用电。

(7)农村饮水安全工程居民供水用电:列入国家和省农村饮水安全规划,以解决农村居民饮用水为主要目标的乡镇及其以下供水工程中,居民饮用水的取水、抽水、输水等生产用电,不包括办公等用电。

(8)监狱监房生活用电:主要包括监狱、看守所、拘留所中监房的生活用电及场所内的食堂、澡堂等非经营性生活设施用电,不包括监狱、看守所、拘留所等办公及其他用电。

(9)市州政府所在城市的社区农超对接店用电:农超对接店指农产品生产者直接供应农产品的超市、便民店。

凡利用居民住宅及执行居民生活用电的学校、场所从事生产、经营活动的用电不执行居民生活用电电价,应按用电类别分表计量。未分表计量的,按居民生活用电价格执行,如用户拒绝分表计量应按各类用电比例分别计价。

2)农业生产用电

农业生产用电是指农业、林木培育和种植、畜牧业、渔业(含加热、降温)用电,农业灌溉用电,以及农业服务业中的农产品初加工用电。其他农、林、牧、渔服务业用电和农副食品加工业用电等不执行农业生产用电价格。现行贫困县农业排灌用电价格暂单列。

(1)农业、林业、牧业和渔业用电。

①农业用电:各种农作物的种植活动用电,包括谷物、豆类、薯类、棉花、油料、糖料、麻类、烟草、蔬菜、食用菌、园艺作物、水果、坚果、含油果、饮料和香料作物、中药材及其他农作物种植用电。

②林木培育和种植用电:林木育种和育苗、造林和更新、森林经营和管护等活动用电。其中,森林经营和管护用电是指在林木生长的不同时期进行的促进林木生长发育的活动用电。

③畜牧业用电:为了获得各种畜禽产品而从事的动物繁殖、饲养活动用电。不包括专门供体育活动和休闲等活动相关的禽畜饲养用电。

④渔业用电:对各种水生动物进行养殖、捕捞活动用电。不包括专门供体育活动和休闲钓鱼等活动用电以及水产品的加工用电。

(2)农业灌溉用电:为农业生产服务的灌溉及排涝用电。

(3)农产品初加工用电:对各种农产品(包括天然橡胶、纺织纤维原料)进行脱水、凝固、去籽、净化、分类、晒干、剥皮、初烤、沤软或提供初级市场的大批包装用电。具体包括:

①粮食初加工:小麦、稻谷的净化、晒干及米糠清理用电;玉米的筛选、脱皮、净化、晒干用电;薯类的清洗、去皮用电;食用豆类的清理去杂、浸洗、晾晒用电;燕麦、荞麦、高粱、谷子等杂粮清理去杂、晾晒及米糠等粮食的副产品的清理用电。

②水果初加工:新鲜水果(含各类山野果)的清洗、剥皮、分类用电。

③花卉及观赏植物初加工:各种用途的花卉及植物的分类、剪切用电。

④油、糖料植物初加工:菜籽、花生、大豆、葵花籽、蓖麻籽、芝麻、胡麻籽、茶籽、桐籽、棉籽、红花籽、甘蔗等各种糖、油料植物的清理、清洗、破碎等简单加工用电。

⑤茶叶初加工:毛茶或半成品原料茶的筛、切、选、拣、炒等初加工活动用电。

⑥药用植物初加工:各种药用植物的挑选、整理、捆扎、清洗、晾晒用电。

⑦纤维植物初加工:棉花去籽、麻类沤软用电。

⑧天然橡胶初加工:天然橡胶去除杂质、脱水用电。

⑨烟草初加工:烟草的初烤用电。

⑩大批包装:各类农产品初加工过程中提供初级市场的大批包装用电。

(4)贫困县农业排灌用电:国家和省两级扶贫开发工作重点县(市、区)的为农业生产服务的灌溉及排涝用电。

3)大工业用电

大工业用电是指受电变压器容量(含不通过受电变压器的高压电动机)在315 kVA及以上的下列用电:①以电为原动力,或以电冶炼、烘焙、熔焊、电解、电化、电热的工业生产用电;②铁路(包括地下铁路、城铁及电气化铁路牵引用电)、航运、石油(天然气、热力)加压站生产用电及电动汽车充电站(桩)用电;③自来水、工业实验、电子计算中心、垃圾处理、污水处理生产用电;④大型农贸市场用电、蔬菜冷链物流中的冷库用电。

大工业用电为生产用电(含生产车间照明、空调用电)、附属办公等用电应执行一般工商业电价。铁路、航运、电车生产用电主要指运输设备的运行、维修用电。

现行大工业用电价格中暂单列中小化肥用电和离子膜法烧碱用电价格,今后将逐步归并为大工业用电价格。

(1)中小化肥用电:年生产能力为30万t以下(不含30万t)、用电容量在315 kVA及以上的单系列合成氨、磷肥、钾肥、复合肥料生产企业中化肥生产用电。其中复合肥生产用电是指含有氮、磷、钾两种以上(含两种)元素的矿物质,经过化学方法加工制成的肥料生产用电。

(2)离子膜法烧碱用电:采用离子交换膜法电解食盐水而制成烧碱的生产用电。

4)一般工商业及其他用电

一般工商业及其他用电指除居民生活用电、大工业用电、农业生产用电以外的用电。其中包含:

(1)除居民生活用电、生产车间照明和空调用电以外的其他照明用电,如下列用电。

①机关、事业单位、社会团体、医院(诊所)、研究机构、宗教场所等非经营性单位和场所的非居民生活用电。

②铁路、邮政、电讯、管道输送、管道煤气(天然气)、航运、电车、电视、广播、仓库(仓储)、码头、车站、停车场、机场、下水道、路灯、道路绿化、广告(牌、箱)、体育场(馆)、市政公共设施、公路收费站、农贸市场、自来水、有线电视等用电。

③宾馆、饭店、旅社、酒店、咖啡厅、茶座、美容美发厅、浴室、洗染店、摄影等服务业用电。

④商场、商店、交易中心(市场)、超市、加油站、房产销售经营场所等商品销售业用电。

⑤旅游景点、影剧院、录像放映厅、游艺机室、网吧、健身房、保龄球馆、游泳池、歌舞厅、卡拉 OK 厅、高尔夫球场等文化娱乐、健身、休闲业用电。

⑥证券、信托、租赁、典当、期货、保险和银行、信用社等金融交易业用电。

⑦法律服务、咨询与调查服务、广告服务、中介服务、旅行社、会议及展览服务、其他经营性等商务服务;家政、修理与维护、清洁服务业等其他服务业用电。

(2)普通工业用电:受电变压器容量在 315 kVA 以下的工业用电(含污水处理、垃圾处理、农产品批发市场和农贸市场、蔬菜冷链物流中冷库和鲜活农产品冷库用电和农副产品的初加工以外的加工用电)及非工业用电。

(3)农副食品加工业用电:直接以农、林、牧、渔产品为原料进行的谷物磨制、饲料加工、植物油和制糖加工、屠宰及肉类加工、水产品加工,以及蔬菜、水果、坚果等食品的加工用电。

上述一般工商业及其他用电中,受电变压器容量(含不通过受电变压器的高压电动机)达到 315 kVA 以上的,执行大工业用电价格。

本通知自 2014 年 8 月抄见电量起执行。

省内各级价格主管部门要切实加强监督检查,确保上述政策落实到位。对不按上述规定执行的,应依法查处。

1.1.3　电力客户服务所面临的挑战

当前,电力企业改革发展面临新的形势和任务,随着电力体制改革的不断深入,尤其是受市场广泛关注的售电公司的出现,电力市场的交易将更加“民主、开放”。交易方式将逐步升级,出现“电网 + 互联网 + 信用 + 期货 + 零售 + 批发”等多种灵活、自主的交易方式,导致电力企业在开拓售电市场、防范经营风险等方面面临的压力与日俱增。同时面临着优质客户减少、市场份额下降及优质人才流失的严峻挑战,尤其对营销服务业务提出了更高的要求和新的挑战。

当前电力企业的运营方式正在向以电力市场需求和提高客户满意度的方向发展,这就对电力企业的营销服务质量提出了更高的要求,使得电力企业面临了多方面的压力。

(1)海量的业务数据分属不同的应用体系,且类型繁杂。

不少业务数据也都被分散在各自的系统内,造成了数据孤岛;数据庞大且分散,无法被有效利用与提炼升华;对同一组数据,由于基于的统计方法、统计背景和数据来源都可能不一致,极有可能造成数据统计口径偏差。

(2)售电侧业务放开对企业传统营销模式将带来巨大冲击。

新一轮电力体制改革深入推进,企业面临优质客户减少、市场份额下降和优秀人才流失的严峻挑战。电力企业要在市场竞争环境中谋求发展和生存,只有充分了解市场化规则,找准市场定位，变革企业管理机制，才能适应电力体制改革，不被市场所淘汰，稳步向前发展。

(3)行业监管和市场竞争给优质服务提出新的挑战。

电力改革催生市场主体多元化竞争，不断推动供电服务从"监管＋自律"向"监管＋竞争"转变，服务风险和舆情防控难度加大。

(4)客户提出了更多的服务需求及更高的服务质量。

一方面随着市场化经济的不断深入，企业不仅要为用户提供优质的产品，还需要提供越来越优质的服务；另一方面，经济时代逐步向知识经济社会过渡，客户对电力企业提供的产品和服务都提出了更高的要求，客户满意度将成为供电企业发展的重要因素，成为供电企业效益的根本源泉。

电力营销要始终把握好"以客户为中心，以市场为向导"的原则，重点做好以下工作：加快转变营销发展方式和服务模式；高度重视市场变化，积极主动，在参与竞争中掌握先机；高度关注客户需求和变化，快速响应，在优质服务中扩大客户群体，切实加强新形势下营销服务体系的建设。

1)实现电力需求的预测

依托电力大数据技术，整合电力营销各业务系统数据，获取海量的用户数据信息，建立客户的数据关联机制，结合国家政策、经济发展水平、地理环境等因素，对其进行分类、分区域、分行业的数据分析，深入了解不同群体的用电规律和用电行为，科学预测用户的电力需求，并实现对电力的合理调度以及电力需求的合理管控。

2)为客户提供差异服务

通过数据分析获得用户的电力消费水平，实现对用电客户的细分，制订出针对不同客户的行之有效的电力营销策略和服务方案。以细分客户数据为基础，为重要用户提供优质服务，并根据各类客户的特性提供有针对性的、差异化服务。针对重要用户，要主动上门走访，提供技术支撑，并在业务流程、服务机制及服务价格等方面提供高品质的产品和服务，从而满足其对电力企业服务的高需求和高期望。一方面建立业务办理专用"绿色通道"，成立服务工作组，配备专职服务人员为其提供主动式上门服务；另一方面，为这些大客户提供自主式供电时间、提前告知内部消息等服务。同时，电力企业要定期组织开展专业技术及安全知识培训，免费为用户的各类用电设备进行现场检查，不断提升客户的黏合度、忠诚度和满意度。

3)降低企业经营风险

根据用户电量电费及缴费习惯等数据进行监测，通过对客户评估与客户行为追踪，预选出一些拒缴、拖欠电费的客户，创建用电客户的信用等级，提高电款回收效率，实现风险的合理规避，有效防止客户风险转嫁，将企业经营风险降到最低。同时结合移动互联网技术深度整合渠道，充分发挥营业厅、95598 网站、网上营业厅、掌上电力 App、电 e 宝、微信等渠道，为用户提供多渠道缴费模式，提高电费回收率，确保经营成果颗粒归仓。

4)用户服务需求分析

在互联网时代，电力企业的优势更多反映在对用户需求的掌控和生态系统引领上，针对不同类型的用电客户进行创新服务，通过电力企业大数据平台，汇总分析客户需求以及客户投诉等信息。掌握客户关心的中心、投诉集中反映的问题、投诉用户的构成及分布、问题解决效率和追踪，总结、提炼、分析用电客户的聚焦问题。通过建立客户需求导向模型，对用户的需求进行可行性分析，提供一对一的服务，从而提高服务质效。对用户投诉的共性问题，开展深入的诊断分析，提出有效整改方法，并定时开展供电服务明察暗访及电话回访，收集客户的满意度信息。

5）建立客户质量评价体系

借助大数据平台，深入分析客户的电费缴费习惯、违约窃电情况以及社会上各行各业的信用评价等信息，建立客户质量评价模型，通过分析和筛选形成优质客户清单，并对其推送个性化信息，提供特殊化服务。同时，对客户信用进行评估，建立用户信用等级，根据其信用等级确定其电费缴纳方式，形成电力企业内部黑名单用户清单，加强此类客户风险防控，提升企业风险控制能力。

6）支撑营销管理决策

以营销服务技术支撑平台为基础，依托营销基础数据服务平台、营销业务管理平台建设，整合市场发展、经营活动、客户服务、资产运行等数据信息。深度挖掘各类信息数据中的潜在关系，为各类管理和决策者提供多维度、多方位的分析预测性数据，提升工作效率，为企业发展指明正确的方向。

【案例分析】

电表谣言引舆情，多方疏导正视听

1）案例提要

面对网络传播的计量失准谣言，以专业测试、邀请观摩、媒体传播等方式击破谣言正视听。

2）案例分类

电能计量。

3）服务过程

2016年5月，一则“都市频道以‘六连集’曝光电力企业调高电压致使智能电能表快转”的谣言在某省份部分论坛、微博、微信朋友圈疯传，并引起地方主流媒体关注。面对来势迅猛的负面舆情，供电公司多管齐下，在第一时间堵住谣言洞口，以确凿的事实和正面的声音维护了公司的社会形象。

①开展电压波动对电能计量精确度的影响试验，录制现场测试视频，邀请高校知名专家学者现身说法，向广大客户举证说明电压偏高或偏低不影响计量准确。

②组织“电力开放日”活动，邀请客户代表、新闻媒体、人大代表实地参观电能表检定流水线，介绍供电公司通过“驻厂抽样检测、整批到货抽检、全批次逐只检测、出货前抽样复测、第三方(省质监局)抽样复查”5道关卡严格管控质量，进行现场互动答疑，增进供电公司与电力客户的交流和沟通。

③借助媒体力量正面引导舆论。积极撰写《谣言止于智者》等辟谣文章，通过微信、微博发声，并在人民网、新华网、新浪网等主流媒体刊发，积极争取网络舆论话语权，进行舆论引导，及时制止谣言的进一步扩散。

4)取得效果

及时响应，多管齐下，通过权威的解答和面对面的交流，消除客户对智能电能表的疑问和误解，借助媒体的力量发布辟谣文章，进行正面舆论的引导，有效化解智能电能表舆情风险。

5)案例点评

供电服务工作重在得到客户的理解与认可。互联网时代，任何信息都有可能被迅速扩散、放大，面对负面舆情，重在疏导，而不能封堵。这个案例充分说明，在严格管控产品质量的基础上，多关注客户的疑问和需求，多与客户进行沟通交流，及时答疑解惑。调动多方资源，形成宣传合力。通过这些做法，不仅完全可以让网络谣言不攻自破，还能借危机为转机，赢得客户赞誉，展示国家电网公司央企表率、责任担当的良好形象。

【任务实施】

杆迁服务案例分析任务指导书见表1.1。

表1.1 杆迁服务案例分析任务指导书

任务名称	杆迁服务案例分析	学时	2课时
任务描述	客户张先生准备新建自家的房屋，其红线图是1985年合法取得的，2000年农网改造时，因建设需要在未征得张先生同意的情况下，在其红线内立了一根低压电杆，现客户想新建房屋，于是拨打95598供电服务热线电话，要求尽快迁移电线杆。95598客服代表未发起工单而是了解情况后答复张先生，因供电设施建设在先，如需盖房子应由客户出资迁移电杆。95598客服代表告知了张先生由其出资理由：《供电营业规则》第五十条，因建设引起建筑物、构筑物与供电设施相互妨碍，需要迁移供电设施或采取防护措施时，应按建设先后的原则，确定其担负的责任。如供电设施建设在先，建筑物、构筑物建设在后，由后续建设单位负担供电设施迁移、防护所需的费用。但客户提出取得红线图已属合法土地，根据《中华人民共和国物权法》，供电公司无权占用其合法土地，声称不解决就到法院起诉。最后，95598客服代表认为客户说法不可信，就结束了通话。		

续表

任务名称	杆迁服务案例分析	学时	2课时
任务要求	请指出供电公司工作人员违反了哪些条款？暴露了哪些问题？并针对暴露的问题提出改进建议		
注意事项	准确判断客户诉求适用于哪些规定		
任务实施步骤： 一、风险点辨识 客户诉求的合理性、相关条款的适用性。 二、作业前准备 国家电网公司供电服务规范。 三、操作步骤及质量标准 1. 违规条款 2. 暴露问题 3. 措施建议			

【任务评价】

杆迁服务案例分析任务评价表见表1.2。

表1.2　杆迁服务案例分析任务评价表

姓名		单位		同组成员			
开始时间		结束时间		标准分	100分	得分	
任务名称	杆迁服务案例分析						
序　号	步骤名称	质量要求	满分/分	评分标准	扣分原因	得分	
1	违规条款	指出具体条款	40	少于两条每一条扣20分			
2	暴露问题	描述具体问题	20	少于两条每一条扣10分			
3	措施建议	给出具体建议	40	少于两条每一条扣20分			
考评员(签名)		总分/分					

【思考与练习】

2000 年农网改造期间,为使农村网架早日得到改善,村民们能尽快用上“安稳电”,供电公司采取了不少特殊的举措和办法,不少农民朋友们也做出了利益牺牲。但特殊时期已经过去,面对新的形势与任务,供电公司在客户服务方面应做好哪些工作?

任务 1.2　营业厅客户服务

【任务目标】

1. 能简要说明用电客户柜台服务的服务规范。

2. 掌握供电服务仪容礼仪、接待和引导礼仪、介绍礼仪、握手礼仪等,使无形的服务有形化、规范化。

3. 能按照服务礼仪要求规范,注重言谈、举止、行为等,有礼貌地服务客户。

【任务描述】

以营业厅服务实际客户电费收取为例,依据相关服务规范,能运用供电服务礼仪实施电力客户营业厅受理服务。

【任务准备】

1. 知识准备

营业厅服务礼仪、话术等。

2. 资料准备

营业厅服务规范。

【相关知识】

供电营业厅是供电企业为客户办理用电业务需要而设置的固定或流动的服务场所。营业场所服务承担着向客户展示良好礼仪素质和最佳企业形象的重要责任,热情、周到、细致的服务,布局合理、整洁舒适的营业环境会使客户有宾至如归的感觉。营业厅服务规范主要规定了各级供电营业厅服务内容、服务环境以及营业厅相关人员的行为标准等服务质量内容。

1.2.1　服务内容

(1)受理电力客户新装或增加用电容量、变更用电、业务咨询与查询、交纳电费、报修、投诉等。

(2)设置值班主任,安排领导接待日。

(3)县以上供电营业场所无周休日。

1.2.2　服务环境

供电营业厅的服务环境应具备统一的国家电网公司VI标志。内外环境整洁明亮、布局合理、舒适安全,做到"四净四无"。

1)外部服务环境

①营业厅外应设置规范的供电企业标志和营业时间牌。

②营业厅外所列的标志牌应清晰醒目,有光源的标志牌要定时开启光源。

③营业厅外的设施有专人管理,保持外观形象美观整洁,若有污渍、破损、脱落等应及时进行清洁或更换。

④有条件的营业厅外应设置无障碍通道并保持畅通,为残疾人提供方便。

⑤有条件的营业厅外应设置停车位,车辆定点存放,并有专人维护秩序。

2)内部服务环境

①营业厅内环境整洁、明亮。功能区域布局合理,物品与设施放置整齐,环境舒适安全。有条件的营业厅应设置业务洽谈区域和电能利用展示区,并设置无障碍通道。

②营业厅大门内应放置明显的禁烟、宠物禁入、小心滑跌等警示标牌。

③营业厅内醒目位置摆放时钟和日历牌,并保证准确。

④营业厅内应当采取公示栏、电子显示屏、自助服务终端、免费宣传资料或展架等多种

形式，公示业务受理范围、业务办理程序、电价表、收费项目、收费标准、收费依据、服务承诺、服务监督电话、岗位纪律等内容。公示资料应当准确，并及时更新。

⑤营业厅内应当在显著位置公布“12398”电力监管投诉举报电话。

⑥营业厅内应摆放赠阅的宣传资料，资料齐全、整齐，内容包括各类业务收费标准、电价表、服务承诺、用电业务服务指南、电力法规选编、用电知识宣传等。宣传资料的数量应适当，并根据使用情况及时增补更换。

⑦在营业厅入口处设置自动叫号排队系统，供客户根据业务类型取号等待。

⑧营业厅内应当具备可供客户查询相关资料的手段。有条件的可设置用户自助查询的计算机终端。如设备出现故障，应放置故障标示牌并及时修理。

⑨客户休息区应舒适安全，光线明亮。根据条件配备手机充电站、自动售电机、擦鞋机、饮水机、老花眼镜、雨伞等便民设施。

⑩在明显位置设置统一的意见箱、意见簿。

⑪营业柜台前应配备客户座椅，柜台上应放置醒目中英文对照的业务办理标志，并标有柜台编号。

⑫柜台上应放置营业人员岗位牌，背面标有“暂停服务”字样，配备服务评价机的营业厅须确保设备能正常操作。

⑬在书写台上摆放书写工具、各类登记表及示范样本等。

⑭保持营业厅设备、设施、地面的卫生清洁，每天定时清洗，不留灰尘。保持地面无明显污渍、纸屑，墙面和玻璃窗无污渍。

⑮设有卫生间的营业厅，卫生间至少每半天清洗一次，地面和墙面保持干净，空气无明显异味，洗手池无明显污渍，马桶清洁无堵塞现象，定时补充卫生纸。

⑯配备大屏幕的营业厅须确保大屏幕每日正常运行。

1.2.3 营业厅基本服务规范

①应当根据服务半径或者服务人口等因素合理设置营业厅，方便客户进行咨询或查询用电信息，办理各种用电业务等。

②营业人员必须准点上岗，做好营业前的各项准备工作。

③实行首问负责制。无论办理业务是否对口，接待人员都要认真倾听，热心引导，快速衔接，并为客户提供准确的联系人、联系电话和联系地址。

④实行限时办结制。办理居民客户收费业务的时间一般每件不超过 5 min，办理客户用电业务的时间一般每件不超过 20 min。

⑤受理用电业务时，一次性告知用电业务办理流程、办理期限、双方的权利和义务、政府规定的收费项目和收费标准等内容，并提供业务咨询和投诉电话号码。无正当理由不得拒绝客户的用电申请。

⑥主动指导客户填写用电申请及办理所需的手续并及时审核。

⑦客户办理业务时,应主动接待,不因遇见熟人或接听电话而怠慢客户。如前一位客户业务办理时间过长,应礼貌地向下一位客户致歉。

⑧因计算机系统出现故障而影响业务办理时,若短时间内可以恢复,应请客户稍候并致歉;若需较长时间才能恢复,除向客户说明情况并道歉外,应请客户留下联系电话,以便另约服务时间。

⑨当有特殊情况必须暂时停办业务时,应列示"暂停营业"标牌。

⑩临下班时,对正在处理中的业务应照常办理完毕后方可下班。下班时,如仍有等候办理业务的客户,应继续办理。

⑪值班主任应对业务受理中的疑难问题及时进行协调处理。

1.2.4 柜台服务规范

1)接待服务规范

(1)业务受理人员。

①客户行至柜台前主动起身,微笑相迎,礼貌问候并示坐,待客户落座后方可坐下。例如"您好!请坐。很高兴为您服务!"

②客户不坐时,业务受理人员不能马上坐下。需要录入系统或填写表单时,应向客户说明"我马上为您办理××"后方可落座。

③客户较多时,服务人员应当使用"接一、顾二、招呼三"的忙碌待客法进行业务办理,照顾好每位客户。不可只顾及当前客户而忽略了其他客户,或因为当前客户咨询的问题较多而怠慢其他等待客户。

(2)收费人员。

①接待客户时,目光注视客户面部,微笑示意并问候。

②供电营业厅示范窗口可使用自动叫号系统。服务人员接待客户时应起身相迎,微笑示坐。

2)受理服务规范

①遵守"先外后内"的原则。有客户来办理业务时,应当立即停办内部事务,马上接待客户。发现其他岗位等待办理业务的客户较多时,应主动提示客户。

②遵循"首问责任制"原则。无论客户办理的业务与本职是否对口,都要认真倾听、询问,了解客户需求,热心引导,不得推诿。首问负责人在接待后,应主动引导客户至相关柜台或部门办理业务。对紧急事件,首问负责人必须执行闭环管理原则。

③遵循"先接后办"原则。业务办理过程中,后面的客户上前咨询时,首先对正在接受服务的客户致歉,如该客户需要办理的业务不在本柜台时,使用标准手势指示相关岗位,再次对正在接受服务的客户致歉,快速为其提供服务。

④受理用电业务时,应认真、仔细询问客户的办事意图,准确判断客户需求。主动向客户说明需客户提供的相关资料、办理流程、收费项目和标准,快速办理相关业务。

⑤需要客户填写业务登记表时,要将表格双手递给客户,并主动提示客户,需参照书写示范样表进行填写。

3)送客服务规范

(1)业务受理人员。

①客户在业务办理完毕准备离开时,双手递送服务卡给客户,并告知咨询热线,例如:"如果您在用电方面需要帮助,请拨打95598供电服务热线。"

②客户离开柜台时,应微笑起身,与客户告别,例如:"××先生/女士,请慢走。再见!"

(2)收费人员。

注视客户面部,微笑着与客户告别,例如:"请慢走。再见!"

1.2.5 业务服务规范

1)咨询、查询服务规范

①客户咨询时,认真倾听、分析。不随意打断客户讲话,不做其他无关的事情,必要时记录并确认客户咨询、查询的内容。

②在正确理解客户咨询的内容后,方可按相关规定提供答复或引导客户到相关岗位。

③在岗位职权范围内能正确答复的,直接给予明确的答复。对当场无法答复的内容,应请客户稍等,请示(咨询)相关人员得到答案后再答复客户。若还是无法答复时,应请客户谅解并做好记录,留下客户联系电话,并明确告知答复客户的预计时间,例如:"我们将在××时间答复您。您看这样可以吗?"

④客户查询电费或业扩流程办理情况时,应当询问并核实客户身份,符合条件的方可查询,以免泄密。

⑤咨询过程中,如有其他客户咨询,应当给予其答复,不能不理睬。但要向正在办理业务的客户表示歉意,请其稍候。简单问题可直接答复,较复杂问题无法快速答复时,可用标准手势引导客户至其他柜台,或礼貌地请客户排队等候。然后再次对正在咨询或查询的客户致歉,并为其继续提供服务。

⑥客户离开柜台时,应微笑起身,与客户告别,例如:"××先生/女士,请慢走。再见!"

2)业务受理服务规范

①客户行至柜台前,应主动起身,微笑相迎,礼貌问候并示坐。

②注意聆听客户谈话内容,特别是客户提出的问题,准确地判断客户需求,向客户双手递交有关文件或资料。

③在客户申请业务时,应查核登记客户有无陈欠电费或其他违约用电行为。当核查出客户尚有未结费用时,须告知客户先交清费用后方可办理,例如:"对不起,您还有××费用

尚未结清,暂时无法办理,请您结清后再来办理。”

④接受客户申请资料时,应认真核实资料是否有效、齐全。若发现不符合相关规定时,应耐心解释说明。资料不齐全时,应告知客户补齐,例如:“对不起,您还需要准备××资料才能办理。”申请资料缺件且客户无法提供时,应主动帮助客户探寻其他解决办法,同时向上级报告。

⑤需要客户填写用电登记表时,双手递送表格给客户,并提示客户参照书写示范样本正确填写。

⑥认真审核客户填写的业务登记表。如填写有误或内容与所提供的相关资料信息不一致时,应礼貌地请客户重新填写,并给予热情的指导和帮助,例如:“对不起,您填写的登记表与××资料上的内容不一致,请您核对一下再重新填写好吗?”

⑦业务受理完成后,按照对外承诺的相关内容告知客户所办业务的现场勘查、供电方案答复、送电时间、有关资费标准和注意事项,例如:“您登记的××业务的手续办好了,您现在可以到××柜台缴纳××费用××元。”“我们的工作人员将会在××个工作日内上门勘查,相关事宜我们会及时通知您。”

⑧客户办完业务离开时,应微笑与客户告别并起身相送,例如:“请慢走。再见!”

3)收费服务规范

(1)电费收费服务规范。

①客户行至柜台前时,双目注视客户面部,微笑并礼貌问好。

②询问客户户号,与客户核对户名或地址,确认无误后快速查询电费信息。若客户无法提供户号信息,请客户提供户名、地址信息或历史发票,帮助查询。

③准确清晰地告知客户有关电量电费的信息。客户对电费数额有疑问时,耐心听取客户意见,帮助分析用电情况,合理引导客户解决疑问。

④与客户核对缴费金额,应先唱收,告诉客户需缴费金额,接收客户付款。收到的现金有误时,应提醒客户:“对不起,您须缴的金额是××元,还差××元。”收到假币时应委婉地提醒客户:“对不起,麻烦您换一张。”声音要轻,不能让客人觉得难堪。唱付找零,核对票据:“收您××元。找您××元,请您点清收好。”

⑤与客户交接钱物时,应唱收唱付,轻拿轻放,不抛不丢。双手递送票据及钱物。

⑥客户离开时,双目注视客户面部,微笑告别:“请慢走。再见!”

(2)收取客户进账单方式缴费的服务规范。

①当客户采用进账单方式缴费时,应核对收款人、出票人的全称,开户银行、账号、金额等是否正确,印鉴是否齐全、清晰、有效。

②当进账单出票人名称与在册客户名称不符合时,应耐心向客户解释,并请客户提供“代缴电费证明”。遇客户拒绝提供证明时,应耐心解释。如客户仍不同意,可请客户出示工作证件、身份证件,填写临时证明,然后补交单位证明。

③当进账单金额与客户所需缴电费金额不符合时,应耐心向客户解释,并将进账单退还客户或以暂收款方式接收。

④当客户采用银行转账或电子商务等方式进行缴费时,应及时查核并确认收费情况。

(3)换开增值税发票的服务规范。

①客户要开增值税发票,应告知客户换开增值税发票窗口的位置。

②客户来柜台前,换开增值税发票时,应主动点头,微笑示意。

③双手接收客户提供的电费收费普通发票,将增值税号录入营销系统,调出客户资料。

④核对客户户名、户号、地址、金额等信息是否正确。

⑤客户增值税发票新增或变更时,主要向客户说明办理该项业务必须提供工商营业执照、税务登记证、一般纳税人申请认定表等有效证件的原件及复印件。主动提供增值税客户资料新增(变更)申请表、填写示范样本,引导客户正确填写。

4)投诉受理服务规范

(1)接待引导。

①严格执行首问负责制,热情认真接待。

②发现客户来营业厅抱怨、投诉、举报时,应迅速引导客户到相对独立的会客室(或VIP室),以免影响大厅内的其他客户。

③在受理业务过程中遇到其他客户投诉时,要向正在办理业务的客户表示歉意,请其稍候,同时立刻报告主管。主管正在受理业务或不在时,也可以请其他工作人员协助接待处理。

④客户通过电话进行抱怨、投诉、举报时,在接电话中,首先应感谢客户提供宝贵的建议,并做到态度亲切、语气诚恳,认真倾听、确认并记录。让客户多说,不随意打断客户讲话,不做其他无关的事情。

(2)判断分析。

①若属于供电公司的责任时,如果投诉能现场进行处理,可直接向客户解释清楚,提出解决方案;如果不能现场处理,应告知客户在××天之内会回复。

②如很明显属于客户的原因或误解时,应委婉地向客户解释引导,不得表露出对客户的轻视、冷漠或不耐烦,不要责备客户、推脱责任,尊重并注意保全客户面子。

③不属于投诉范围,向客户解释说明,例如:“按××规定,这个问题可以这样解决……您觉得合适吗?”

(3)安抚客户。

①请客户落座,并为其倒水,双手递送。

②运用同理心的沟通技巧,按“先安抚客户后处理事情”的原则办理。努力化解客户的不满情绪,避免与客户发生冲突,例如:“请您别着急,非常理解您的心情,我一定会竭尽全力为您解决的,好吗?”

③如客户表现出非常气愤、焦急、伤心等激动异常的情绪,首先要进行自我暗示,让自己保持冷静,再去安抚客户。

(4)倾听询问。

①接待客户时,要认真倾听,对客户的讲话应有所反应。

②客户在陈述投诉理由时,不得在谈话中途打断客户的话。应让客户把话讲完,以避免

客户情绪激化。

③要认真倾听，准确记忆，尽量做到不让客户重述，以避免客户火气升级。

④询问过程中，语速不宜太快，语气要亲和，表情要真诚，以鼓励客户给予最好的配合。

⑤客户说话太快，可以示意客户："对不起，请您慢慢讲，我会尽力帮助您的！"如确实没有听清楚，可以对客户说："对不起，我没有听清楚，请您重复一遍好吗？"

⑥倾听时，表情要严肃并流露出同情的神态，以向客户表示你对这件事情的关注和重视。对客户的陈述适时给予回应，用"噢，是这样……"等口语，以缓和气氛。

(5)确认。

①当了解整个事件全部过程后，必须向客户核准记录，以便确认客户陈述的准确性："刚才您所讲的情况是这样的，对吗？"

②做好记录，记录应做到内容完整、信息准确。如果客户愿意，请客户留下联系方式或在记录本上签名确认，并感谢客户，例如："请留下您的联系电话好吗？""谢谢您的合作！"

(6)送别客户。

①告知客户投诉处理流程及时限，例如："我会将您的情况反映给××部门或人员，在××日内您会得到明确的答复。"

②客户投诉完毕准备离开时，投诉接待人员必须礼貌送客户至营业厅门口，并感谢客户提供的宝贵意见："非常感谢您的宝贵意见，请慢走。再见！"

(7)汇报领导。

①将受理情况快速向值班主任汇报，由其决定流转的处理部门并传递。

②按规定在"首问负责制跟踪记录单"上及时、准确地做好相关记录。

5)特殊事件服务规范

面对特殊事件要保持冷静、沉着、随机应变，及时报告主管，妥善处理。因特殊情况须离开岗位或需暂停受理业务时，须摆放"暂停服务"标识牌。

(1)电脑或系统故障、突然停电等影响营业厅正常营业时。

①立即对客户做好解释工作，取得客户谅解，并请客户在休息区等待。

②值班主任应咨询相关部门，并告知全体营业人员具体原因。

③当短时间内无法解决故障时，如果能确定故障排除时间，可通知客户在故障排除后再来办理，或请客户留下联系方式，日后上门办理；如果可以手工办理的业务，应正确指导客户填写相关表单，待故障排除后再录入办理。

④在营业厅提供报纸、杂志，缓解客户等待时的急躁情绪。

⑤必要时启动应急预案。将故障情况迅速报告值班主任，由其安排并进行故障处理。

(2)客户在营业厅发生意外。

①客户在营业厅意外摔伤、划伤或生病时，应建议并安排客户到休息区休息，同时报告值班主任。

②情况紧急时，立即拨打120急救电话，同时通知客户家属。

③下雨天，营业厅工作人员应提醒客户地面湿滑，注意安全。

(3)遇到新闻媒体采访。

①不得擅自回答记者提问,快速落实单独的接待场所。

②引导记者落座后,为其倒水,双手递送,稍后为其联系相关领导。

③立即报告值班主任,由其安排受访事宜。

(4)残疾人或行动不便的客户到营业厅办事。

应主动上前搀扶,帮助其办理各项手续,并请客户留下联系地址和电话,以便今后提供上门服务。

(5)接待聋哑人(或外宾)。

①使用手语(外语)交流。

②若不能正确理解聋哑人(或外宾)表达的意思,应及时请示值班主任,由具备较好手语(或外语)能力的营业员接待。

(6)客户无理取闹。

①首先引导客户至相对独立的区域或接待室,耐心解释。根据客户需要可请主管接待或保安协助处理,同时向值班主任汇报。

②在受到打、砸、抢、围攻等紧急情况下,尽量稳定现场秩序,可直接拨打公安报警电话 110 求助解决。

(7)客户骂人。

保持心态平和,不要被其左右,不可与客户对骂,可回答:"对不起,您这样的方式不利于我们交流。希望您能平静下来说明您遇到的问题,我们会在条件允许的情况下尽快为您解决。"

(8)面对较大政策调整。

①准备好相关宣传资料及相关文件并做好应对预案。

②提前熟悉政策,设想客户可能会咨询的问题并做好准备。

(9)接待访问、参观。

①接到访问、参观、检查通知时,须提前指定引导员,做好相关的准备工作。公司领导临时来营业厅检查或陪同来宾参观时,引导员应主动相迎并先自我介绍。

②来宾到达营业厅门口时,迎接人员应使用标准站姿站立两侧,微笑问候,行 15°鞠躬礼,并使用标准手势引导来宾进入营业厅。

③来宾进入营业厅时,没有接待客户的营业人员要起身迎接。来宾行至 3 m 内,依次微笑问候,行 15°鞠躬礼,并随来宾行进方向目送来宾 3 m 行程。

④引导员站在来宾前侧方进行引导或讲解。与来宾同行时,二人并排行走,右为尊;三人并排行走,中位尊;四人应分成两排行走;上下楼梯时靠右行,让来宾走在上方台阶,以防万一。

⑤来宾参观展示厅时,耐心解答来宾提出的问题。详细介绍、演示设备并正确指导来宾使用。

⑥当来宾参观访问完毕,准备离开营业厅时,相关接待人员要站在营业厅门口两侧,行 15°鞠躬礼,微笑欢送。

1.2.6　日常服务规范

1)晨会服务规范

(1)会前。

①统一着装。检查仪容仪表、本职工作所需设备状态及相关记录、资料准备情况。

②专人检查营业厅内资料和用品是否齐全,服务设施能否正常工作。

(2)会中。

①营业前5 min,由值班主任主持召开晨会,当日所有在岗营业人员都要按时参加。

②晨会时检查营业员的仪容、仪表是否符合规范。

③总结点评前日服务工作,并布置当天的工作内容。

④有重大政策调整时进行通知和宣讲。

(3)会后。

①全体人员在值班主任带领下,同呼团队口号,上岗工作。

②按当日工作安排,对前日交接的未办结工单进行跟踪处理。

2)宣传资料的放置和发放规范

①将宣传资料分类放置在客户易见易取的位置。

②每天到岗时要检查营业厅内陈列的用电宣传资料的备存数量情况。保证宣传资料充足、齐全,摆放整齐有序。

③宣传资料要及时更新。根据电价、服务标准、收费标准等用电政策的变化,对用电宣传资料内容提出更新印制的登记。

④根据具体需要主动提供并递送相关的宣传资料,或引导客户到宣传资料架上取阅。

⑤免费赠阅的宣传材料包括:电力法规制度、办理用电业务须知、电价与电费规定、安全用电和节约用电常识等。

3)客户意见簿(箱)查阅规范

①客户意见簿(箱)放置营业厅醒目位置,设专人管理。每天定时取阅,及时处理。

②对客户反映的意见和建议及时向有关部门和人员反映。在规定的时间内将答复意见反馈给客户,并做好记录。

③收到抱怨、投诉或举报时,详细记录具体情况后,按《投诉举报处理规范》进行处理。

④将客户书信根据不同类型的问题进行分类,转由相应的部门处理,并在规定时间内答复客户。

4)自助查询系统使用规范

①营业厅至少应设置一台供客户使用的自助服务查询终端,不得无故停用。

②可供客户查询内容至少应包括电力公司及部门介绍、业务处理进度、相关电力法律法规、用电服务指南、服务承诺、收费标准、电价与电费、业务流程、停电预告等相关内容。

③每天按上下班时间，做好开机、关机工作。上班前检查自助服务查询系统能否正常工作。

④发现客户不能正确使用自助查询系统时，应派专人负责，并主动向其演示使用方式、方法。

⑤客户误操作使得查询界面有变动，或自助服务查询系统发生异常时，应贴上“暂停使用”的提示，同时报告主管，通知相关部门进行维修。

⑥定期检查自助服务查询系统的内容。

⑦在使用过程中若发现硬件设备、界面设定有故障，要及时进行维护，确保自助服务查询系统正常运行。

⑧检查自助服务查询系统的台面是否保持清洁，发现灰尘、污渍及时清理或提醒保洁员清理。

5）自动叫号排队系统使用规范

①每天按上下班时间做好开机、关机工作。

②引导员主动询问客户需要办理的业务，指导客户在自动叫号排队系统上选取自己将要办理的业务种类。

③当取出自动排队号码条后，应引导客户到客户休息区等候，并提醒客户注意听取电脑自动叫号。

④自动叫号排队系统出现故障时，值班人员应及时联系维修人员。同时妥善安排客户排队或人工排号，维持好营业厅秩序，必要时请保安协助。

6）便民用品服务规范

①营业厅应放置笔、老花眼镜等便民用品。根据条件设置饮水机、纸杯、雨伞、常用药品、手机充电站等便民设施，为客户提供方便。

②将便民用品分类放置在客户易见易取的位置。

③当客户需要相关便民设施时，应主动提供帮助并指导其正确使用。

④上班前检查笔、备用药品、老花眼镜和雨伞等便民用品是否齐全。发现缺失或损坏时，要向相关管理人员报告，及时补齐。

⑤检查饮水机是否能正常工作、饮用水是否在保质期内，杯子是否干净、充足。当发现饮用水不在保质期内或杯子数量不足时应报请相关部门及时更换或补充。

⑥检查备用药品是否在保质期内。

7）卫生保洁服务规范

①在营业厅内不得随地吐痰、不乱扔废纸；桌、椅、柜干净整洁；不得在办公区域内吸烟。

②营业厅办公用品及柜内物品摆放有序，按定置管理要求作好日常管理工作，与工作无关的物品不准带入营业厅。

③坚持每日上班前打扫个人区域和责任区内的卫生，不留卫生死角。

④保持客户休息区用品清洁卫生。保持排队机、触摸屏、展示牌、宣传柜、饮水机等设备洁净。

⑤保持个人物品定置摆放有序，桌面、座椅、纸篓附近无纸屑杂物。

⑥保持计算机、扫描仪和打印机卫生，做到外部清洁无尘。

⑦定期打扫如消防栓箱、资料宣传架、宣传电视机等设施。

⑧每日下班后，关掉办公设备及电灯的电源，并确认门窗关好。

⑨对班组的办公设备、使用器具做好维护、保养、清洁工作。

⑩遇雨雪等恶劣天气，应在营业厅入口处铺防滑地垫，并放置安全提示牌。

8）保安服务规范

①礼貌接待客户，使用规范服务用语。

②维护营业厅门前的停车秩序，避免发生停车纠纷、冲突。

③协助维护营业厅内的环境秩序。

④雨雪天气时，实时为客户提供雨具和撑伞服务。

⑤做好检查和巡视工作。严禁将易燃易爆品如烟花爆竹带入营业厅，消除营业厅的安全隐患。

⑥防范小偷等违法分子危害营业厅工作人员和客户的财产安全。

⑦对无理取闹的客户，主动协助现场服务人员维持秩序，保护服务人员人身安全。

⑧遇到攻击服务人员事件，第一时间进行阻止，控制现场秩序。

⑨营业厅内禁止吸烟，遇到吸烟的客户应礼貌提醒。

⑩营业厅内禁止携带宠物，遇到携带宠物的客户应礼貌提醒。

⑪下班前检查营业厅员工的电脑、打印机、排队机等用电设备是否关闭，电源是否断开，避免火灾隐患。定期检查和更换消防器材。

⑫装有保安监控系统的营业厅，应确保其每日正常运行。

【案例分析】

担心解款不方便，拒收现金引投诉

1）案例提要

某供电所营业厅工作人员在受理客户交费业务时，拒绝收取客户现金，要求客户去自助交费机交费，客户表示不满，引发投诉。

2）案例分类

营业厅服务。

3）事件过程

某年3月15日下午5时左右，客户李女士来到某供电所营业厅交纳电费，收费人员徐某眼见临近下班时间，担心收了现金后来不及去银行解款，故告知李女士营业厅电费发票用完了，不能进行现金交费，让李女士自己去自助交费机交费。

李女士着急回家做饭，就自己到营业厅里的自助交费机进行交费，但由于不熟悉设备操作又交费心切，花了10多分钟才交费成功，此间营业厅收费人员徐某和业务人员张某均没有上前提供帮助。李女士交费后回家忙完家务，立即致电95598投诉营业厅拒收现金，并向当地消费者协会反映此事。

4）造成影响

营业厅服务不到位，不但给客户造成了不便，还侵犯了客户正当权益。事后，客户通过多种渠道进行了事件反映和投诉，严重影响了国家电网公司良好的服务形象。

5）应急处理

事件发生后，供电公司立即核实情况，并主动向客户道歉，对责任人进行相关处理，客户表示满意。

6）违规条款

本事件违反了以下规定：

①《国家电网公司员工服务"十个不准"》第6条：不准违反首问负责制，推诿、搪塞、怠慢客户。

②《国家电网公司供电客户服务提供标准》5.1.2.2：各等级供电所营业厅应具备"收费"服务功能；6.7.4.1：供电所营业厅坐收电费的服务流程。

7）暴露问题

①营业厅工作人员服务意识淡薄，沟通能力欠缺，未能充分尊重客户选择权。同时在客户操作自助交费机不熟练的情况下也未给予指导帮助。

②营业厅电费发票准备不足、现金管理手段不能有效支撑优质服务，营业厅现金管理与发票管理不到位。

8）案例点评

服务无小事。本案例看似是服务中的小问题，但是小的服务问题，可能会引发客户不良服务体验，造成客户不良服务感知，特别是在客户维权意识日益增强的情况下，小的业务问题很可能酿成大的服务事件。供电所营业厅是电网企业的服务窗口，分布点多面广，任何一名营业厅工作人员的不规范服务行为，都有可能为企业带来负面影响，所以要进一步加强营业厅工作人员培训，规范供电所营业厅日常运营管理，以实际行动维护国家电网公司的良好品牌形象。

【任务实施】

营业厅服务案例分析任务指导书见表1.3。

表1.3　营业厅服务案例分析任务指导书

<table>
<tr><td>任务名称</td><td>营业厅服务案例分析</td><td>学时</td><td>2课时</td></tr>
<tr><td>任务描述</td><td colspan="3">某年4月11日上午12:00,客户张女士在营业厅等待办理打印电费清单。
客户代表小王:营业厅已下班,办不了了,下午再过来吧。
客户张女士:小妹,我只打印一份电费清单,不会占用很多时间的。
客户代表小王:唉,那你提供一下用户编号。
根据客户张女士提供的用户编号,客户代表小王打印了一张电费清单,随手就丢给了张女士。当天下午14:35客户代表收到客户张女士的投诉。投诉内容为:客户代表面无表情,态度冷淡,随意将其家中电费清单打印给身份未经核实的人士</td></tr>
<tr><td>任务要求</td><td colspan="3">请指出供电公司工作人员违反了哪些条款,暴露了哪些问题,并针对暴露的问题提出改进建议</td></tr>
<tr><td>注意事项</td><td colspan="3">无</td></tr>
<tr><td colspan="4">任务实施步骤:
一、风险点辨识
工作人员违规行为的核准。
二、作业前准备
国家电网公司供电服务规范、国家电网公司员工服务“十个不准”。
三、操作步骤及质量标准
1.违规条款
2.暴露问题
3.措施建议</td></tr>
</table>

【任务评价】

营业厅服务案例分析任务评价表见表1.4。

表1.4　营业厅服务案例分析任务评价表

<table>
<tr><td>姓名</td><td></td><td>单位</td><td></td><td colspan="2">同组成员</td><td colspan="2"></td></tr>
<tr><td>开始时间</td><td></td><td>结束时间</td><td></td><td>标准分</td><td>100分</td><td>得分</td><td></td></tr>
<tr><td>任务名称</td><td colspan="7">营业厅服务案例分析</td></tr>
</table>

续表

序号	步骤名称	质量要求	满分/分	评分标准	扣分原因	得分
1	违规条款	指出具体条款	60	少于两条每一条扣15分		
2	暴露问题	描述具体问题	20	少于两条每一条扣10分		
3	措施建议	给出具体建议	20	少于两条每一条扣10分		
考评员(签名)			总分/分			

【思考与练习】

全社会对信息安全越来越关注,如何提高客户对供电公司的信任感?

任务1.3　95598客户服务

【任务目标】

1. 能简要说明95598客户服务的服务规范。
2. 掌握95598客户服务的语言表达要求。
3. 能在客户服务过程中运用相关的语言技巧,提高服务技能。

【任务描述】

以实际客户受理案例为例,依据相关服务规范,运用供电服务语言实施电力95598客户服务。

【任务准备】

1. 知识准备

95598客户服务语言沟通技巧。

2. 资料准备

95598 客户服务规范。

【相关知识】

国家电网公司统一的供电服务电话号码为95598，通过电话、客户服务网站、短信、传真、电子邮件、VOIP 等方式，为客户提供 7×24 h 用电信息查询、电力故障报修、投诉、举报、意见、建议、业务受理、信息发布、电费缴纳等服务项目。通过规范的流程将客户需求反馈给各相关技术支持和供电服务部门进行处理，并负责调度、监督、催办、回访、统计、分析和考核，实现客户服务的闭环管理。

1.3.1　服务内容

①“95598”供电服务热线：停电信息公告、电力故障报修、服务质量投诉、用电信息查询、咨询、业务受理等。

②“95598”供电服务网站：停电信息公告、电力故障报修、服务质量投诉、用电信息查询、咨询、信息订阅、电费缴纳。

③24 h 不间断服务。

1.3.2　95598 客户服务规范

①供电企业应在营业区内设立 24 h 不间断供电服务热线电话，受理客户供电故障报修、用电信息查询、业务咨询、业务受理、服务质量投诉等。

②供电服务热线电话应当接听及时。时刻保持电话畅通，电话铃响 4 声内接听，超过 4 声应道歉。应答时要首先问候，然后报出单位名称和工号。

③接听电话时，应做到语言亲切、语气诚恳、语音清晰、语速适中、语调平和、言简意赅。应根据实际情况随时说“是”“对”等，以示专心聆听，重要内容要注意重复、确认。通话结束，须等客户先挂断电话后再挂电话，不可强行挂断。

④受理客户咨询时，应耐心、细致，尽量少用生僻的电力专业术语，以免影响与客户的交流效果。如不能当即答复，应向客户致歉，并留下联系电话，经研究或请示领导后，尽快答复。客户咨询或投诉叙述不清时，应该用客气周到的语言引导或提示客户，不随意打断客人讲话。

⑤核对客户资料时（如姓名、地址等），对多音字应选择中性词或褒义词，避免使用贬义

词或反面人物名字。

⑥接到客户报修时,应详细询问故障情况。如判断确属供电企业抢修范围内的故障或无法判断故障原因,应详细记录,立即通知抢修部门前去处理。如判断属客户内部故障,可电话引导客户排查故障,也可应客户要求提供抢修服务,但要事先向客户说明该项服务是有偿服务。

⑦因输配电设备事故、检修引起停电,客户询问时,应告知客户停电原因,并主动致歉。

⑧客户打错电话时,应礼貌地说明情况。对带有主观恶意的骚扰电话,可用恰当的言语警告后先行挂断电话并向值长或主管汇报。

⑨客户来电话发泄怒气时,应仔细倾听并做记录。对客户讲话应有所反应,并表示体谅对方的情绪。如感到难以处理时,应适时地将电话转给值长或主管等,避免与客户发生正面冲突。

⑩建立供电服务热线回访制度。对客户投诉,应当100%跟踪投诉处理全过程,并进行回访。对故障报修,修复后及时进行回访,听取意见和建议。

1.3.3 95598网页(网站)服务规范

①供电企业应当积极完善供电服务网站,逐步实现网上发布停电信息公告、受理用户供电故障报修、用电信息查询、业务咨询、业务受理、服务质量投诉等。

②网上开通业务受理项目的,应提供方便客户填写的表格以及办理各项业务的说明资料。

③网站提供在线咨询或留言功能,管理员应及时对客户的意见和建议进行回复。

④网页内容应及时更新。

1.3.4 电话基本服务规范

1)语音服务规范

通话时语言亲切、语气诚恳、语音清晰、语速适中、语调平和,禁止使用反问、质问的口气。

①语调:轻柔甜美、温和友好。在通话中语调要富于变化,以提高声音的感染力。

②音量:正常情况下,应视客户音量而定,但不应过于大声。当客户生气大声讲话时,不要以同样的音量回应,而要轻声安抚客户,使客户的情绪平静下来。当遇到客户的听力不好时,可适当提高音量。

③语速:正常每分钟应保持在120~150个字。当需要重点强调或客户听不明白时,可适当调整语速。

2)聆听服务规范

①了解客户的需求时,要学会倾听,不得随意打断客户的话语,让客户将问题表述完后

再答复。客户表述不清时,应引导或提示客户。

②在倾听过程中,表示出对话题的兴趣,态度积极,根据实际情况随时说“是”“对”等,以示专心聆听。

③将客户分散的话务进行归纳,对重要内容要重复、确认,注意听出客户的弦外之音,了解客户的真实需求,为客户提供解决方案。

④与客户通话时坐姿端正,不得用手托腮,不得趴在台席上工作。

3)电话外拨服务规范

①95598外拨电话包括电话回访和主动服务。呼出电话尽量避免在用餐、午休和夜间时刻打扰客户。外呼时间为9:00~12:00,14:30~21:00。

②客户代表应在规定的时限内进行回访,回访电话接通后,首先要向客户自我介绍,并确认客户身份,以免张冠李戴现象,引起对方不满。例如:“您好!我是××供电公司95598,请问是××市的××客户吗?对不起,可以打扰您一下吗?”

③做电话回访时,要按照不同的业务类型分别进行有效沟通。对咨询、查询、投诉、举报类客户,应将了解的信息和处理的结果回复给客户,询问客户是否明白,再对处理流程和处理结果进行满意率调查。客户代表要准确、真实地录入客户意见,将不满意的客户意见上报主管,并将主管处理意见回复客户。

④95598提供主动服务时,首先要向客户自我介绍,说明来电意图,并为打扰客户而道歉:“您好!我是××供电公司95598,我们正在推介电力短信服务,不好意思,可以打扰您一下吗?”若客户同意继续通话时,则向客户介绍具体业务,通话结束后再次向客户表示感谢:“感谢您对我们的工作的支持,祝您心情愉快,再见!”若客户不同意继续通话时,客户代表应向客户再次道歉:“不好意思,打扰您了,祝您心情愉快,再见!”

⑤结束通话后使用服务用语,例如:“很抱歉占用您宝贵时间,谢谢您!再见”。挂电话时等客户挂机后再放下电话。

4)电话服务用语规范

①使用标准普通话。当客户要求时可讲本地话,若遇到外宾时,宜用外语交流或转英语坐席。

②使用规范的服务用语进行交流,禁止使用服务忌语,尽量少用生僻的电力专业术语。

③核对客户资料时(如姓名、地址等),对多音字等应优先选择中性词或褒义词,避免使用贬义词或反面人物名字。

④电话基本服务用语见表1.5。

表1.5　电话基本服务用语

服务用语	服务忌语
我能或我会…… 我能为您做些什么呢?	我(我们、你)不能…… 你没理解我的意思

续表

服务用语	服务忌语
对不起(我为……感到抱歉)!	你的问题在哪里? 我从来没说过…… 你的话没道理
我能了解您的感受	我们有规定(禁止)……
您是对的	你错了!
您需要提供…… 您可以…… 您看这样可以吗?	你不得不…… 你必须…… 你应该…… 你为什么不……
不知道我说清楚没有? 我可以做的是……	你明白了吗? 你不明白 听我说 你没有听我说
客户与名字一一对应,用姓氏来称呼客户	喂,你
然而、和或者仍(避免提及"但是") 情况、争论的要点和所关切的事(避免提及"问题"这个词语) 经常、许多次和一些(避免全局词汇的使用)	"但是"这个词 "问题"这个词 全局性词汇(总是,从不和没有等) "不"这个词

⑤电话服务规范用语见表1.6。

表1.6　电话服务规范用语

服务内容	服务用语
首问语	"您好!请问有什么可以帮您?" 95598客户服务系统中没有自动播报客户代表工号时:"您好!××号为您服务,请问有什么可以帮您?"
电话接通客户无声音时	"您好!请问有什么可以帮您?" 中间间隔3~5 s:"您好!这里是供电服务热线95598,请问您能听见我的声音吗?" 仍听不到客户回应时,"对不起!我听不到您的声音,请您换一部电话再拨,好吗?"停顿2 s,说"再见"后挂机

续表

服务内容	服务用语
客户声音太小听不清楚时	“对不起！我听不清您的声音，请您大声一点，好吗？” 仍听不清，再重复一遍，重复时语气仍要保持轻柔委婉 还是听不清：“对不起，电话声音太小，请您换一部电话再拨，好吗？”停顿 2 s，说“再见”后挂机
工作时间需要客户较长等待时	应讲明原委并征询客户的意见：“对不起，我帮您查询一下，稍后可能会没有声音，请不要挂机！”客户同意后按下静音键，并迅速处理问题，不可用命令语气。静音等候时间一般不超过 20 s
重新与等候的客户交谈时	应在查询后立即进入与客户通话状态，并向客户致歉：“对不起，××先生（女士），让您久等了！”或“感谢您的耐心等待。”
遇到客户询问坐席人员姓名时	“对不起，我的工号是××号。”；若客户坚持要问，则可以回复：“对不起，在我们客服中心，我的工号就代表我，谢谢您的支持。”
遇到客户善意邀请时	“非常感谢！对不起，我们是供电服务热线。请问您还有其他用电服务需求吗？没有请挂机。”
遇客户指责操作慢时	“对不起，让您久等了，我马上为您办理。”
客户提出建议时	“感谢您提出的宝贵建议，我们会及时反馈给公司相关部门，再次感谢您对我们的关心和支持。”
遇到客户提出的要求无法做到时	应向客户致歉，并提供其他解决方法。“××先生（女士），对不起，您的要求我们暂时无法满足您，请您谅解，但我会将您的要求建议给相关部门，好吗？”
遇到客户投诉坐席人员态度不好时	“由于我（我们）的服务让您感到不满意，很抱歉，请问您是否能将详情告诉我？让我（我们）吸取经验进行改正，以便下次更好地服务。”
客户投诉坐席人员工作出差错时	“对不起，请原谅！”；如客户仍不接受道歉，则回复：“对不起，请您稍等，由我们的主管与您联系处理好吗？稍后回复您。”迅速将此情况转告当班值长，当班值长应马上与客户联系并妥善处理
遇客户表扬时	表扬本人时：“谢谢您！不客气，这是我们应该做的。” 表扬其他人和部门时：“谢谢您！我们会将您的表扬及时反馈给相关部门人员。”

续表

服务内容	服务用语
遇客户致歉时	“没关系,请不要介意。”
为客户提供人工电费查询服务后	“为了方便您查询××,我们开通了自动查询××功能,欢迎您下次使用95598自动查询功能,谢谢您的来电,再见!”
客户查询进度时	“我们××时已派出抢修队伍,现正在全力抢修,故障排除后,会及时恢复供电。”
所办业务一时难以答复需咨询相关部门	应耐心解释原因,并征求客户意见:“××先生(女士),您的问题我们需要到相关部门查询,恐怕会耽搁您较长时间,请您留下联系方式,我们查询后立即答复您,好吗?”
客户反映的问题未及时处理时	“对不起!您反映的问题我们正在积极处理。因为牵涉几个部门协调,所以时间会较长,我们会在问题解决后第一时间与您联系!”

1.3.5 业务服务规范

1)咨询、查询服务规范

①提供咨询、查询服务时,应使用规范化服务用语,合理运用电话服务技巧,引导客户说出关键内容,快速准确地判断客户的咨询重点及需要查询的信息。

②客户咨询时,认真倾听、分析。不随意打断客户讲话,不做其他无关的事情,必要时记录并确认客户的咨询、查询内容。

③详细询问客户基本信息和业务需求并做好记录。复杂事项需与客户确认所咨询、查询的业务:“请问您是要咨询(查询)××业务吗?”查询操作时,向客户说明:“请稍候。”超过15 s应告知客户:“我正在为您查询。”

④对能够直接答复客户的业务咨询、信息查询,客户代表应借助营销系统和相关电力知识立即答复客户。对不能当即答复客户的咨询、查询,但经联系相关部门或人员可以较快答复的,应告知客户。“对不起,请您稍等。您提的问题暂时不能答复,请您留下联系电话,我将在××时间答复您。”

⑤答复客户咨询、查询结果后,应了解客户对本次服务的满意程度。

⑥应派专人负责电力知识库的收集整理工作,知识库信息准确、完整并实时更新,为客户提供准确的业务咨询、信息查询服务。

2)故障报修服务规范

①接到故障报修电话,客户代表要详细询问客户的故障情况,引导客户说出关键内容,

初步判断故障原因及类型。报修故障为计划停电、欠费停电造成时,应向客户说明原因。

②判断属于供电企业维修范围内的故障或无法判断故障原因,要详细记录客户报修的故障内容、客户地址、联系方式,以便抢修人员到达现场后,能迅速找到故障点并排除故障。当发生大面积故障停电时,立即报告当值负责人及主任,启动抢修应急预案。

③属于客户内部产权故障,可电话引导客户排除故障,并告知客户故障不属于供电企业免费抢修范围,建议客户联系产权归属部门或有资质的维修队伍或社会电工处理,也可应客户要求提供抢修服务,但要事先向客户说明该项服务是有偿服务。

④对已完成的故障报修单,客户代表应在规定的时限内回访客户,核实故障抢修结果。若属供电方责任造成故障没有处理完成,客户代表应立即将工单退回相关责任单位重新处理。

⑤电话回访时,应向客户做满意度调查,了解现场抢修人员的工作质量、服务质量、到达现场时间、故障修复时间等,并准确、真实录入客户意见。

⑥因客户电话关机、停机或拒绝接听电话,造成无法联系客户时,应不少于3次回访,每次回访时间间隔不小于2 h,回访失败应如实记录失败原因。

3)投诉、举报服务规范

①接到客户投诉时,客户代表首先应运用同理心的沟通技巧,按“先安抚客户后处理事情”的原则办理。努力化解客户的不满情绪,避免与客户发生冲突,例如:“请您别着急。非常理解您的心情。我一定会竭尽全力为您解决的。好吗?”客户情绪激动时,不要与客户顶撞或辩论,尽量让客户陈述,待客户发泄情绪后再处理。

②耐心、认真聆听客户的投诉,准确记忆,尽量做到不让客户重述,以避免客户火气升级。聆听时,声音要流露出同情,以向客户表示你对这件事情的关注和重视。对客户的陈述适时给予回应,用“噢,是这样……”等口语以缓和气氛。客户在陈述投诉理由时,不得在谈话中途打断客户,应让客户把话讲完,以避免客户情绪激化。

③详细询问客户具体情况,引导客户说出投诉具体事件、发生的时间以及涉及的人员等关键信息,初步判断责任归属,并适时向客户表达歉意或谢意。

④根据客户描述,判断是否属于供电企业的问题。若判断属于供电方责任,应立即向客户道歉,并提出解决方案供客户参考。若无法提供解决方案时,则请客户耐心等候,告知客户我们会派工作人员现场核实,并告知投诉处理流程及时限:“非常感谢您对供电服务的关心,我们会在××个工作日内给您回复,谢谢!”若判断属于客户方责任,应根据相关政策耐心细致地向客户做好解释、说明工作,争取客户的理解。

⑤严格保密制度,尊重客户的意愿,满足客户匿名请求,为投诉举报人做好保密工作。

⑥电话回访时,应向客户做满意度调查,征求客户对投诉处理的意见,并了解相关人员的工作质量、服务态度、答复时间等。客户投诉应100%进行回访,并准确、真实录入客户意见。

4)客户建议、意见服务规范

①客户对电网建设、服务质量等供电服务中存在的问题提出良好建议和意见,帮助供电

企业提高服务质量。客户代表要以积极诚恳态度,按照流程及规范要求,快速、准确地处理相关工单。

②当客户提出建议、意见后,客户代表受理时首先应向客户表示感谢,感谢客户对我们工作的支持。

③客户的建议与现行规定、政策相悖时要详细向客户解释,寻求客户的理解和支持,当客户所提建议具有可行性,能够被采纳时,可告知客户“我们会将您的宝贵建议及时向相关部门及领导反映”,并将采纳情况反馈给客户。

④对已完成且客户需要回访的建议单,客户代表应在规定的时限内回访客户,核实建议处理结果。若属供电方责任造成建议没有处理完成,客户代表应立即将工单退回相关责任单位重新处理。

⑤客户建议应100%进行回访。电话回访时,客户代表需向客户做满意度调查,征求客户对建议处理的意见,并了解相关人员的工作质量、服务态度、答复时间等。

5)信息发布服务规范

①依照《供电企业信息公开实施办法》等相关法律法规开展供电信息的公开和披露工作,保障客户的知情权。

②为满足供用双方的需求,争取社会各界的理解和支持,应主动向社会发布各类电力信息,如:最新电价政策、有序用电政策、计划检修停电信息、企业最新资讯等。发布信息收集人员应及时收集信息内容,并报给发布信息审核人员进行审核,只有审核通过的信息95598才能对外发布。

③信息发布内容:

a.企业介绍。包括电力企业发展、经营状况和目标、营业区域划分、业务管辖范围、业务查询电话和电力服务场所等信息。

b.电力法律法规。包括《中华人民共和国电力法》《电力供应与使用条例》《电力设施保护条例》《供电营业规则》《居民用户家用电器损坏处理办法》《电力监管条例》《供电服务监管办法》以及供电企业能够对外发布的电力相关政策等。

c.优质服务承诺。包括投诉热线、社会服务承诺、示范窗口规范、文明用语、职工服务守则等内容。

d.营业收费。包括收费项目、收费标准、适应范围、电量电费结算方式、交费方式、欠费处理办法、电费违约金及其收费原则。

e.电价政策。包括电价分类、电价执行范围、销售电价表及相关的电价政策等。

f.服务指南。包括用电常识、营业网点、业务流程、服务内容、办理各种业务所需手续等。

g.停电信息。停电信息需要在规定的时限内提前发布。

h.事务公告及曝光信息。

i.文件信息。指相关单位、部门颁布的与客户密切相关并需要向社会进行公示的文件。

j.其他信息。包括客户用电信息和专业信息。客户用电信息是指营销信息系统中与客户服务密切相关,可以面向客户公布的用电信息,包括电量电费、电费余额、欠费金额、计量方式、电能表编号、办理业务进程、所属台区名称等。专业信息包括配网结构图、线路编号及名称、负荷分布图、变压器损耗、导线截面选择、安全距离以及安全节约用电等。

④信息发布前必须审核信息的准确性、完整性和时效性。由发布信息审核人员确认信息内容的及时性、真实性、准确性,做到语言精简,不含歧义,判断是否符合国家法律、法规和有关政策规定,符合公司的规章制度和有关保密规定。通过网站发布的信息需要审核是否符合国家关于信息网络安全的有关规定和要求。审核人员应在规定的时限内审核信息,对未审核通过的发布信息申请,应写明审核未通过的原因和意见,并通知信息发布申请人。

⑤对审核通过的信息,信息发布人员应在规定时限内根据申请的发布方式进行发布,做到内部连接流畅,不推诿搪塞,并将信息发布时间、发布人员、发布方式和发布内容记录存档,避免出现迟发、漏发和错发的现象。信息发布后 95598 要定期对信息接收方做抽样回访,了解信息发布情况,征询接收方意见和建议,及时发现问题、整改问题,使信息发布工作成为供电企业与用电客户之间切实有效的沟通渠道。

⑥停电信息发布时限:

a. 供电设施计划检修停电信息,应提前 7 天通知客户或进行公告。

b. 供电设施临时检修停电信息,应提前 24 h 通知重要客户或进行公告。

c. 突发性故障停电信息,应在故障发生后的规定时限内进行公告。但是对涉及面广、影响面大的停电信息,则应按照《国家电网公司处置电网大面积停电事件应急预案》处理,由公司应急领导小组统一领导信息发布工作,及时将事故情况通报主要公告媒体,使公众对停电情况有客观的认识和了解。未经公司应急领导小组同意,不得擅自发布大面积停电信息。

d. 发生异动的停电信息,即停电因故延期或取消,以及需要延期送电的信息,应在信息变动前的规定时限内进行公告。

e. 有序用电预警信息,应按照《国家电网公司有序用电管理办法(试行)》,主动配合政府通过电视、报纸、广播、网络等渠道开展有序用电预警信息发布工作。限电序位应事先公告客户,并根据负荷值按确定的限电序位进行停电或限电。

1.3.6　特殊事件及危机处理服务规范

1)特殊事件处理

①受理业务过程中,若发生系统故障,应迅速进入客户服务系统的应急状态并做好客户相关业务的受理工作。使用服务用语,例如:“对不起,因系统故障暂时无法办理您的业务,给您带来不便敬请谅解,请您留下电话,等系统恢复正常后我再与您联系。”

②遇到紧急情况或大面积停电导致接通率降低时,及时报告当值负责人或主管,并启动应急预案。

③在天气恶劣故障频繁发生或出现大面积停电的情况下,客户代表应及时将故障所涉

及的线路及地区范围录入系统,以备客户查询了解。

④受理重大投诉事件(重要客户投诉、客户激动无法平息的投诉事件,涉及供电单位领导及以上级别领导的投诉事件)时,应立即转至当值值长受理,当值值长将受理结果及时上报主管处理。

2)通话异常处理

①遇到客户情绪激动,破口大骂时:"您的心情我们非常理解,您所讲问题我们会尽力为您解决。"安抚客户情绪,若无法处理,应马上报告当值值长。

②遇到骚扰电话时:"这里是95598供电服务热线,有供电方面的问题,请您找我们联系。"经劝说无效可转自动语音服务,并向当值值长报告。

③遇到连续恶意骚扰时:"这里是95598供电服务热线,我们的电话具备来电显示功能,并且全过程录音。如果您坚持这样做,我们会报警。"并向当值值长报告。

④将连续恶意骚扰电话号码录入黑名单中。

3)服务失效处理规范

①已按《中华人民共和国电力法》《供电营业规则》等为客户提供服务,客户仍表示强烈不满时,可判定为服务失效。

②准确记录客户需求,迅速将问题报告主管,同相关部门协调处理。

③服务用语:"您提出的需求我们现在暂不能满足,但我会将您的需求记录汇报上级领导,在5个工作日内答复您。"

【案例分析】

信息更新不及时,信息错误引投诉

1)案例提要

因95598知识库中的收费标准与实际执行标准不一致,导致客户拨打95598咨询时,误以为供电企业乱收费而投诉。

2)案例分类

95598服务。

3)事件过程

某年2月13日,客户刘女士到当地供电所营业厅申请居民新装用电,供电所经现场勘查后制订供电方案,向客户介绍了当地物价管理部门批准的农村居民客户"一户一表"新装工程费用标准和改造最高收费标准为400元/户的文件,在征得客户同意后,收取了400元并于2月15日为客户装表接电。刘女士对居民新装费用一直存在疑虑,认为价格过高。

2月18日，刘女士为此拨打95598咨询有关居民新装用电收费标准，95598客服专员通过知识库查询到该供电公司居民客户"一户一表"的最高标准为300元/户。原来，由于该供电公司未及时更新95598知识库，导致知识库中相关的收费标准是以前已废除的文件。客服专员按照知识库查询结果答复了客户。刘女士得知后认为供电公司多收费，极为不满而进行投诉。

4）造成影响

由于供电公司工作人员对收费依据未及时在95598知识库中进行更新和维护，造成95598客服专员的答复有误，导致客户误以为供电公司存在乱收费现象而产生不满，引发投诉。

5）应急处理

事件发生后，客户所辖供电所负责人立即联系客户，向客户耐心解释物价部门批准的相关收费标准，以及与95598客服专员答复不一致的原因，得到了客户的理解。供电公司管理部门立即要求相关人员对国网95598知识库管理系统涉及的相关内容全面进行查漏补缺，并对责任人进行考核，且要求各级营业厅公示最新收费标准。

6）违规条款

本事件违反了以下规定：

①《国家电网公司95598业务管理暂行办法》第七条：95598知识管理应遵循"统一管理、分级负责、真实准确、及时发布"的原则。

②《国家电网公司95598业务管理暂行办法》第四十一条：各省公司营销部每两年组织一次对知识库的全面审核，确保内容完整、准确、适用，满足客户化需求。

7）暴露问题

①责任单位对国网95598知识库管理系统重视程度不够，已修改的收费标准未及时、主动提交至国网客户服务中心。

②责任单位的知识库运营人员工作责任心不强，导致业务知识维护和更新不及时。

8）案例点评

95598供电服务热线承担着为全网供电客户答疑解惑的重任，据统计每天都会有数十万客户致电95598咨询各类用电问题。95598坐席专员并非都来自供电服务一线，而需要受理的却是来自全国各地的各类供电服务诉求，因此95598知识库就是他们的百科全书，知识库运行维护得全面与否、准确与否、及时与否，直接影响了坐席专员的应答水平，也影响了客户对供电公司的看法和印象。95598受理的客户诉求包罗万象，涉及营销、生产、调度、规划、基建、行风监督、品牌宣传等多部门，要达到"优质、高效、精准"的服务标准，必须增强全员服务意识，主动、及时提供准确的服务知识支撑。如果知识库中的服务信息不准确、更新不及时，将会造成批量的服务偏差，致使供电公司信誉受损，同时也给自身增加了不必要的服务压力。

【任务实施】

95598 客户服务案例分析任务指导书见表 1.7。

表 1.7 95598 客户服务案例分析任务指导书

任务名称	95598 客户服务案例分析	学时	2 课时
任务描述	坐席人员:您好,请问有什么可以帮您? 客户:请问,你们公司总经理的手机号码是多少? 坐席人员:不行,领导电话不能随便给你! 客户:我是政府办公室的,有一个会议要通知到你们总经理本人。 坐席人员:好的,您等下。 客户:好。 坐席人员:总经理手机号码是 139××××××××。 客户:谢谢! 坐席人员:不用谢,感谢您拨打 95598 供电服务热线,请不要挂机,请对我的服务进行评价,再见!		
任务要求	请指出供电公司工作人员违反了哪些条款,暴露了哪些问题,并针对暴露的问题提出改进建议		
注意事项	无		
任务实施步骤: 一、风险点辨识 客户要求的合理性。 二、作业前准备 国家电网公司供电服务规范。 三、操作步骤及质量标准 1. 违规条款 2. 暴露问题 3. 措施建议			

【任务评价】

95598 客户服务案例分析任务评价表见表 1.8。

表 1.8　95598 客户服务案例分析任务评价表

姓名		单位		同组成员			
开始时间		结束时间		标准分	100 分	得分	
任务名称	95598 客户服务案例分析						
序号	步骤名称	质量要求	满分/分	评分标准	扣分原因	得分	
1	违规条款	指出具体条款	20	少于一条每一条扣 20 分			
2	暴露问题	描述具体问题	40	少于两条每一条扣 20 分			
3	措施建议	给出具体建议	40	少于两条每一条扣 20 分			
考评员(签名)			总分/分				

【思考与练习】

如何分清哪些是业务范围之外的不合理要求？如何巧妙拒绝？

任务 1.4　现场客户服务

【任务目标】

1. 能简要说明现场服务的服务规范。

2. 能简要说明国家电网公司供电服务“十项承诺”。

3. 能简要说明国家电网公司员工服务“十个不准”，以及国家电网公司调度交易服务“十项措施”。

4. 能正确按照国网公司规范要求进行电力客户服务。

【任务描述】

以现场服务实际案例如用电检查或工程验收为例，依据相关法律法规和技术规程，按照用电客户服务“十项承诺”和服务行为“十不准”，如何实施用电客户现场服务？

【任务准备】

1. 知识准备

三个“十条”。

2. 资料准备

现场服务规范。

【相关知识】

1.4.1 业扩报装现场服务规范

1) 出发前准备

①统一着装,正确佩戴工号牌。不得将工号牌藏于衣服或口袋内。精神饱满,状态良好,仪容仪表符合工作规范。

②预先了解所要勘查地点的现场供电条件,提前与客户预约现场勘查的时间,例如:“您好,我是××供电分公司工作人员,我们准备在××日××时至××时到您处勘查。”当客户同意后应向客户致谢,例如:“谢谢您的配合,再见。”当客户要求另约时间时,应尽量满足客户要求。

③检查必备的表单工具是否齐全,是否处于可使用状态。出发前要将自己的工具包对照标准自检一遍,以防止出现遗留或错误。

2) 到达现场

①到达现场后,应遵守客户内部有关规章制度,尊重客户的风俗习惯。

②有预约的,按约定时间到达现场。如遇特殊情况无法按约定时间到达现场,应提前告知客户,说明原因,并主动向客户致歉。

③进入客户单位或居民小区时,应主动下车,向有关人员出示有效工作证件,表明身份并说明来意。车辆进入客户单位或居民小区内不得扰民,须减速慢行,注意停放位置。

3) 现场勘查

①到达勘查现场后,应向客户表明身份、出示证件、说明来意。

②勘查时,应仔细核对客户名称、地址等相关资料与勘查单的内容是否一致。若客户户名、地址等相关内容与现场不一致时,应再次确认并做好记录,以便更改。若客户相关资料不完整时,应明确告诉客户还需哪些资料,例如:“您的资料不完整,您还应再提供××

资料。”

③当客户询问勘查意见时，应告知客户最终供电方案答复时限。

④如发现客户现场情况不具备供电条件时，应列入勘查意见并耐心细致地向客户解释，提出合理的整改措施或建议，并取得客户的理解。

4）答复供电方案

①根据现场勘查的结果及审批结论，在规定的时限内答复客户供电方案情况，提供供电方案答复单供客户签字确认，登记通知客户及客户确认的时间。

②供电方案应在规定时限内书面答复客户，若不能如期确定供电方案时，应主动向客户说明原因。

5）业务收费

按照国家有关规定及物价部门批准的收费标准，确定相关费用，并通知客户缴费。

6）设计文件审查

根据国家相关设计标准，审查客户受电工程设计图纸及其他设计资料，在规定时限内以书面形式答复审核意见。

7）中间检查

①根据客户提供的工程开工时间、施工进度，联系客户确定中间检查日期，中间检查应在隐蔽工程覆盖前进行。

②到达现场后，应向客户表明身份、出示证件、说明来意，并请客户陪同中间检查，提供所需资料。

③现场检查时，携带受电工程中间检查登记表，记录检查情况。如发现缺陷，应出具受电工程缺陷整改通知书，要求施工方整改，并记录缺陷及整改情况。中间检查结束后应形成受电工程中间检查结果通知书，并请客户确认、签收。

8）竣工验收

①依据客户提交的报验资料，按照国家和电力行业颁发的技术规范、规程和标准，在约定时间内组织相关部门对受电工程的建设情况进行全面检验。

②到达现场后，应向客户表明身份、出示证件、说明来意。

③检查验收人员进入施工现场应遵守《国家电网公司电力安全工作规程》（国家电网安监（2009）664号）。

④对工程不符合规程、规范和相关技术标准要求的，应以书面形式通知客户改正，改正后予以再次验收，直至合格。

9）签订合同

①根据平等自愿、协商一致的原则与客户协商供用电合同内容。

②客户对《供用电合同》相关内容有疑问时，必须耐心细致地做好相关解释工作。

③主动提醒客户如不是法人代表签订的，还需准备授权委托书以及受委托人身份证。

④请客户详细阅读、确认并签字、盖章。

10）装表送电

受电工程检验合格办理相关手续后，居民客户3个工作日内送电，非居民客户5个工作日内送电。

11)客户回访

在完成现场装表接电后,在规定的回访时限内完成申请报装客户的回访工作,向客户征询对供电企业服务态度、流程时间、装表质量等的意见,并准确、规范记录回访结果。

注:设计文件审查、中间检查只针对重要客户,其他客户没有这两个环节。

1.4.2 装表接电现场服务规范

1)出发前准备

①接收安装任务单(新装、增容及变更用电业务等),确定计量装置安装项目及工作内容。

②根据安装任务单领取相应的安装设备(电能表、互感器、计量箱等),并进行核对。

③准备相关工具、仪表、辅助材料、业务工作单,现场记录及满足现场工作所需的安全工器具。安全工器具主要包括安全帽、安全带、绝缘鞋、绝缘手套、登高工具、接地线、验电器、警示标志等。

④统一着外勤工作服,戴安全帽,穿绝缘鞋,携带工作证,精神饱满,状态良好,仪容仪表符合工作规范。

2)预约客户

①现场装表接电前应与客户电话预约。电话预约时必须表明身份,讲明工作内容和工作地点,预计现场装表接电的时间,确认地址,提醒客户需要准备与配合的事项。例如:“您好,我是××供电公司工作人员,我们准备在××日××时至××时为您装表接电(或进行更换、拆除、故障处理、现场试验等)。”如果涉及停电,应向客户说明:“我们需要在××日××时至××时对××停电换表。”

②当客户同意后应向客户致谢,例如:“谢谢您的配合,再见!”当客户要求另约时间,应尽量满足客户要求。

③当电话无法通知到客户时,应通过其他方式(包括上门方式)通知到客户,或请物业公司代为通知,例如:“您好,我是××供电公司工作人员,我们准备在××日××时至××时为××装表(验表),麻烦您代为通知。”当电话或物业无法通知到客户时,应上门通知。

④小区居民客户电能表轮换,采用公示的方式提前告知客户。

⑤如属计量装置故障处理,电话、物业无法通知到客户时,应直接上门处理。

3)到达现场

①按约定时间到达现场,如果迟到应主动向客户致歉,例如:“对不起,让您久等了。”如遇特殊情况,无法按约定时间到达现场,应提前告知客户,说明原因。

②进入客户单位或居民小区时,应主动下车,向有关人员出示有效工作证件,表明身份并说明来意。车辆进入客户单位或居民小区内须减速慢行,注意停放位置,不得妨碍通行,

不得鸣喇叭。

③与客户见面时，应主动自我介绍并出示证件，例如："您好，我是×××供电公司工作人员，来您处进行××工作，请您配合。"

④当要进入居民室内时，应征得客户同意，穿上鞋套后方可进入。

4）作业前准备

①到客户现场工作时，应遵守客户内部有关规章制度，尊重客户的风俗习惯。

②开展工作所使用的工具和材料应摆放有序，严禁乱堆乱放。

③在公共场所或道路两旁作业时，应在恰当位置摆放醒目的告示牌，做好安全围栏及安全防护措施，并悬挂作业单位标志、安全标志，并配有礼貌用语。

④如需停电作业的，应告知客户停电时间、范围，让客户电工进行操作，例如："您好，请您配合我们进行停电操作。"

⑤按工作任务单核对现场信息，当不一致时，暂停作业，做好记录，联系有关人员查询相关信息。

1.4.3 用电检查现场服务规范

1）任务制订

制订全年安全用电检查计划。

2）出发前准备

①统一着外勤工作服，携带用电检查证，戴好安全帽，精神饱满，状态良好，仪容仪表符合工作规范。

②按规定填写用电检查工作单，带齐必备的工器具。

③现场检查前应与客户电话预约，电话预约时须表明身份，讲明工作内容和工作地点，预约现场检查的时间，确认地址，应尽量满足客户提出的时间要求，提醒客户需要准备与配合的事项，结束时要致谢。如不是客户本人接听时，应询问客户的联系方式，例如："您好，我是××供电公司工作人员，根据工作安排，需对你处的××用电情况进行检查，您需要准备的事项是××。""请问您的用电地址是×××吗？""我们预计××分钟（小时）内到达，请安排相关人员予以配合，谢谢！""请问，方便告知××先生（女士）的联系电话吗？谢谢！"

3）到达现场

①按约定时间到达现场，如遇特殊情况，无法按约定时间到达现场，应提前告知客户，简要说明原因，例如："××先生（女士），对不起，因为××原因，我们无法按时到达现场，预计还有××分钟（小时），由此带来的不便深表歉意。"

②进入客户单位或居民小区时，应主动下车，向有关人员出示有效工作证件、表明身份并说明来意。车辆进入客户单位或居民小区内不得扰民，须减速慢行，注意停放位置。

③与客户见面时，应主动自我介绍并出示证件，例如："您好，我是××供电公司工作人

员,来×××,请您配合。”

④当要进入客户室内时,应征得客户同意,穿上鞋套后方可进入。

4)检查现场

①现场检查时,用电检查人员不得少于两人。

②现场检查人员应遵守客户的保卫、保密等有关规定。

③在客户配合下进行检查。检查人员在执行用电检查任务时不得在检查现场替代客户操作电气设备。

④当要进入客户室内时,应先按门铃或轻敲门,征得客户同意,戴上鞋套后方可进入。未经客户允许,不得在客户室内随意走动,不随意触摸和使用客户的私人用品。如需借用客户物品,应先征得客户同意,例如:“借用一下您的××可以吗?”用完后先清洁后再轻轻放回原处,并向客户致谢,例如:“您的××还给您,谢谢!”

⑤当客户询问检查意见时,应按照电力法规要求给予客户耐心、合理的解释。

⑥当检查出客户有违约或窃电行为,客户对处理意见不满意时,应保持冷静、理智,控制情绪,严禁与客户发生争吵。

⑦当客户对处理结果有疑义时,应向客户提供相应文件标准和收费依据,做到有理有据。

⑧当发现客户存在安全隐患时,应及时向客户说明并向客户送达安全隐患整改通知书,例如:“经检查发现,该设备存在××安全隐患,为保证用电安全,您应按照××规定于××日内给予整改。请您给予支持与配合。”如客户拒签,不与客户正面冲突,耐心细致做好解释工作。客户仍拒签的,回单位后应该在通知单上注明原因,以备待查。

⑨在工作中,客户因对政策的理解不同与我们发生意见分歧时,应充分尊重客户意见,耐心、细致地为客户做好解释工作,必要时可提供相关技术书籍,沟通中做到态度温和、语言诚恳,严禁与客户发生争吵,积极主动地争得客户的理解,例如:“××先生(女士),你的看法我理解,但根据××规定应该是这样……”

⑩回答客户提问时,应礼貌、谦和、耐心,不清楚的不随意回答,力求回答的准确性。可以现场答复的,应礼貌作答,例如:“很感谢您提出这样的疑问,据××规定这种情况应当是×××。”不能立即答复的应做好现场记录,向客户提供咨询电话,留下双方联系电话,并告知客户答复时间,例如:“对不起,您所反映的问题目前我不是很清楚,我马上和相关部门联系,核实清楚后,于××月××日回复您,方便留下您的联系电话吗?谢谢!”

⑪对客户任何礼品应婉言谢绝,例如:“我们不得收受客户的礼品,请将礼品收回,谢谢。”

⑫家用电器理赔处理时,应及时主动地与客户取得联系,做好客户的安抚工作。客户对理赔处理结果不满意时,应做好客户意见记录,向相关部门转达,不可当面生硬拒绝客户,同时告知客户意见回复时间,例如:“家用电器被损坏,我们感到很遗憾,赔偿工作根据相应法规要求开展,若您对处理结果有意见,我会及时将意见转达给相关部门协调处理,于××月××日前回复您。”

⑬向客户宣传电力法规及相关用电知识。

5)离开现场

①清扫现场、整理工器具,现场工作终结。

②离开前,应感谢客户配合,主动征求意见,留下服务电话,礼貌道别。

1.4.4　故障抢修现场服务规范

1)出发前准备

①统一着装,戴安全帽,穿绝缘鞋,携带工作证。接到报修工单后3 min内当班队(组)长负责组织抢修队员佩戴装备,检查工器具和必要材料,准时出发。

②预约客户,以便确认地址。电话联系客户时要使用礼貌服务用语,耐心倾听客户意见,通话结束时,向客户致谢,例如:"您好,请问您是××先生/女士吗?我是××电业局抢修人员,请问您报修的地址是×××吗?";得到客户确认后,应向客户致谢!例如:"感谢您的配合,再见!"

2)抵达现场

①抢修人员应在电子故障工单生成时刻起,45 min内赶到城区故障现场;90 min内赶到农村故障现场;120 min内赶到边远地区故障现场。如遇特殊情况,无法在规定的时限内到达现场,应再次向客户打电话致歉并告之预计到达时间,同时向95598报告未能及时到达的原因以及预计到达现场的时间。

②如果未按时到达应主动向客户致歉,并使用文明服务用语,例如:"对不起,让您久等了。"

③到达现场时,应遵守客户内部有关规章制度,尊重客户的风俗习惯。

④进入客户单位或居民小区时,应主动下车,向有关人员出示有效工作证件、表明身份并说明来意。车辆进入客户单位或居民小区内不得扰民,须减速慢行,注意停放位置。

⑤与客户见面时,主动问好并作自我介绍。对故障给客户造成的不便,向客户致歉。使用服务用语,例如:"您好,我是××供电局抢修人员,来××,请您配合。"需要向客户询问原因时,要耐心倾听,必要时做好详细记录。

3)故障处理

抢修人员到达现场后,进行现场勘查。按照"故障工单"核对现场信息,如故障地点、客户姓名、故障现象、故障设备等,对故障类型的产权归属进行判断。

①若属于客户内部故障,抢修人员应再次向客户说明产权维护责任。若客户无法自行排除故障并请求帮助时,抢修人员可提供抢修服务,或协助客户联系维护单位处理,但要事先向客户说明该项服务是有偿服务。

②若属于供电企业维护范围内故障,抢修人员应积极排除故障。对短时间难以恢复供电的故障,抢修人员应及时将故障处理情况和预计修复时间告知95598,95598在工单中做

好记录,以便坐席人员向客户做好解释工作。

③事故原因判明后,应向客户说明故障原因及预计抢修时间。如遇客户询问故障原因或修复时间等,应向客户耐心解释,不得用“早着呢”“等着吧”“不知道”等服务忌语。

④加快故障抢修速度,缩短故障处理时间,实施不间断抢修。

⑤施工工具和材料摆放有序,严禁乱堆乱放。如需借用客户物品,应先征得客户同意,并使用服务用语,例如:“借用一下您的××可以吗?”

⑥抢修结束后应清理作业现场,整理工具、材料;向客户借用的物品,用完后应先清洁再归还,并向客户致谢,例如:“您的××还给您,谢谢!”如在工作中损坏了客户的设施,应给予修复或等价赔偿。

⑦询问客户是否还有其他需求,例如:“故障处理好了,您看是否还有什么其他问题?”感谢客户配合并留下服务电话“95598”。

1.4.5 三个十条

1)供电服务“十项承诺”

①城市地区:供电可靠率不低于99.90%,居民客户端电压合格率96%;农村地区:供电可靠率和居民客户端电压合格率,经国家电网公司核定后,由各省(自治区、直辖市)电力公司公布承诺指标。

②提供24 h电力故障报修服务,供电抢修人员到达现场的时间一般不超过:城区范围45 min;农村地区90 min;特殊边远地区2 h。

③供电设施计划检修停电,提前7天向社会公告。对欠电费客户依法采取停电措施,提前7天送达停电通知书,费用结清后24 h内恢复供电。

④严格执行价格主管部门制订的电价和收费政策,及时在供电营业场所和网站公开电价、收费标准和服务程序。

⑤供电方案答复期限:居民客户不超过3个工作日,低压电力客户不超过7个工作日,高压单电源客户不超过15个工作日,高压双电源客户不超过30个工作日。

⑥装表接电期限:受电工程检验合格并办结相关手续后,居民客户3个工作日内送电,非居民客户5个工作日内送电。

⑦受理客户计费电能表校验申请后,5个工作日内出具检测结果。客户提出抄表数据异常后,7个工作日内核实并答复。

⑧当电力供应不足,不能保证连续供电时,严格按照政府批准的有序用电方案实施错避峰、停限电。

⑨供电服务热线“95598”24 h受理业务咨询、信息查询、服务投诉和电力故障报修。

⑩受理客户投诉后,1个工作日内联系客户,7个工作日内答复处理意见。

2)“三公”调度“十项措施”

①规范《并网调度协议》和《购售电合同》的签订与执行工作,坚持公开、公平、公正调度

交易，依法维护电网运行秩序，为并网发电企业提供良好的运营环境。

②按规定、按时向政府有关部门报送调度交易信息；按规定、按时向发电企业和社会公众披露调度交易信息。

③规范服务行为，公开服务流程，健全服务机制，进一步推进调度交易优质服务窗口建设。

④严格执行政府有关部门制订的发电量调控目标，合理安排发电量进度，公平调用发电机组辅助服务。

⑤健全完善问询答复制度，对发电企业提出的问询能够当场答复的，应当场予以答复；不能当场答复的，应当自接到问询之日起6个工作日内予以答复；如需延长答复期限的，应告知发电企业，延长答复的期限最长不超过12个工作日。

⑥充分尊重市场主体意愿，严格遵守政策规则，公开透明组织各类电力交易，按时准确完成电量结算。

⑦认真贯彻执行国家法律法规，严格落实小火电关停计划，做好清洁能源优先消纳工作，提高调度交易精益化水平，促进电力系统节能减排。

⑧健全完善电网企业与发电企业，电网企业与用电客户沟通协调机制，定期召开联席会，加强技术服务，及时协调解决重大技术问题，保障电力可靠有序供应。

⑨认真执行国家有关规定和调度规程，优化新机并网服务流程，为发电企业提供高效优质的新机并网及转商运服务。

⑩严格执行《国家电网公司电力调度机构工作人员"五不准"规定》和《国家电网公司电力交易机构服务准则》，聘请"三公"调度交易监督员，省级及以上调度交易设立投诉电话，公布投诉电子邮箱。

3)员工服务"十个不准"

①不准违规停电、无故拖延检修抢修和延迟送电。

②不准违反政府部门批准的收费项目和标准向客户收费。

③不准无故拒绝或拖延客户用电申请、增加办理条件和环节。

④不准为客户指定设计、施工、供货单位。

⑤不准擅自变更客户用电信息、对外泄露客户个人信息及商业秘密。

⑥不准漠视客户合理用电诉求、推诿搪塞怠慢客户。

⑦不准阻塞客户投诉举报渠道。

⑧不准营业窗口擅自离岗或做与工作无关的事。

⑨不准接受客户吃请和收受客户礼品、礼金、有价证券等。

⑩不准利用岗位与工作便利侵害客户利益，为个人及亲友谋取不正当利益。

【案例分析】

抢修途中接工单,连续疏忽漏抢修

1)案例提要

供电公司抢修人员因工作马虎、疏忽,致使客户报修24 h后一直没有工作人员与其联系。

2)案例分类

供电抢修。

3)事件过程

某年5月23日16时供电公司抢修人员周某接到关于某街道的故障报修工单,此时他正巧在该处处理低压线路故障,在未与客户进行联系的情况下,周某误认为客户报修地点与正在抢修的地点相同,是同一个故障。16时45分周某将低压线路故障处理完毕,并回复过程中收到的报修工单,在此期间因疏忽大意,抢修完成前后均未与报修客户联系。

当日16时50分,报修客户再次致电95598催办,配电网抢修指挥班人员接到催办后,查询前次的报修工单后发现抢修记录显示已完成复电,认为处理完毕,于是也没有与客户电话联系核对,就直接将催办工单办结。

次日客户致电95598投诉,表示反映的低压线路打火的情况一直没有人员处理,也没有电话联系。接到投诉工单后,抢修人员周某才前往现场于5月24日17时处理完毕,并向客户说明情况,取得客户谅解。

4)造成影响

因供电公司抢修人员及远程工作站人员工作不到位,导致客户反映的低压线路问题长时间得不到处理,造成客户产生不满情绪引发投诉。

5)应急处理

①接到客户投诉后,供电公司立即派人调查,并及时与客户取得联系,处理故障,主动向客户道歉,并对责任人进行考核,得到客户的谅解。

②组织抢修人员及远程工作站人员进行反思学习,梳理工作漏洞,统一思想,举一反三,提高工作责任心及服务意识。

6)违规条款

本事件违反了以下规定:

①《国家电网公司供电服务“十项承诺”》第二条:

提供24 h电力故障报修服务,供电抢修人员到达现场的时间一般不超过:城区范围45 min;农村地区90 min;特殊边远地区2 h。

②《国家电网公司供电服务质量标准》第六条第八款:供电抢修人员到达现场的时间一般为:城区范围45 min;农村地区90 min;特殊边远地区2 h。若因特殊恶劣天气或交通堵塞等客观因素无法按规定时限到达现场的,抢修人员应在规定的时限内与客户联系,说明情况并预约到达现场时间,经客户同意后按预约时间到达现场。

7)暴露问题

①抢修人员服务意识不强,服务观念淡薄,接到报修后未及时联系客户,误以为客户所报修故障点与正在抢修地点相同,未及时联系客户进行故障处理。

②远程工作人员服务敏感性薄弱。接到客户催办,未引起足够的重视,也未与客户核对故障情况,直接认定了原工单错误的处理意见,导致客户升级投诉。

③工单处理各环节均未严格按照工作要求执行,整体服务团队的服务意识、工作责任心存在缺失。

8)案例点评

客户服务是一项细致的工作,容不得半点马虎。工作人员的任何疏漏都可能给客户带来不良感知,给供电企业形象造成负面影响。本案例中远程工作人员及抢修人员就因为工作不细致、不严谨,规范执行不到位,引发客户的不满和投诉,折射出供电企业日常服务细节中还存在的诸多问题。"认真做事只是把事情做对,用心做事才能把事情做好",为了更好地为客户服务,多一通确认的电话,多一句耐心的解释,多一些热情的引导,就可以避免很多的误解和不满,真正在细微之处彰显优质服务。

【任务实施】

现场服务案例分析任务指导书见表1.9。

表1.9　现场服务案例分析任务指导书

任务名称	现场服务案例分析	学时	2课时
任务描述	某年7月25日,客户吴先生向95598供电服务热线投诉:"7月14日,我到你们营业厅去申请一个居民电表,营业员要的材料我都给了,第二天还打电话到营业厅,营业员告诉14日流程就到勘查环节,还说会有勘查人员到现场去看,可到今天了还没有任何人来,到底能不能办?你们电力的工作效率就是这样啊……"坐席人员按规范受理了吴先生的投诉,并及时派发给供电公司处理,供电公司回复说明7月16日联系吴先生想去现场勘测,但其手机没人接听,又因近期新装(增容)等工作量大,勘查人手不够,所以就推迟了吴先生申请业务的现场勘查。对此情况,勘查人员与吴先生做了沟通解释,并于7月26日进行了勘查,同时现场答复了供电方案,吴先生缴费后,于7月28日装表送电		
任务要求	请指出供电公司工作人员违反了哪些条款,暴露了哪些问题,并针对暴露的问题提出改进建议		

续表

<table>
<tr><td>注意事项</td><td>无</td></tr>
<tr><td colspan="2">任务实施步骤：
一、风险点辨识
相关业务的要求时限。
二、作业前准备
国家电网公司供电服务规范、国家电网公司供电服务“十项承诺”。
三、操作步骤及质量标准
1. 违规条款
2. 暴露问题
3. 措施建议</td></tr>
</table>

【任务评价】

现场服务案例分析任务评价表见表1.10。

表1.10　现场服务案例分析任务评价表

<table>
<tr><td>姓名</td><td></td><td>单位</td><td></td><td>同组成员</td><td colspan="3"></td></tr>
<tr><td>开始时间</td><td></td><td>结束时间</td><td></td><td>标准分</td><td>100分</td><td>得分</td><td></td></tr>
<tr><td>任务名称</td><td colspan="7">现场服务案例分析</td></tr>
<tr><td>序号</td><td>步骤名称</td><td>质量要求</td><td>满分/分</td><td colspan="2">评分标准</td><td>扣分原因</td><td>得分</td></tr>
<tr><td>1</td><td>违规条款</td><td>指出具体条款</td><td>40</td><td colspan="2">少于两条每一条扣20分</td><td></td><td></td></tr>
<tr><td>2</td><td>暴露问题</td><td>描述具体问题</td><td>20</td><td colspan="2">少于一条每一条扣20分</td><td></td><td></td></tr>
<tr><td>3</td><td>措施建议</td><td>给出具体建议</td><td>40</td><td colspan="2">少于两条每一条扣20分</td><td></td><td></td></tr>
<tr><td colspan="2">考评员(签名)</td><td></td><td>总分/分</td><td colspan="4"></td></tr>
</table>

【思考与练习】

如何建立有效的跟踪机制，实现流程超期的全方位预警，全面提升报装服务水平？

情境2　业务扩充

【情境描述】

本情境是在遵循相关法律法规和标准的前提下，为需要新装用电或增加用电容量的电力客户提供并网接电服务。涵盖的工作任务主要包括新装及增容、业扩收费、供电方案编制和互联网+业扩服务。要求学习本情境后能明确业务扩充的范围、工作流程及工作内容。

【情境目标】

1. 知识目标

(1)熟悉业务扩充的定义及其范围。

(2)明确业扩扩充工作的基本内容及意义。

2. 能力目标

(1)能简要说明低压客户新装、增容业务的工作流程及办理时限。

(2)能正确处理低压客户新装、增容用电业务。

(3)能简要说明高压客户新装增容业务的工作流程及办理时限。

(4)能正确处理高压客户新装、增容用电业务。

3. 态度目标

(1)能主动提出问题并积极查找相关资料。

(2)能团结协作，共同学习与提高。

任务2.1　新装及增容业务

【任务目标】

1. 能简要说明低压客户新装、增容业务办理的环节及注意事项。

2. 能正确处理低压客户新装、增容用电业务。
3. 能正确叙述高压客户新装、增容业务办理的环节及注意事项。
4. 能正确处理高压客户新装、增容用电业务。

【任务描述】

根据相关法律法规和技术规程,结合客户需求和申请资料能正确处理高、低压客户的新装、增容等用电业务。

【任务准备】

1. 知识准备
(1)电价分类政策。
(2)业务定义及办理要求。
2. 资料准备
用电申请书、用电人有效身份证明、用电地址物业权属证明、用电容量需求清单(仅高压客户提供)、用电工程项目批准文件(仅高压客户提供)等。

【相关知识】

2.1.1 业务界面

市客户服务中心负责地市公司经营范围内 35 kV 及以上客户业扩报装,县(支)客户服务中心负责县级(支)公司经营范围内 10 kV 及以下客户业扩报装。

2.1.2 业务时限

国家明确业扩报装办理时限的文件为国家能源局《关于压缩用电报装时间实施方案》(国能监管〔2017〕110 号),公司内部明确时限的文件为《国家电网公司业扩报装管理规则》(国家电网企管〔2019〕431 号),其中中间检查时限按国家标准调整为 3 个工作日,具体时限见表2.1。

表2.1　业扩报装办理时限　　单位:工作日

用户类别	方案答复		设计审查		中间检查		竣工检验		装表接电	
	国家	公司	国家	公司	国家	公司	国家	公司	国家	公司
居民用户	2	1	—	—	—	—	3	1	2	1
其他低压用户	5	1	5	—	2	—	3	3	3	3
高压单电源用户	15	13	10	5	3	3	5	5	5	5
高压双电源用户	30	28	10	5	3	3	5	5	5	5

注:①表中公司高压单电源、高压双电源用户时限指10 kV用户的时限,公司35 kV及以上客户时限比10 kV用户时限略为宽松,但仍比国能监管〔2017〕110号文时限更严格。

②表中公司高压单电源、高压双电源用户设计审查时限、中间检查时限指10 kV重要用户的时限,非重要用户不需进行设计审查、中间检查。

公司对客户的时限承诺以国能监管〔2017〕110号文为标准,内部工作质量监督和考核以国家电网企管〔2019〕431号文为标准。

2.1.3　业务流程

业务办理流程以业扩典型流程高压新装(增容)、低压新装(增容)为例来简述。

(1)高压新装(增容)办理流程:①用电申请→②确定供电方案→③工程设计→④工程施工→⑤装表接电。

(2)低压新装(增容)办理流程:①用电申请、交费并签订合同→②装表接电。

2.1.4　用电申请资料

国家能源局《关于压缩用电报装时间实施方案》(国能监管〔2017〕110号)规定了用电报装各环节申请资料收资要求:

①用电申请环节:用电申请书、用电人有效身份证明、用电地址物业权属证明、用电容量需求清单(仅高压客户提供)、用电工程项目批准文件(仅高压客户提供)。

②设计审图环节:设计单位资质证明材料、用电工程设计及说明书。

③中间检查环节:施工单位资质证明材料、隐蔽工程施工及试验记录。

④竣工检验环节:用电工程竣工报告、交接试验报告(此2项居民用户无须提供)。

2.1.5 负荷分级及重要电力客户分级的确定

(1)用电负荷分级的原则依据《供配电系统设计规范》(GB 50052—2009),共分成一级负荷、二级负荷、三级负荷3类,该规范针对负荷的分级作了原则性规定,而各行业的专业电气设计规范则划定了用电设备的一级负荷和二级负荷具体范围。

(2)重要电力客户分级的原则依据《重要电力用户供电电源及自备应急电源配置技术规范》(GB/Z 29328—2012),共分成特级、一级、二级重要电力用户和临时性重要电力用户4类。《湖南省电力公司重要客户供用电安全管理规定》(湘电公司营销〔2009〕19号)则划定了重要客户的一般范围。

(3)负荷分级与重要电力客户分级的关系:一个客户含有一级或二级负荷,该客户不一定是重要客户;而如果一个客户属于重要客户则该客户一定含有一级或二级负荷。

(4)确定负荷分级及重要电力客户分级的目的是确定供电电源及自备应急电源的配置要求。《供配电系统设计规范》《重要电力用户供电电源及自备应急电源配置技术规范》分别对不同等级负荷、不同等级重要客户的供电电源及自备应急电源配置提出了要求。这些要求是保证人身安全、避免政治影响、降低经济损失的最低要求。若降低标准供电,则可能对用电客户造成巨大损失,供电企业也将面临严肃的责任追究。

2.1.6 销售电价分类的确定

(1)《湖南省物价局关于全省销售电价分类的通知》(湘价电〔2014〕107号)把销售电价分为居民生活用电、大工业用电、一般工商业及其他用电、农业生产用电价格4个类别,并重新明确了各类销售电价具体适用范围。

(2)《关于电动汽车用电价格政策有关问题的通知》(发改价格〔2014〕1668号)对电动汽车充换电设施用电实行扶持性电价政策。对向电网经营企业直接报装接电的经营性集中式充换电设施用电,执行大工业用电价格,2020年前,暂免收基本电费。居民家庭住宅、居民住宅小区、执行居民电价的非居民用户中设置的充电设施用电,执行居民用电价格中的合表用户电价;党政机关、企事业单位和社会公共停车场中设置的充电设施用电执行"一般工商业及其他"类用电价格。

2.1.7 国民经济行业分类的确定

(1)国民经济行业分类用电报表在电力市场分析、国家经济行业发展分析及宏观调控等方面提供了重要的数据支撑。因此，应根据《国民经济行业分类》（GB/T 4754—2017）准确判断客户行业分类，并在供电方案和供用电合同中注明，以确保国民经济行业分类用电报表的真实性、准确性。

（2）国民经济行业分类包括农、林、牧、渔业，采矿业，制造业，电力、热力、燃气及水生产和供应业，建筑业，批发和零售业，交通运输、仓储和邮政业，住宿和餐饮业，信息传输、软件和信息技术服务业，金融业，房地产业，租赁和商务服务业，科学研究和技术服务业，水利、环境和公共设施管理业，居民服务、修理和其他服务业，教育，卫生和社会工作，文化、体育和娱乐业，公共管理、社会保障和社会组织，国际组织。

【任务实施】

客户新装任务指导书见表2.2。

表2.2　客户新装任务指导书

任务名称	客户新装业务	学时	2课时
任务描述	某高压客户为其陶瓷加工厂申请接电，报装容量750 kVA，包含500 kVA、250 kVA变压器各一台，主要用电设备为电窑炉、石膏模型机等，请为其办理		
任务要求	按相关规定受理客户新装申请，完成业务收资并指导客户流程		
注意事项	电价执行到位		
任务实施步骤： 一、风险点辨识 电价的执行、环节办理时限。 二、作业前准备 客户申请资料、电价政策文件。 三、操作步骤及质量标准 1. 业务受理 根据办电类型，指导客户填写用电申请，收取用电人有效身份证明、用电地址物业权属证明、用电容量需求清单、用电工程项目批准文件。 2. 业务指导 答复客户高压业扩的办电流程及时限，告知“三不指定”事项。 3. 系统流程 当日在系统内完成业扩预约和派单流程			

【任务评价】

客户新装任务评价表见表2.3。

表 2.3　客户新装任务评价表

姓名		单位		同组成员		
开始时间		结束时间		标准分	100 分	得分
任务名称	客户新装					
序号	步骤名称	质量要求	满分/分	评分标准	扣分原因	得分
1	业务受理	客户资料收集完整	10	遗漏一处扣 10 分		
2	业务指导	正确答复客户高压业扩办理的 4 个环节、办电时限,告知“三不指定”事项	30	遗漏业务环节扣 10 分,办电时限不正确扣 10 分,“三不指定”未告知扣 10 分		
3	系统流程流转	流程参数正确,与申报资料一致,电价执行到位	60	错一处扣 10 分,未选择正确业务类型扣 30 分		
考评员(签名)			总分/分			

【思考与练习】

1. 新装、增容业务各环节的办电时限要求是什么?
2. 新装、增容业务的办理流程是什么?
3. 高压客户的办电申请资料有哪些?
4. 负荷分级的原则是什么?
5. 国民经济行业分为哪几大类?

任务 2.2　业扩收费

【任务目标】

1. 能正确叙述高、低压新装、增容业务的收费项目及收费标准。
2. 能正确处理新装、增容业务的费用收取。

【任务描述】

根据相关政策文件，结合客户需求能正确处理高、低压客户新装、增容业务的费用收取。

【任务准备】

1. 知识准备

(1)新装、增容业务范围和收费要求。

(2)电能计量装置配置规范。

2. 资料准备

业扩类收费政策文件。

【相关知识】

2.2.1　高可靠性供电费用

(1)《湖南省物价局　湖南省经委转发〈国家发展改革委关于停止收取供配电贴费有关问题的补充通知〉》(湘价重〔2004〕25号)规定，对申请新装及增加用电容量的两回及以上多回路供电(含备用电源、保安电源)用电户，除一条最大供电容量的供电回路和用户内部没有电气连接的两回及以上多供电回路外，对其余供电回路可按双方约定的供电容量收取高可靠性供电费用。若用户要求电网供电线路是地下电缆的，按架空线路标准的1.5倍收取。同时明确各电压等级高可靠性供电费用收费标准。

(2)《湖南省发展和改革委员会印发〈湖南省降低大工业电价工作方案〉的通知》(湘发改价商〔2016〕704号)规定，对企业自建的双回路和双电源供电的，免收高可靠性供电费。

2.2.2　充电桩

(1)《关于电动汽车用电价格政策有关问题的通知》(发改价格〔2014〕1668号)规定，电网企业要做好电动汽车充换电配套电网建设改造工作，电动汽车充换电设施产权分界点至电网的配套接网工程，由电网企业负责建设和运行维护，不得收取接网费用，相应成本纳入电网输配电成本统一核算。

(2)《国家电网公司关于简化业扩手续提高办电效率深化为民服务的工作意见》(国家电网营销〔2014〕1049 号)规定：低压供电客户，以电能表为分界点，电能表(含表箱、表前开关等)及以上部分由供电公司投资建设；电能表出线(含表后开关)及以下部分由客户投资建设。高压供电客户，以客户围墙或变电所外第一基杆塔或第一配电设施(环网柜、开闭所等)为分界点，分界点及以上部分由供电公司投资建设；分界点以下部分由客户投资建设。

2.2.3 零散用户业扩工程

零散用户业扩工程费用执行各地市政府物价部门批准的收费标准，如《株洲市发展和改革委员会关于延续有关电力收费标准的批复》(株发改发〔2016〕106 号)明确了低压零散用户业扩工程收费及电力延伸服务收费标准、新上专变用户的计量安装项目及计量其他业务收费标准。

【任务实施】

高压客户业扩收费任务指导书见表 2.4。

表 2.4 高压客户业扩收费任务指导书

任务名称	高压客户业扩收费	学时	2 课时
任务描述	某医院申请接电，报装容量 1 000 kVA，包含 500 kVA 变压器 2 台，其中部分医用设备(约 400 kW)要求不间断供电，请为其办理		
任务要求	按相关规定答复客户业扩费用		
注意事项	收费标准执行到位		
任务实施步骤： 一、风险点辨识 收费政策、费用计算。 二、作业前准备 负荷分级、电价政策文件。 三、操作步骤及质量标准 1. 负荷定级 根据客户用电性质，确定负荷定级为一级负荷，电源配置为双电源。 2. 功率核算 根据重要设备的容量和变压器型号配置备供电源的供电容量，按照经济、可靠性原则，备供线路接 1 台 500 kVA 变压器。 3. 费用计算 业扩费用包含高可靠性供电费、专变用户的计量费用			

【任务评价】

高压客户业扩收费任务评价表见表2.5。

表2.5　高压客户业扩收费任务评价表

<table>
<tr><td>姓名</td><td></td><td>单位</td><td colspan="2"></td><td colspan="2">同组成员</td><td colspan="2"></td></tr>
<tr><td>开始时间</td><td></td><td>结束时间</td><td colspan="2"></td><td>标准分</td><td>100分</td><td>得分</td><td></td></tr>
<tr><td>任务名称</td><td colspan="8">高压客户业扩收费</td></tr>
<tr><td>序号</td><td>步骤名称</td><td colspan="2">质量要求</td><td>满分/分</td><td colspan="2">评分标准</td><td>扣分原因</td><td>得分</td></tr>
<tr><td>1</td><td>负荷定级</td><td colspan="2">负荷分级及供电电源配置正确</td><td>10</td><td colspan="2">错一处扣5分</td><td></td><td></td></tr>
<tr><td>2</td><td>功率核算</td><td colspan="2">正确配置备供电源的供电容量</td><td>30</td><td colspan="2">供电容量配置错误扣30分</td><td></td><td></td></tr>
<tr><td>3</td><td>费用计算</td><td colspan="2">费用类型全面、计量装置配置正确、费用计算正确</td><td>60</td><td colspan="2">错一处扣10分,漏选费用类型扣30分</td><td></td><td></td></tr>
<tr><td colspan="2">考评员(签名)</td><td colspan="2"></td><td>总分/分</td><td colspan="4"></td></tr>
</table>

【思考与练习】

1. 业扩收费的类型有哪些?
2. 高可靠性供电费用的收取范围和标准各是什么?
3. 高、低压供电客户的投资分界点是什么?

任务2.3　供电方案编制

【任务目标】

1. 能简单叙述高、低压新装、增容业务的方案内容。
2. 能正确编制新装、增容业务的供电方案。

【任务描述】

根据相关法律法规和技术标准,结合客户用电需求、用电性质能正确编制、答复供电方案。

【任务准备】

1. 知识准备

(1)电价政策。

(2)国民经济行业分类。

2. 资料准备

现场勘查单、供电方案答复单、标准化作业指导卡。

【相关知识】

供电方案是指由供电企业提出,经供用双方协商后确定,满足客户用电需求的电力供应具体实施计划。供电方案可作为客户受电工程规划立项以及电力设计、施工建设的依据。

供电方案要解决的主要问题可以概括为两点:第一是供多少;第二是如何供电。供多少,是指批准受电容量是多少比较适宜。如何供电的主要内容是确定供电电压等级,选择供电电源,明确供电方式与计量方式等。

2.3.1 制订供电方案应遵循的原则

(1)在满足客户供电质量前提下,方案要经济合理。

(2)符合电网发展规划,避免重复建设,方案的实施应注意与改善电网运行的可靠性和灵活性结合起来。

(3)施工建设和运行维护方便。

(4)考虑客户发展前景。

(5)特殊客户,要考虑用电后对电网和其他客户的影响。

2.3.2 高压客户供电方案的基本内容

(1)客户基本用电信息:户名、用电地址、行业、用电性质、负荷分级、核定的用电容量、拟定的客户分级。

(2)供电电源及每路进线的供电容量。

(3)供电电压等级、供电线路及敷设方式要求。

(4)客户电气主接线及运行方式,主要受电装置的容量及电气参数配置要求。

(5)计量点的设置,计量方式,计费方案,用电信息采集终端安装方案。

(6)无功补偿标准、应急电源及保安措施配置,谐波治理、继电保护、调度通信要求。

(7)受电工程建设投资界面。

(8)供电方案的有效期。

(9)其他需说明的事宜。

2.3.3 制订供电方案的方法和要求

1)确定用电负荷性质及级别

根据负荷用途,明确负荷性质。根据用电负荷分级原则及分级标准,分析客户用电负荷级别,明确客户的分类,以便确定供电方式。

2)确定供电容量

根据客户提供并经现场核实的负荷情况,合理选用需要系数法(工厂用电)、二项式系数法、产品单耗定额法(工厂用电)或负荷密度法(如小区用电)等方法计算负荷,并确定供电容量。

(1)按需要系数法计算。

①用电设备组计算负荷(最大负荷)的计算:

$P_c = K_d \times P_e$ = 总负荷 × 需要系数(同时率)

②总视在计算负荷 $S = \dfrac{P_c}{\cos\phi}$

③变压器容量 $= S \div$ 负载率

(2)采用负荷密度法计算。

负荷密度:商业 100 W/m^2,高级住宅 75 W/m^2;

一般住宅 50 W/m^2;同时率:商业按 0.5,住宅按 0.6。

某小区申请用电,小区实际建筑面积 10 000 m^2,其中商铺约 1 000 m^2,一户一表 9 000 m^2,以后 5 ~ 10 年的负荷发展按 15% 考虑,试确定需安装的变压器容量。(负荷密度:商业 70 W/m^2,住宅 50 W/m^2;同时率:商业 0.7,住宅 0.5;变压器的负载率为 0.8)

解：$P=(9\ 000\times0.05\times0.5+1\ 000\times0.1\times0.7)\times1.15=339.25\ \text{kW}$

$$S=339.25\div0.9\div0.8=471.18\ \text{kVA}$$

答：可选用一台 500 kVA 的变压器。

3）确定供电电源

根据用电负荷性质和重要程度确定供电电压等级、单电源、双电源或多电源供电，以及是否需要配置自备应急电源。

（1）供电电压等级的确定。

客户的供电电压等级应根据当地电网条件、客户分级、用电最大需量或受电设备总容量，经过技术经济比较后确定。

（0.38 kV 供电距离小于 6 km；10 kV 供电距离 6～20 km；35 kV 供电距离 20～50 km；110 kV 供电距离 50～100 km；220 kV 供电距离 100～200 km）

（2）供电电源配置的一般原则。

①供电电源应依据客户的负荷等级、用电性质、用电容量、当地供电条件等因素进行技术经济比较，与客户协商确定。对具有一、二级负荷的客户应采用双电源或多电源供电，其保安电源应符合独立电源的条件。该类客户应自备应急电源，同时应配备非电性质的应急措施。对三级负荷的客户可采用单电源供电。

②双电源、多电源供电时宜采用同一电压等级电源供电。

③应根据客户的负荷性质及其对用电可靠性要求或城乡发展规则，选择采用架空线路、电缆线路或架空—电缆线路供电。

（3）一、二级负荷供电电源配置规定。

①一级负荷的供电除由双电源供电外，应增设保安电源，并严禁将其他负荷接入应急供电系统。

②一级负荷的设备的供电电源应在设备的控制箱内实现自动切换，切换时间应满足设备允许中断供电的要求。

③二级负荷的供电应由双电源供电，当一路电源发生故障时，另一路电源不应同时受到损坏。

④二级负荷的设备供电应根据电源条件及负荷的重要程度采用下列供电方式之一：

a. 双电源供电，在最末一级配电装置内切换；

b. 双电源供电到适当的配电点互投装置后，采用专线送到用电设备或其控制装置上；

c. 小容量负荷可以用一路电源加不间断电源装置，或一路电源加设备自带的蓄电池组在末端实现切换。

（4）自备应急电源配置的一般原则。

①自备应急电源配置容量标准必须达到保安负荷的 120%。

②启动时间满足安全要求。

③客户的自备应急电源与电网电源之间应装设可靠的电气或机械闭锁装置，防止倒送电。

4)确定电气主接线及主设备配置

(1)确定电气主接线的一般原则。

①根据进出线回路数、设备特点及负荷性质等条件确定;

②满足供电可靠、运行灵活、操作检修方便、节约投资和便于扩建等要求。

③在满足可靠性要求的条件下,宜减少电压等级和简化接线。

(2)电气主接线形式。

电气主接线主要有桥形接线、单母线、单母线分段、双母线、线路变压器组,根据需要进行合理选择。具体可参照《国家电网公司业扩供电方案编制导则》中,受电变配电站10 kV典型主接线形式。

①具有两回线路供电的一级负荷客户,其电气主接线的确定应符合下列要求:

a.35 kV及以上电压等级应采用单母线分段接线或双母线接线。装设两台及以上主变压器。

b.10 kV电压等级应采用单母线分段接线,装设两台及以上变压器。0.4 kV侧应采用单母线分段接线。

②具有两回线路供电的二级负荷客户,其电气主接线的确定应符合下列要求:

a.35 kV及以上电压等级宜采用桥形、单母线分段、线路变压器组接线。装设两台及以上主变压器。中压侧应采用单母线分段接线。

b.10 kV电压等级宜采用单母线分段、线路变压器组接线。装设两台及以上变压器。0.4 kV侧应采用单母线分段接线。

③单回线路供电的三级负荷客户,其电气主接线,采用单母线或线路变压器组接线。

(3)受电主变压器的配置。

①主变压器台数和容量应根据地区供电条件、负荷性质、用电容量和运行方式等条件综合考虑;设备选型应考虑低损耗、低噪声设备。

②安装在有特殊安全要求场所(如高层建筑、地下配电房等)的变压器应选择干式变压器。

③装设有两台变压器及以上的配电站,其中任何变压器断开时,其余变压器容量应不小于全部负荷容量的60%,并应能满足全部一级和二级负荷的用电。

(4)高压配电装置的配置。

①配电装置的布置和导体、电器的选择,应满足在正常运行、检修、短路和过电压情况下的要求,并应不危及人身安全和周围设备;配电装置的布置,应便于操作、搬运、检修和试验,并应考虑电缆和架空线进、出线方便。

②受电变电站的绝缘等级应与受电的电压等级相配合,并应考虑工作环境和污秽程度。

③配电装置相邻的带电部分电压等级不同时,应按照较高电压确定安全净距。

④高压配电装置均应装设闭锁装置及联锁装置,以防止带负荷拉合隔离开关、带地线合闸、带电挂接地线、误拉合断路器、误入带电间隔等电气误操作事故。

⑤受电线路截面应按照经济电流密度进行选择,并验算线路电压降。

⑥受电容量在 50 kVA 及以上高压客户应装设负荷管理终端装置。

5)计量方式的确定、计量装置配置及电价执行

(1)电能计量点设定。

电能计量点应设定在供电设施的产权分界处。如产权分界处不适宜装表的,对专线供电的高压客户,可在供电变电站的出线侧出口装表计量;对公用线路供电的高压客户,可在客户受电装置侧计量。

(2)电能计量方式。

①高压供电的客户,宜在高压侧计量;但对 35 kV 供电且容量在 500 kVA 及以下的,高压侧计量确有困难时,可在低压侧计量,即采用高供低计方式。

②有两路及以上线路分别来自不同供电点或有多个受电点的客户,应分别装设电能计量装置。

③客户一个受电点内不同电价类别的用电,应分别装设计费电能计量装置。

④有并网自备电厂的客户,应在并网点上装设送、受电电能计量装置。

(3)电能计量装置的配置。

①根据《电能计量装置技术管理规程》(DL/T448—2016)规定,运行中的电能计量装置按计量对象重要程度和管理需要分为五类(Ⅰ、Ⅱ、Ⅲ、Ⅳ、Ⅴ)。分类细则及要求如下:

a. I 类电能计量装

220 kV 及以上贸易结算用电能计量装置,500 kV 及以上考核用电能计量装置,计量单机容量 300 MW 及以上发电机发电量的电能计量装置。

b. Ⅱ类电能计量装置。

110(66) ~220kV 贸易结算用电能计量装置,220 ~500 kV 考核用电能计量装置。计量单机容量 100 ~300 MW 发电机发电量的电能计量装置。

c. Ⅲ类电能计量装置。

10 ~110(66) kV 贸易结算用电能计量装置,10 ~220 kV 考核用电能计量装置。计量 100 MW 以下发电机发电量、发电企业厂(站)用电量的电能计量装置。

d. Ⅳ类电能计量装置。

380 V ~10 kV 电能计量装置。

e. Ⅴ类电能计量装置。

220 V 单相电能计量装置。

②准确度等级。各类电能计量装置配置准确度等级要求如下:

a. 各类电能计量装置应配置的电能表、互感器准确度等级应不低于表 2.6 所示值。

b. 电能计量装置中电压互感器二次回路电压降应不大于其额定二次电压的 0.2%。

(4)电流互感器变比的选择。

①高压计量:总表 $TA=\dfrac{S}{\sqrt{3}\times U}$

表2.6　准确度等级

电能计量装置类别	准确度等级			
	电能表		电力互感器	
	有功	无功	电压互感器	电流互感器
Ⅰ	0.2S	2	0.2	0.2S
Ⅱ	0.5S	2	0.2	0.2S
Ⅲ	0.5S	2	0.5	0.5S
Ⅳ	1	2	0.5	0.5S
Ⅴ	2	–	–	0.5S

如果电压等级为10 kV,则TA一次电流应不小于变压器容量除以17.32,向上取最近的电流互感器标准变比。

电流互感器的标准变比有:10/5、15/5、20/5、25/5、30/5、40/5、50/5、75/5、100/5、120/5、150/5、200/5、250/5、300/5、400/5、500/5、600/5。

②低压计量:

$$\text{低压总表 } TA \geqslant \frac{\text{变压器容量(kVA)}}{\sqrt{3}\times\text{电压等级(kV)}}$$

$$\text{低压分表} = \frac{P}{\sqrt{3}\times U\times\cos\phi}$$

向上取最近的电流互感器标准变比。

注:低压供电的客户,负荷电流为60 A及以下时,电能计量装置接线宜采用直接接入式;负荷电流为60 A以上时,宜采用经电流互感器接入式。

(5)电能表的选择。

①执行功率因数调整电费的用户,应安装能计量有功电量、感性和容性无功电量的电能计量装置;按最大需量计收基本电费的用户应装设具有最大需量功能的电能表;实行分时电价的用户应装设复费率电能表或多功能电能表。

②所有电能计量点均应安装用电信息采集终端,对高压供电的客户配置专变采集终端,对低压供电的客户配置集中抄表终端,带有数据通信接口的电能表,其通信规约应符合DL/T 645的要求。

③具有正、反向送电的计量点应装设计量正向和反向有功电量以及四象限无功电量的电能表。

(6)电价执行。

应按照国家新国民经济行业分类标准、国家电价政策和各省、自治区、直辖市电价政策及说明执行。

6）功率因数要求及无功补偿装置配置

（1）无功补偿装置的配置原则。

①无功电力应分层分区、就地平衡；客户应在提高自然功率因数的基础上，按有关标准设计并安装无功补偿装置。

②并联电容器装置，其容量和分组应根据就地补偿、便于调整电压及不发生谐振的原则进行配置。

③无功补偿装置宜采用成套装置，并应装设在变压器低压侧。

（2）功率因数要求。

100 kVA 及以上高压供电的电力客户，在高峰负荷时的功率因数不宜低于 0.95；其他电力客户和大、中型电力排灌站、趸购转售电企业，功率因数不宜低于 0.90；农业用电功率因数不宜低于 0.85。

（3）无功补偿容量计算。

①电容器的安装容量，应根据客户的自然功率计算后确定。

②当不具备设计计算条件时，10 kV 变电所电容器安装容量可按变压器容量的 10% ~ 30% 确定。

7）继电保护及调度通信自动化配置

（1）继电保护设置的基本原则。

①客户变电所中的电力设备和线路，应装设反应短路故障和异常运行的继电保护和安全自动装置，满足可靠性、选择性、灵敏性和速动性的要求。

②客户变电所中的电力设备和线路的继电保护应有主保护、后备保护和异常运行保护，必要时可增设辅助保护。

③10 kV 及以上变电所宜采用数字式继电保护装置。

（2）保护方式配置。

①继电保护和自动装置的设置应符合《电力装置的继电保护和自动装置设计规范》《继电保护和安全自动装置技术规程》的规定。

②10 kV 进线应装设速断或延时速断、过电流保护；对小电阻接地系统，宜装设零序保护。

③容量在 0.4 MVA 及以上车间内油浸变压器和 0.8 MVA 及以上油浸变压器，均应装设瓦斯保护，其余非电量保护按照变压器厂家要求配置。

④10 kV 容量在 10 MVA 及以下的变压器，采用电流速断保护和过电流保护分别作为变压器主保护和后备保护。

（3）备用电源自动投入装置。

①备用电源自动投入装置，应具有保护动作闭锁的功能。

②10 kV 侧进线断路器处，不宜装设自动投入装置。

③0.4 kV 侧，采用具有故障闭锁的“自投不自复”“手投手复”的切换方式。

④一级负荷客户，宜在变压器低压侧的分段开关处，装设自动投入装置。其他负荷性质

客户,不宜装设自动投入装置。

(4)需要实行电力调度管理的客户。

①受电电压在10 kV及以上的专线供电客户。

②有多电源供电、受电装置的容量较大且内部接线复杂的客户。

③有两回路及以上线路供电,并有并路倒闸操作的客户。

④有自备电厂并网的客户。

⑤重要客户或对供电质量有特殊要求的客户等。

(5)通信和自动化。

①35 kV及以下供电、用电容量不足8 000 kVA且有调度关系的客户,可利用电能采集系统采集客户端的电流、电压及负荷等相关信息,配置专用通信市话与调度部门进行联络。

② 其他客户应配置专用通信市话与当地电业局进行联络。

8)制订供电方案应注意的问题

①主业、农电营销管理系统并线及系统升级后,应有明确的主业、农电的管理职责和管辖范围。

②重要客户供电方案的确定。

受理重要客户报装业务时,应要求客户提供可靠性要求、设备清单及负荷等级等书面文件,依据有关规定严格审核其是否取得立项批文,是否具备相关的经营许可证、安全生产许可证,是否通过项目环保审批等。

勘查时应详细了解客户生产流程、突然停电引起的后果、应具备的非电性质保安措施等。

制订重要客户供电方案及审核供配电设计图纸时,应认真核定客户各类负荷重要等级、保安负荷容量、最长允许停电时间等情况,严格按照相关行业供用电标准和国家电力监督委员会《关于加强重要电力用户供电电源及自备应急电源配置监督管理的意见》(电监安全〔2008〕43号),确定供电电源、自备应急电源及非电性质的应急措施配置要求,禁止擅自降低标准。

(1)重要电力客户的定义和分级。

根据对供电可靠性的要求以及中断供电危害程度,重要电力客户可以分为特级、一级、二级重要电力客户和临时性重要电力客户。

①特级重要电力客户,是指在管理国家事务中具有特别重要作用,中断供电将可能危害国家安全的电力客户。

②一级重要电力客户,是指中断供电将可能产生下列后果之一的电力客户:直接引发人身伤亡的;造成严重环境污染的;发生中毒、爆炸或火灾的;造成重大政治影响的;造成重大经济损失的;造成较大范围社会公共秩序严重混乱的。

③二级重要客户,是指中断供电将可能产生下列后果之一的电力客户:造成较大环境污染的;造成较大政治影响的;造成较大经济损失的;造成一定范围社会公共秩序严重混乱的。

④临时性重要电力客户,是指需要临时特殊供电保障的电力客户。

(2)供电电源配置的一般原则。

①特级重要电力客户应具备三路及以上电源供电条件,其中的两路电源应来自两个不同的变电站,当任何两路电源发生故障时,第三路电源能保证独立正常供电。

②一级重要电力客户应采用独立双电源供电,二级重要电力客户应采用双电源或双回路供电。

③临时性重要电力客户按照用电负荷重要性,在条件允许情况下,可以通过临时架线等方式满足双电源或多电源供电要求。

④对普通电力客户可采用单电源供电。

【任务实施】

高压供电方案编制任务指导书见表2.7。

表2.7　高压供电方案编制任务指导书

<table>
<tr><td>任务名称</td><td>高压供电方案编制</td><td>学时</td><td>2课时</td></tr>
<tr><td>任务描述</td><td colspan="3">某房地产开发有限公司准备在××处新建房地产开发项目,申请临时基建用电,用电设备负荷合计970 kW,详见《客户用电设备清单》。其中搅拌机、升降机、塔吊、桩机等设备的需要系数为0.6,临时售楼部用电设备需要系数0.85,工地照明为晚上使用,与其他负荷不在同一时间段内。无功补偿前功率因数0.7。客户要求安装箱变。按0.85考虑配变负载率。客户表示目前流动资金紧张,要求尽可能经济一点。
现场电源有两个:
<table>
<tr><td>变电站名称</td><td>线路名称</td><td>“T”接杆号</td><td>相对位置</td><td>可接入负荷</td></tr>
<tr><td>110 kV 明翰变</td><td>10 kV 明蒸A线</td><td>电缆分支箱303开关</td><td>距离客户受电点150 m</td><td>3 300 kVA</td></tr>
<tr><td>110 kV 明翰变</td><td>10 kV 明蒸B线</td><td>电缆分支箱302开关</td><td>距离客户受电点500 m</td><td>3 300 kVA</td></tr>
</table></td></tr>
<tr><td>任务要求</td><td colspan="3">1.熟悉作业资料,做好作业前准备。
2.进行现场勘查,填写现场勘查工单、标准化作业指导卡。
3.计算变压器容量配置、所需无功补偿容量配置。拟订供电方案,填写并打印供电方案会审单。
4.相关技术参数计算过程和结果写在勘查工单反面,无功补偿计算中保留两位小数,电容器容量按30 kvar倍数配置</td></tr>
</table>

续表

注意事项	供电方案经济合理
任务实施步骤： 一、风险点辨识 电源点配置、变压器容量。 二、作业前准备 供电方案编制导则、技术标准。 三、操作步骤及质量标准 1. 变压器容量确定(按需用系数法计算) (1) $P_c = K_d \times P_e = 0.6 \times 840 + 0.85 \times (20+70) \approx 581\ \text{kW}$ (2) $S = P_c / \cos\phi = \frac{581}{0.9} \approx 646\ \text{kVA}$ (3) 变压器容量 $= \frac{646}{0.85} = 760\ \text{kVA}$。 因此，变压器配置为 800 kVA 一台。 2. 电容补偿容量(各步计算均保留 2 位小数) $Q_c = 581 \times \left(\sqrt{\frac{1}{0.7^2} - 1} - \sqrt{\frac{1}{0.9^2} - 1}\right)$ $= 581 \times (1.02 - 0.48)$ $= 313.74\ \text{kvar}$ 因此，电容器容量配置为 330 kvar。 3. 电流互感器一次侧电流确定 高压总表 *TA* 一次侧额定电流(按变压器额定容量计算) $I_{总表} = \frac{S}{\sqrt{3} \times U} = \frac{800}{1.732 \times 10} \approx 46\ \text{A}$ 因此，高压总表 *TA* 变比选用 50/5。	

【任务评价】

高压供电方案编制任务评价表见表 2.8。

表 2.8　高压供电方案编制任务评价表

姓名		单位		同组成员			
开始时间		结束时间		标准分	100 分	得分	
任务名称	高压供电方案编制						

续表

序号	步骤名称	质量要求	满分/分	评分标准	扣分原因	得分
1	变压器容量确定	正确配置变压器的容量	30	需要系数使用错误扣10分;视在功率计算错误扣10分;变压器容量选择错误扣10分		
2	电容补偿容量	正确配置电容的容量	30	容量配置错误扣30分		
3	电流互感器变比	正确配置电流互感器	40	计算错误扣10分,选型错误扣30分		
考评员(签名)			总分/分			

【思考与练习】

1. 供电方案应包括哪几部分?

2. 某学校化学实验室,分别安装了3 kW的空调用电、3 kW的实验用的冷藏设备用电;校外冰激凌批发商店除商业照明外,还安装有单台容量15 kW的冷藏柜,请问这几类设备应分别执行哪种电价?

3. 按《供用电营业规则》有关规定,除因故中止供电外,供电企业需对用户停止供电时,应按怎样的程序办理停电手续?

4. 按《供用电营业规则》有关规定,因客户需求发生变化造成的高压供电方案发生变更时,应如何处理?

5. 哪些电力客户为特级重要电力客户?

任务2.4 互联网+业扩服务

【任务目标】

1. 能简单叙述线上办电的业务内容。

2. 能正确使用互联网平台进行办电申请。

【任务描述】

通过掌上电力 App,结合客户用电需求,能正确选择业务模块、上传申请资料,完成线上办电申请。

【任务准备】

1. 知识准备

掌上电力 App 操作。

2. 资料准备

用电人有效身份证明、用电地址物业权属证明。

【相关知识】

(1)目前已实现低压居民新装、低压非居民新装、高压新装掌上电力 App 线上办电,公司线上办电率目标是低压非居民客户业扩线上办电率 80%,高压客户业扩线上办电率 90%。而年初这一目标是高压线上办电率 100%、低压居民(或非居民)线上办电率 100%、线上报装客户服务满意率 100% 目标。

(2)掌上电力 App 升级改造后,公司将大力推进高压 8 类常用业务(高压暂停、暂停恢复、改类—基本电价计费方式变更、改类—调整需量值、高压增容、高压减容、减容恢复、高压更名),低压全业务(新装、增容、更名过户、销户、居民峰谷电价变更、表计申校、计量装置故障)线上办电。

【任务实施】

高压客户线上报装任务指导书见表 2.9。

表 2.9　高压客户线上报装任务指导书

任务名称	高压客户线上报装	学时	2 课时
任务描述	某高压客户张三(法人代表)为其强力陶瓷制品有限公司申请接电,报装容量 750 kVA,请为其办理		
任务要求	在 App 中完成信息填报、资料上传及申请提交		

续表

注意事项	信息填写无误
任务实施步骤： 一、风险点辨识 业务类型、信息填报。 二、作业前准备 申请资料。 三、操作步骤及质量标准 1. 类型选择 根据公司用电所在地址选择地区，单击“企业新装”。 2. 信息填写 按界面提示填写客户名称、联系人信息等，正确上传企业营业执照、法人身份证件。 3. 系统流程 完成必填项目后提交申请，当日在营销系统完成业扩预约、派单和客户信息确认。	

【任务评价】

高压客户线上报装任务评价表见表 2.10。

表 2.10　高压客户线上报装任务评价表

姓名		单位		同组成员		
开始时间		结束时间		标准分	100 分	得分	
任务名称	高压客户线上报装					
序号	步骤名称	质量要求	满分/分	评分标准	扣分原因	得分
1	类型选择	客户资料收集完整	20	遗漏一处扣 10 分		
2	信息填写	信息填写完整、资料上传正确	30	信息、资料错误一处扣 10 分		
3	系统流程	按时完成系统流程操作	50	信息遗漏一处扣 10 分，超时扣 50 分		
考评员（签名）			总分/分			

【思考与练习】

1. 掌上电力 App 可办理哪些业务？

2.《国家电网公司员工服务行为“十个不准”》的具体内容是什么？

情境3　变更用电

【情境描述】

本情境是在遵循相关法律法规和技术标准的前提下，以某供电所内用电客户实际变更用电案例分析为基础，对高压客户和低压客户用电变更业务进行处理与操作。熟悉用电变更常用业务、工作流程及工作内容。

【情境目标】

1. 知识目标

(1)熟悉变更用电的定义及其分类。

(2)明确变更用电工作的意义。

2. 能力目标

(1)能简要说明低压客户变更用电业务的主要类型及处理流程。

(2)能正确处理低压客户变更用电业务。

(3)能简要说明高压客户变更用电业务的主要类型及处理流程。

(4)能正确处理高压客户变更用电业务。

3. 态度目标

(1)能主动提出问题并积极查找相关资料。

(2)能团结协作，共同学习与提高。

任务3.1　低压客户变更用电

【任务目标】

1. 能简要说明变更用电的定义及其分类。

2. 能简要说明低压客户变更用电业务的主要类型及处理流程。
3. 能正确叙述低压客户变更用电业务的处理要点及注意事项。
4. 能正确处理低压客户变更用电业务。

【任务描述】

据相关法律法规和技术规程，根据所给低压客户资料和用电情况能正确处理低压客户变更用电的过户、改类、移表等业务。

【任务准备】

1. 知识准备
(1) 电价分类政策。
(2) 变更用电定义及业务办理要求。
2. 资料准备
准备变更用电申请、用电主体资格证明、产权证明等。

【相关知识】

有下列情况之一者，为变更用电。用户需变更用电时，应事先提出申请，并携带有关证明文件，到供电企业用电营业场所办理手续，变更供用电合同：
①减少合同约定的用电容量(简称减容)；
②暂时停止全部或部分受电设备的用电(简称暂停)；
③暂时更换大容量变压器(简称暂换)；
④迁移受电装置用电地址(简称迁址)；
⑤移动用电计量装置安装位置(简称移表)；
⑥暂时停止用电并拆表(简称暂拆)；
⑦改变用户的名称(简称更名或过户)；
⑧一户分列为两户及以上的用户(简称分户)；
⑨两户及以上用户合并为一户(简称并户)；
⑩合同到期终止用电(简称销户)；
⑪改变供电电压等级(简称改压)；
⑫改变用电类别(简称改类)。

低压变更用电主要涉及更名或过户、改类、移表、销户、迁址、分户、并户、暂拆、改压。

3.1.1 更名或过户

用户更名或过户(依法变更用户名称或居民用户变更房主)持有关证明向供电企业提出申请。供电企业应按照下列规定办理:

①在用电地址、用电容量、用电类别不变的情况下,允许办理更名或过户。

②原用户应与供电企业结清债务,才能解除原供用电关系。

③不申请办理过户手续而私自过户者,新用户应承担原用户所负债务。经供电企业检查发现用户私自过户时,供电企业应通知该户补办手续,必要时可终止供电。

1)资料收集

业务受理时需客户提供变更用电申请,新、旧用户的用电主体资格证明(如身份证、营业执照、组织机构代码证等)及新用户的产权证明。

2)系统流转

①申请信息:录入新客户名称及其联系方式,如图 3.1 所示。

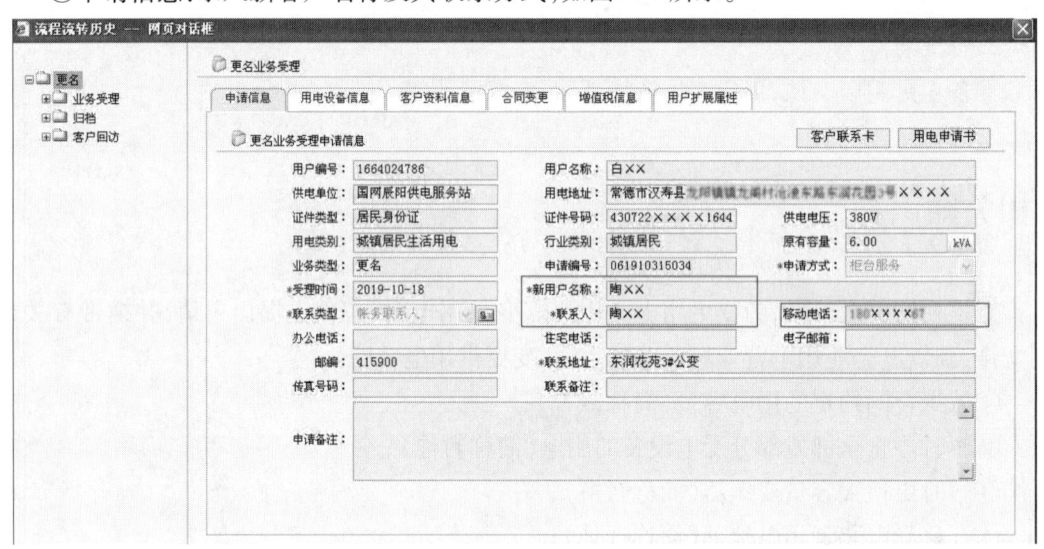

图 3.1 更名业务受理——录入申请信息

②客户资料信息:录入客户提供的申请资料,如图 3.2 所示。

③合同变更:合同起草环节录入业务相关信息并上传合同电子档,如图 3.3 所示;合同签订环节录入签订相关信息并上传签署页扫描件,如图 3.4 所示;合同归档环节直接保存,完成合同归档,如图 3.5 所示。

④归档:完成信息归档并结束整个变更流程,如图 3.6 所示。

图3.2　更名业务受理——录入客户资料信息

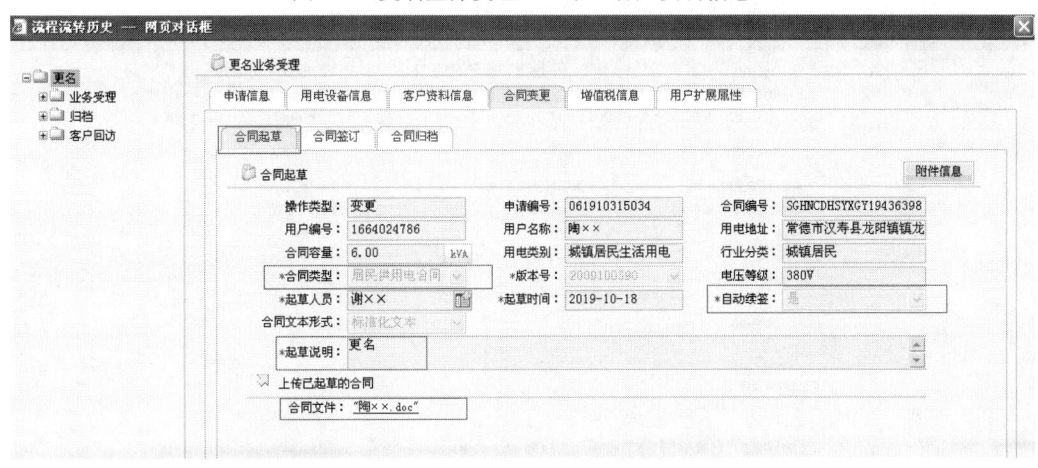

图3.3　更名业务受理——合同变更(合同起草)

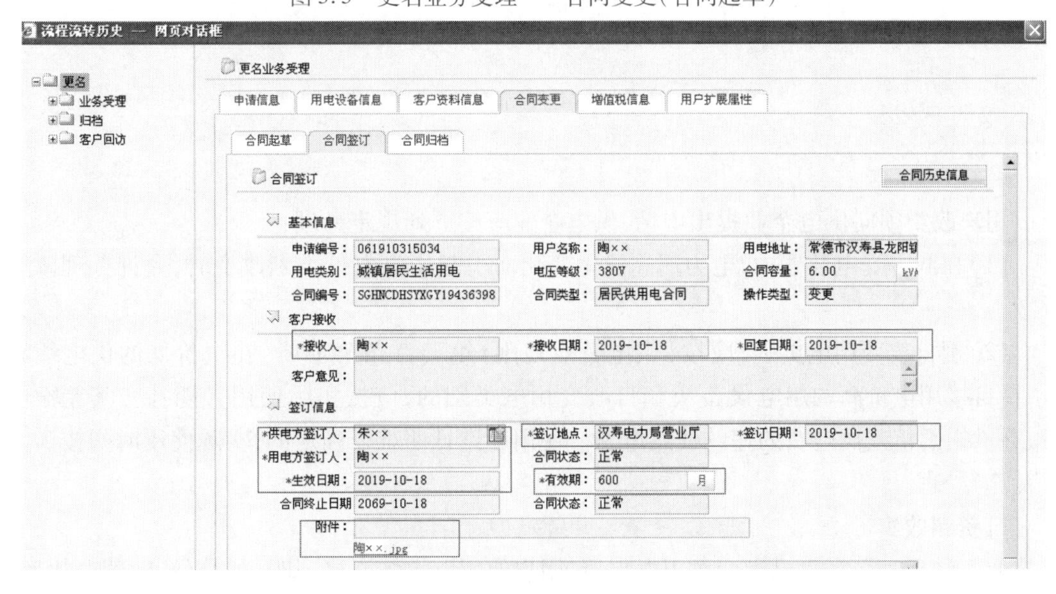

图3.4　更名业务受理——合同变更(合同签订)

图3.5　更名业务受理——合同变更(合同归档)

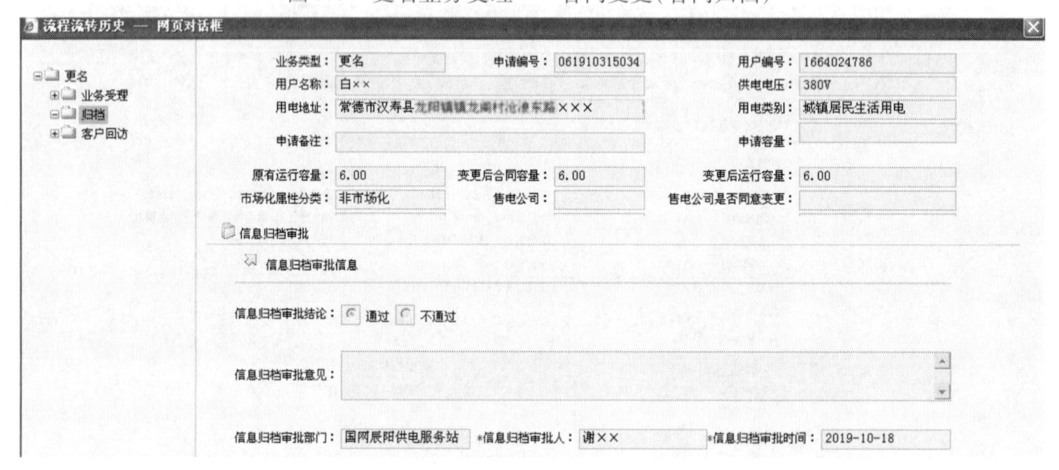

图3.6　归档

3.1.2　改类

用户改类须向供电企业提出申请,供电企业应按下列规定办理:

(1)在同一受电装置内,电力用途发生变化而引起用电电价类别改变时,允许办理改类手续。

(2)擅自改变用电类别,应按《供电营业规则》第一百条第1项(在电价低的供电线路上,擅自接用电价高的用电设备或私自改变用电类别的,应按实际使用日期补交其差额电费,并承担两倍差额电费的违约使用电费。使用起讫日期难以确定的,实际使用时间按3个月计算)处理。

1)资料收集

业务受理时需客户提供变更用电申请,用户的用电主体资格证明(如身份证、营业执照、组织机构代码证等)。

2）系统流转

①业务受理：录入客户用电编号（图3.7）、需变更信息（图3.8）及客户提供的申请资料（图3.9）。需注意的是，低压改类业务【业务子类】数据项只能选择“普通改类”，其他“基本电价计算方式变更”“取消基本电价计算方式变更”“调整最大需量核定值”“定价策略类型变更”均为高压用户改类时可能涉及的选项。

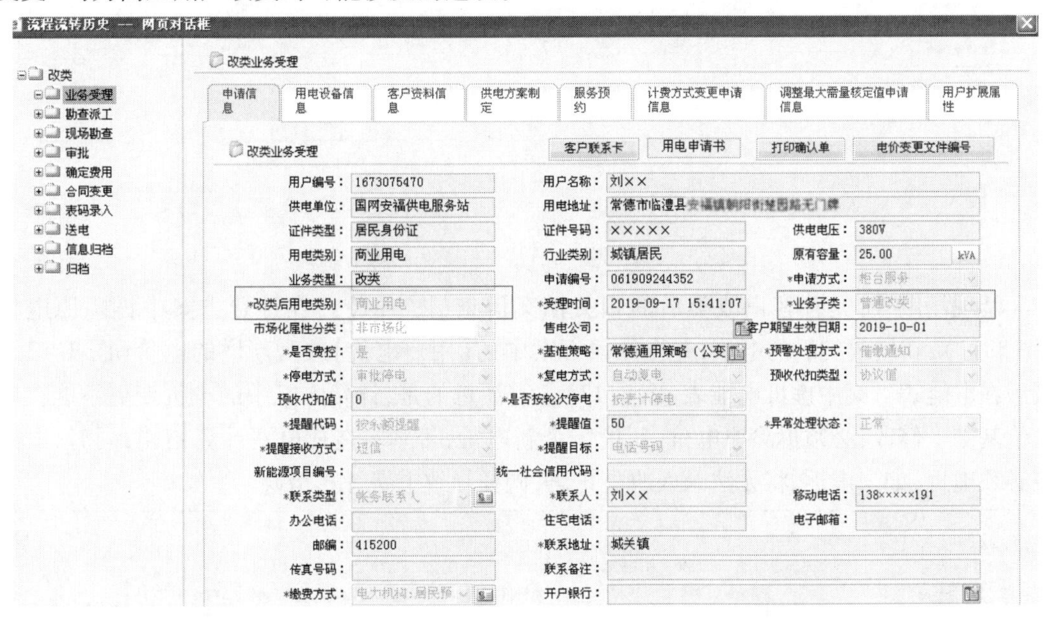

图3.7　改类业务受理——录入客户用电编号

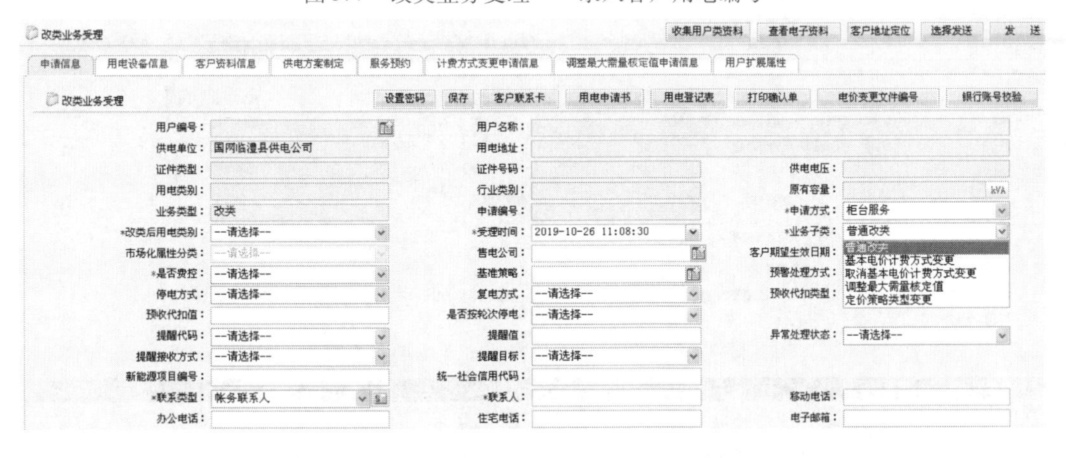

图3.8　改类业务受理——录入需变更信息

图 3.9　改类业务受理——录入客户资料信息

②现场勘查:完善客户改类后的相关档案信息(图 3.10),在计费方案中拆除原电价(图 3.11),新增改类后的电价,并将计量方案中的【用户电价】改为新增的电价(图 3.12),最后在电能表方案中虚拆电能表(图 3.13)。需注意的是,计费方案中的电价变更不能在原电价基础上修改,必须拆除原电价,新增一个新电价,否则将造成电费计算错误;同时,电能表必须虚拆,如未虚拆,将无法录入改类止码,同样导致电费计算错误。

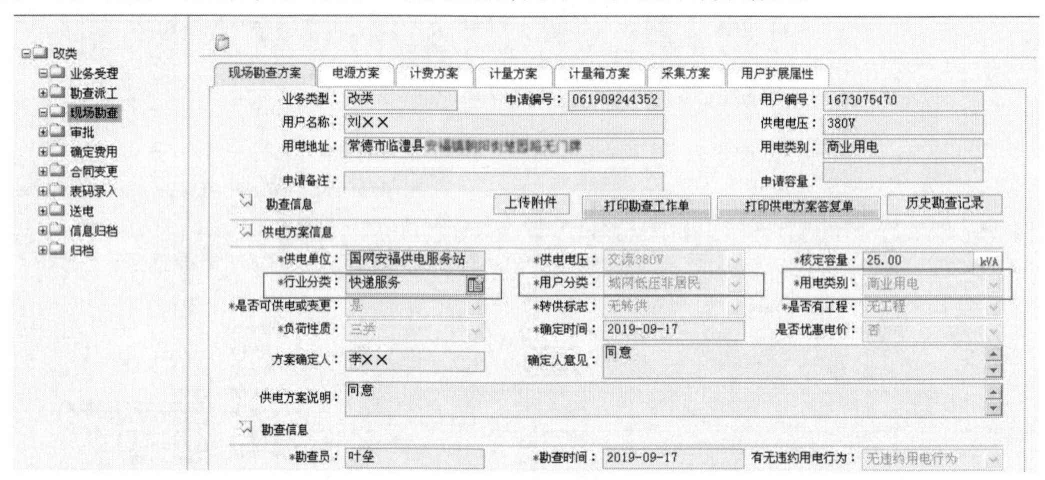

图 3.10　改类现场勘查——现场勘查方案

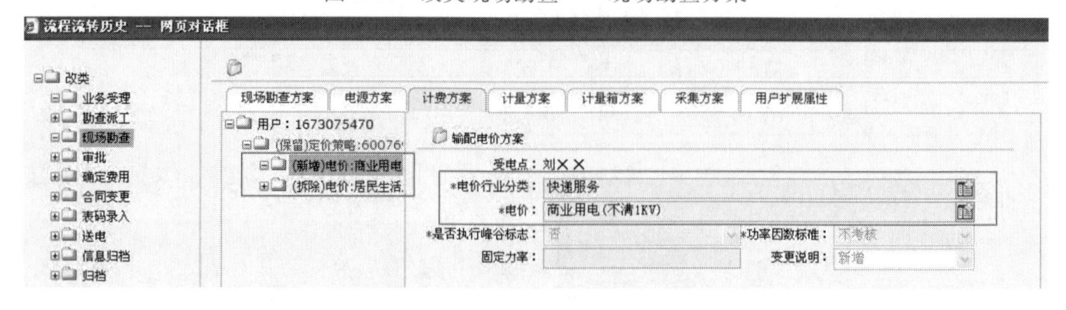

图 3.11　改类现场勘查——计费方案

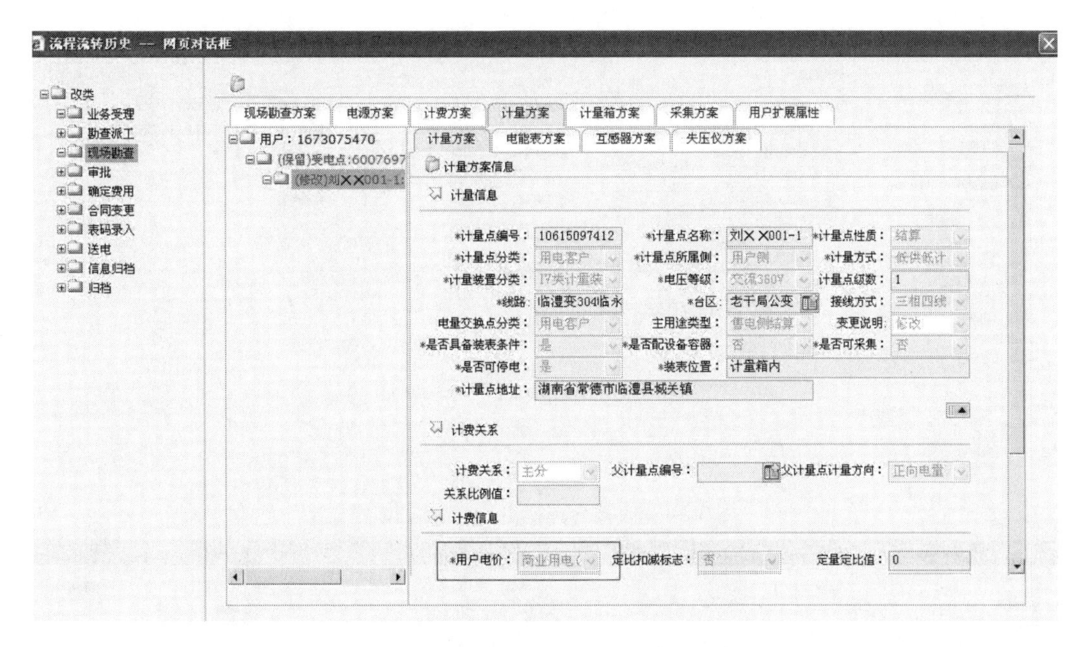

图3.12　改类现场勘查——计量方案

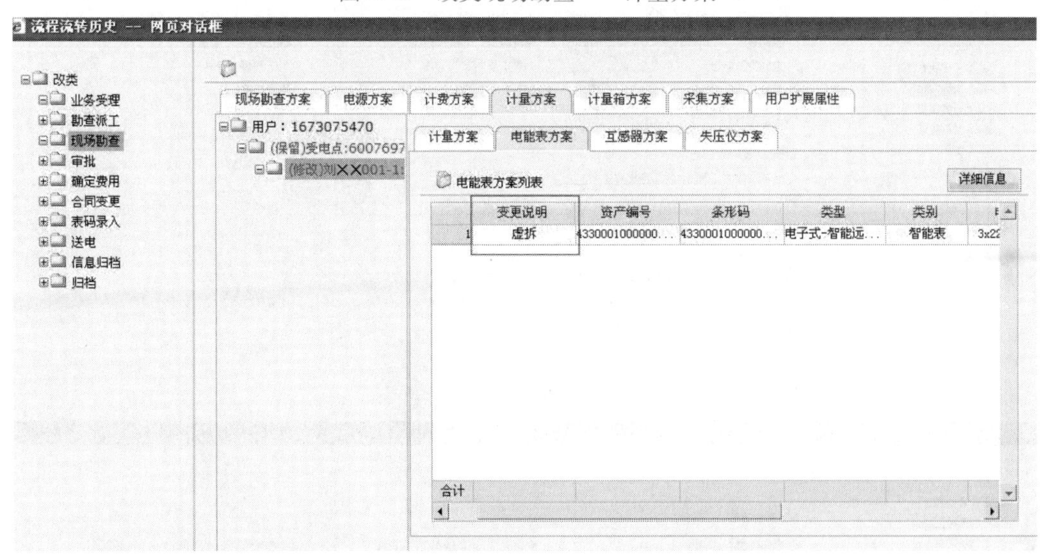

图3.13　改类现场勘查——电能表方案

③合同变更：合同起草环节录入业务相关信息并上传合同电子档(图3.14)；合同审核(图3.15)、审批(图3.16)环节对起草的合同进行核查，如无异常，保存后直接发送即可；合同签订环节录入签订相关信息并上传签署页扫描件(图3.17)；合同归档环节直接保存，完成合同归档(图3.18)。

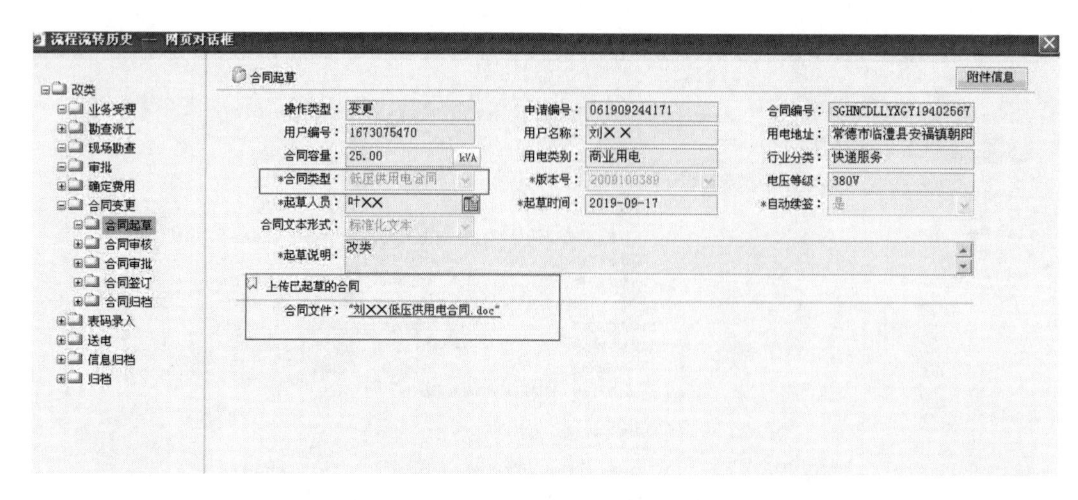

图 3.14 改类合同变更——合同起草

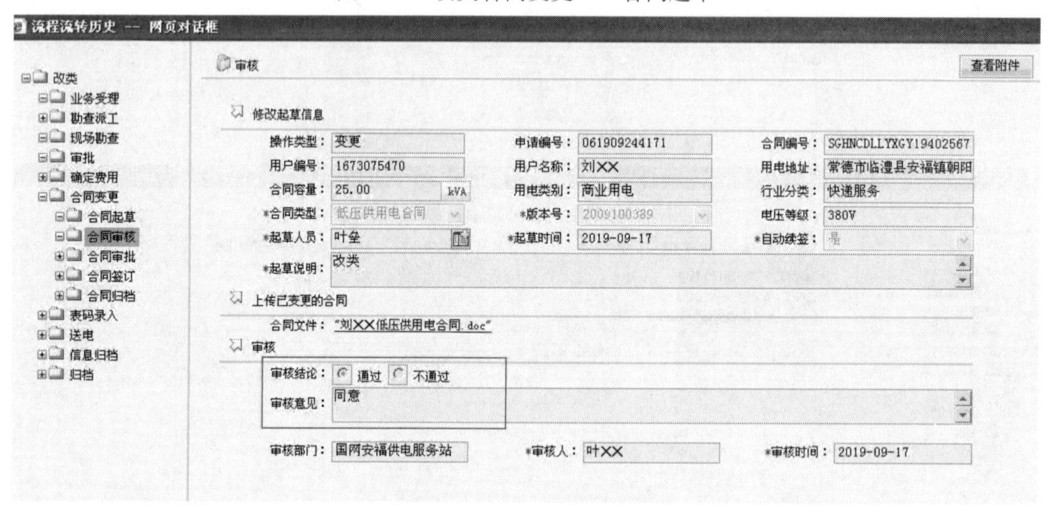

图 3.15 改类合同变更——合同审核

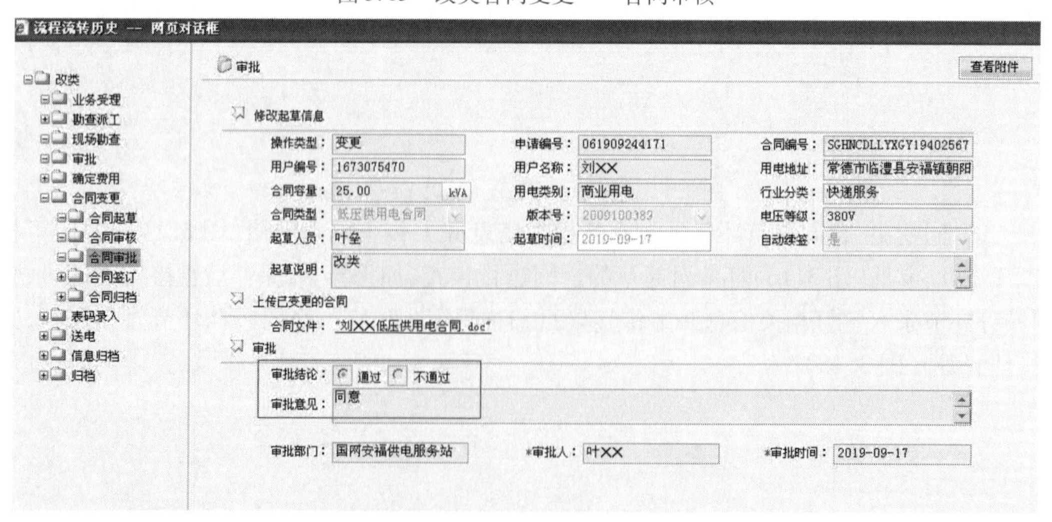

图 3.16 改类合同变更——合同审批

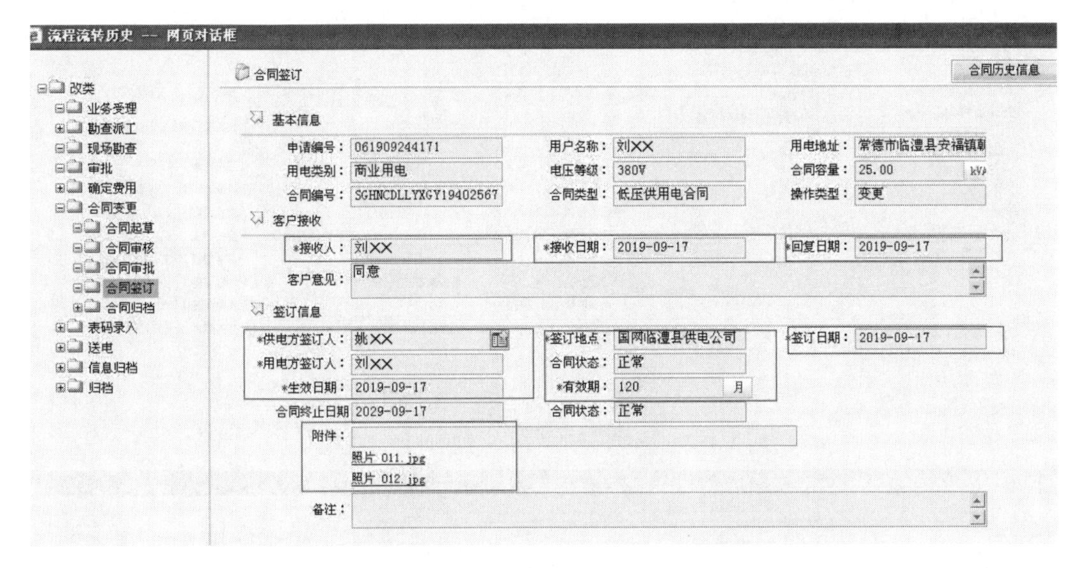

图 3.17　改类合同变更——合同签订

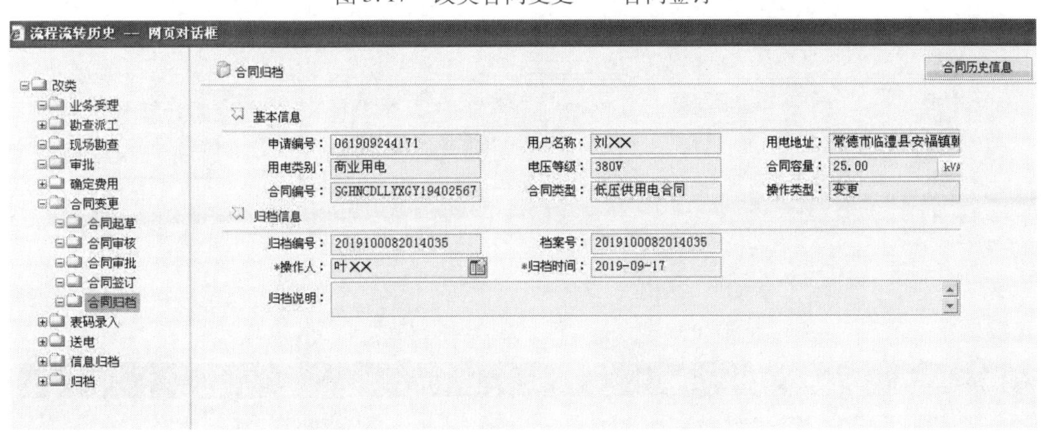

图 3.18　改类合同变更——合同归档

④表码录入：将用户信息点开至最下级，维护【计量管理段】（图 3.19），然后在电能表信息中找到勘查时虚拆的电能表，勾选后单击【示数信息录入】（图 3.20），在弹窗中录入本次抄见的表码。需注意的是，此处录入的表码应是以客户申请改类的时间为节点，现场抄录或系统采集到的电能表表码。电能表信息录入如图 3.21 所示。

⑤送电、信息归档、归档：维护送电日期，完成信息归档与归档后结束整个改类流程，如图 3.22—图 3.24 所示。

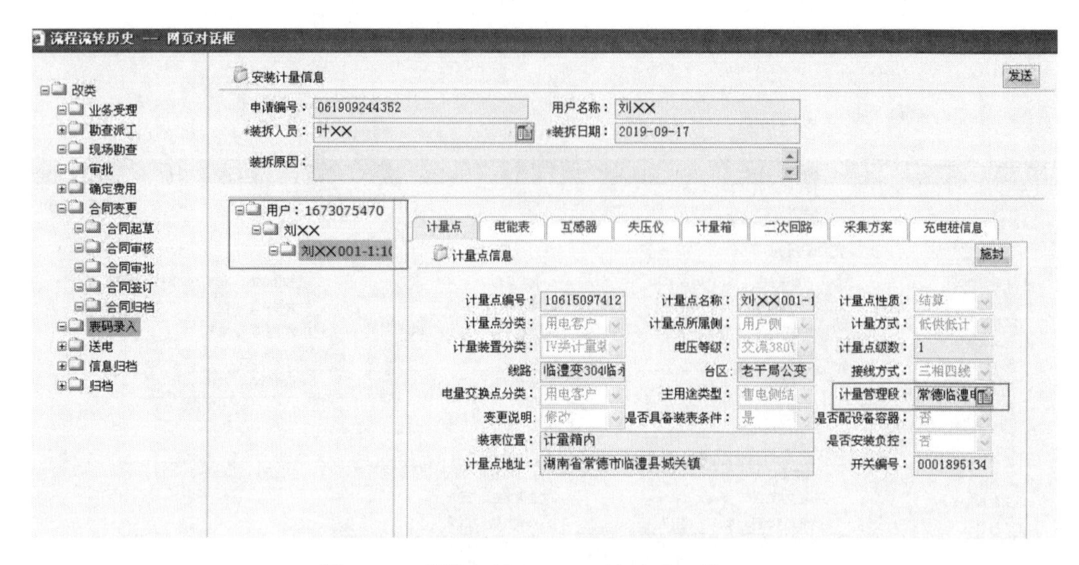

图 3.19　改类表码录入——维护计量管理段

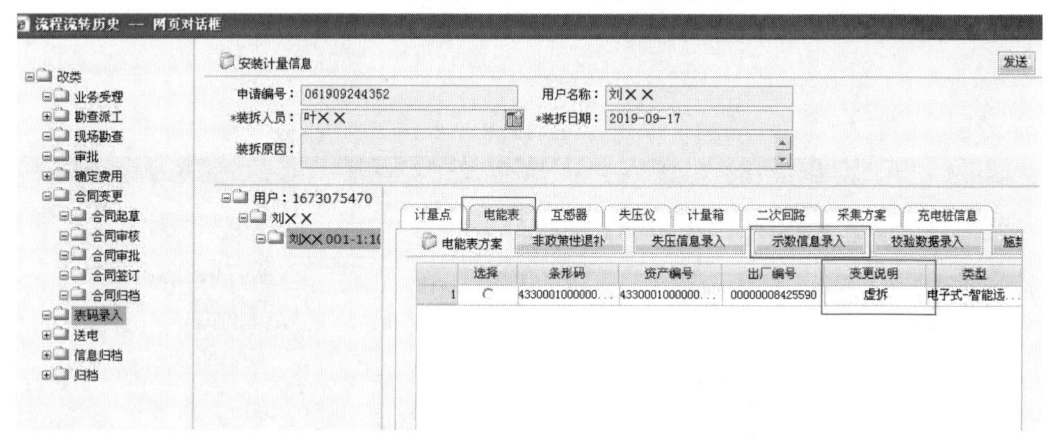

图 3.20　改类表码录入——示数信息录入

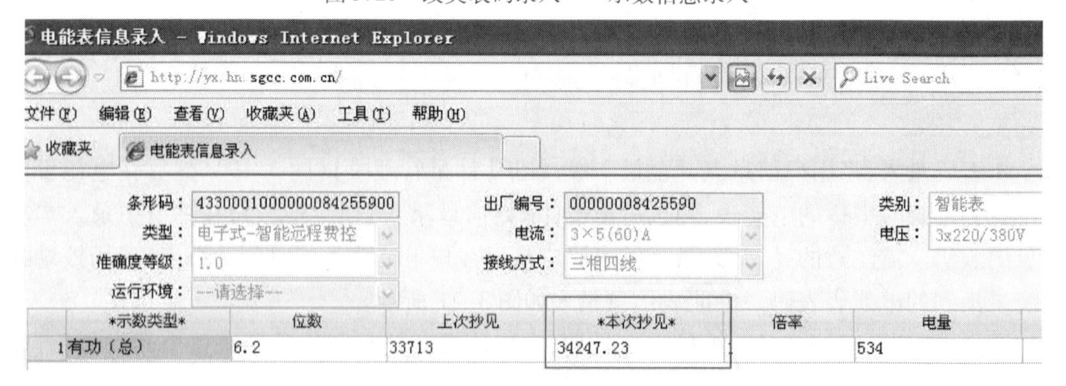

图 3.21　电能表信息录入

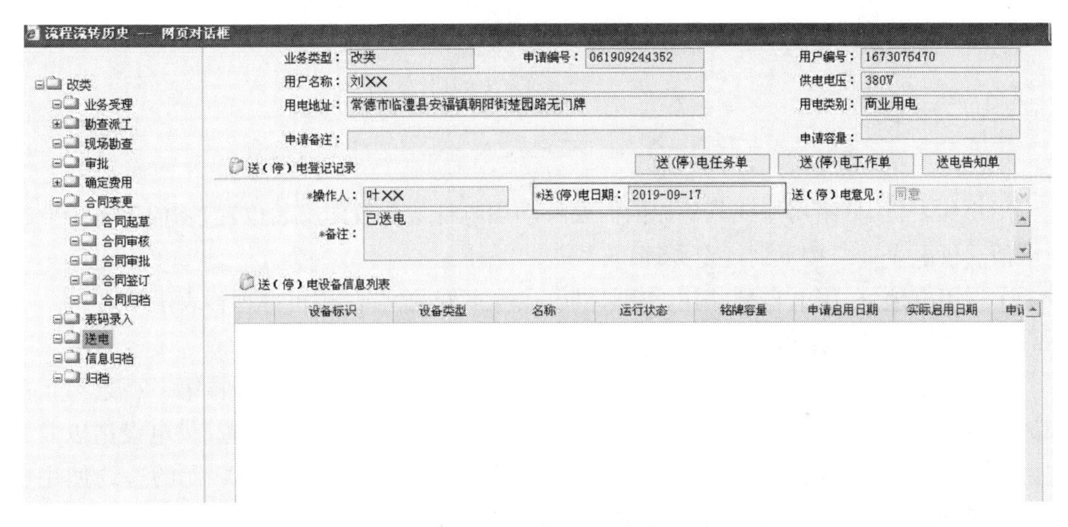

图3.22　改类——送电

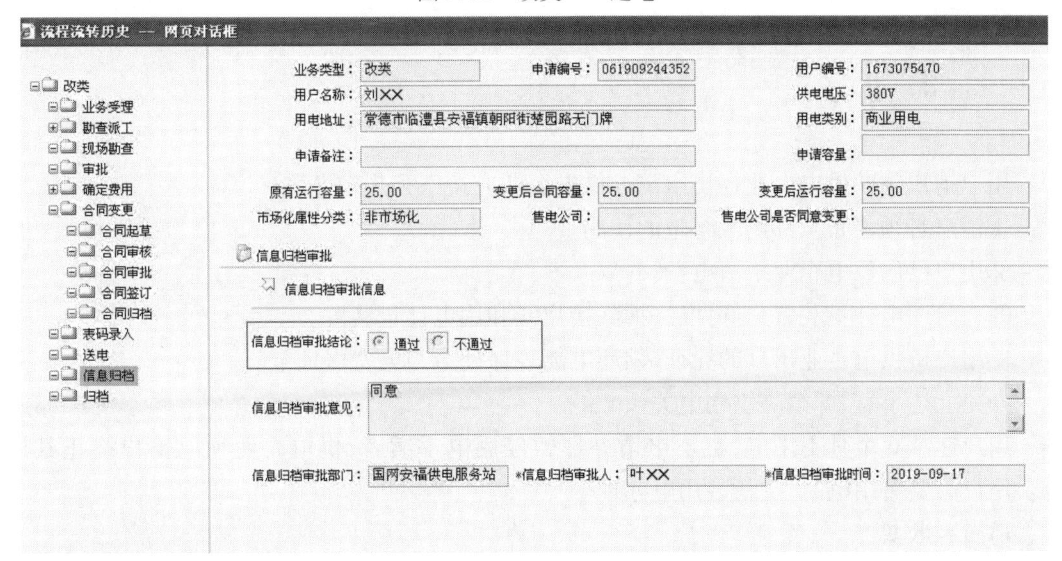

图3.23　改类——信息归档

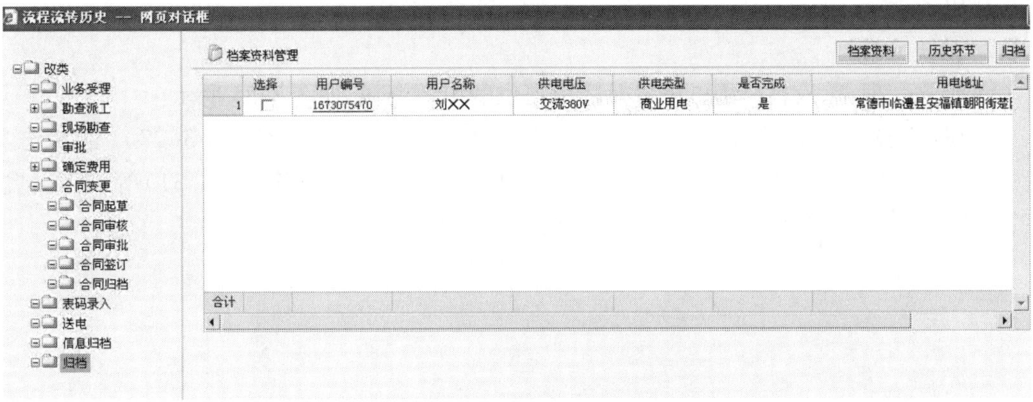

流程流转历史 -- 网页对话框

档案资料管理　　档案资料　历史环节　归档

	选择	用户编号	用户名称	供电电压	供电类型	是否完成	用电地址
1		1673075470	刘XX	交流380V	商业用电	是	常德市临澧县安福镇朝阳街楚
合计							

图3.24　改类——归档

3.1.3 移表

用户移表(因修缮房屋或其他原因需要移动用电计量装置的安装位置)须向供电企业提出申请。供电企业应按下列规定办理:

①在用电地址、用电容量、用电类别、供电点等不变的情况下,可办理移表手续。

②移表所需的费用由用户承担。

③用户不论何种原因,不得自行移动表位,否则,可按《供电营业规则》第一百条第5项(私自迁移、更动和擅自操作供电企业的用电计量装置、电力负荷管理装置、供电设施以及约定由供电企业调度的用户受电设备者,属于居民用户的,应承担每次500元的违约使用电费;属于其他用户的,应承担每次5 000元的违约使用电费)处理。

3.1.4 销户

用户销户须向供电企业提出申请。供电企业应按下列规定办理:

①销户必须停止全部用电容量的使用。

②用户已向供电企业结清电费。

③查验用电计量装置完好性后,拆除接户线和用电计量装置。

④用户持供电企业出具的凭证,领还电能表保证金与电费保证金。

办完上述事宜,即解决供用电关系。

用户连续6个月不用电,也不申请办理暂停用电手续者,供电企业须以销户终止其用电。用户需要再用电时,按新装用电办理。

1)资料收集

业务受理时需客户提供销户申请,用户的用电主体资格证明(如身份证、营业执照、组织机构代码证等)。

2)系统流转

①业务受理:录入客户用电编号及客户提供的申请资料,如图3.25所示。

②现场勘查:完成勘查方案信息后(图3.26),检查电源方案(图3.27)、计费方案(图3.28)、计量方案(图3.29)、电能表方案(图3.30)、互感器方案(图3.31)等,正常情况下,系统会将以上方案默认为拆除状态,此时即可向下流转。

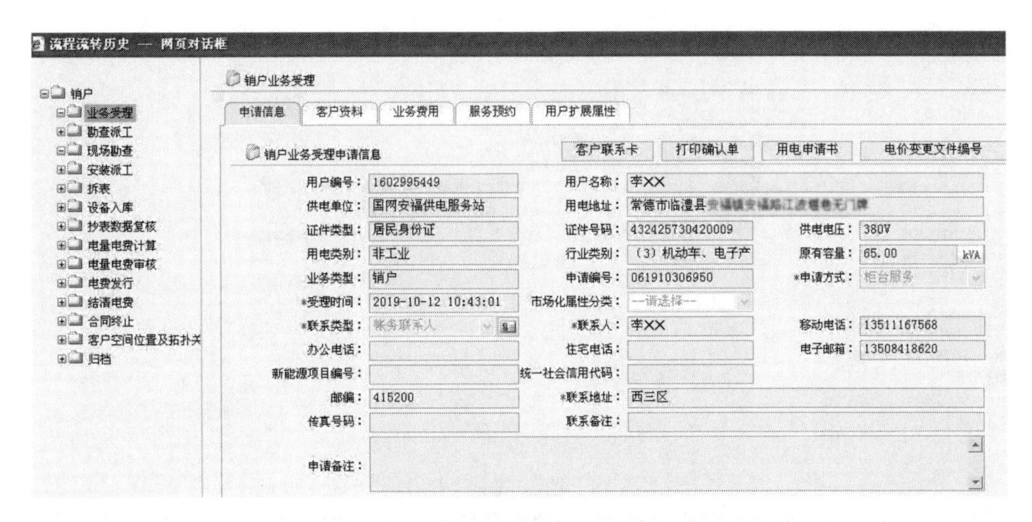

图3.25　销户业务受理——录入申请信息

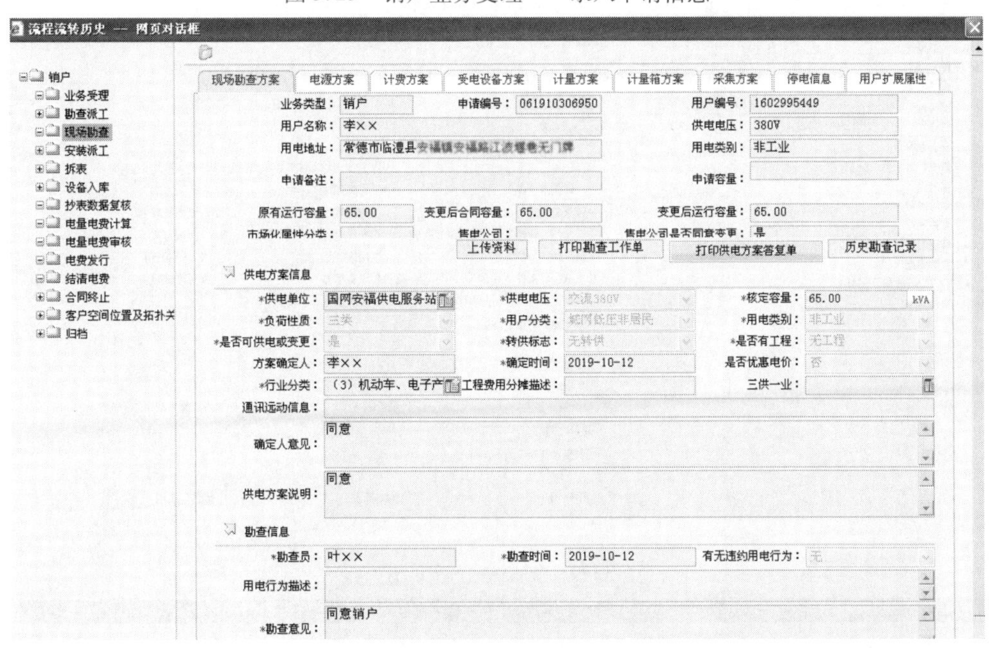

图3.26　销户——现场勘查方案

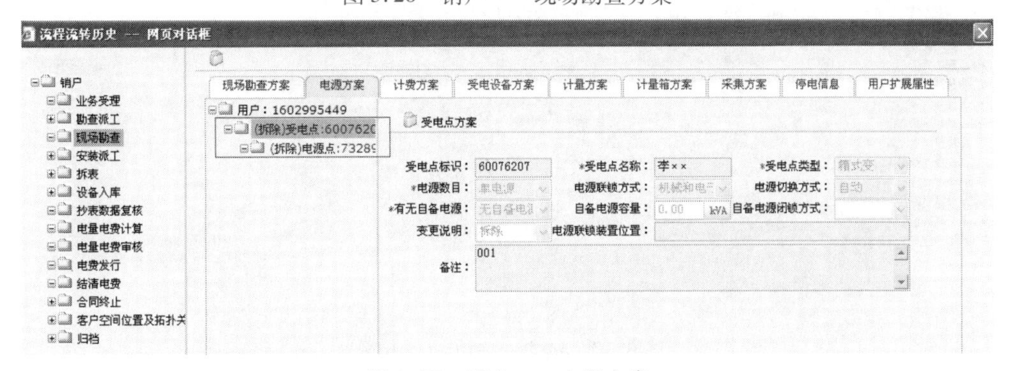

图3.27　销户——电源方案

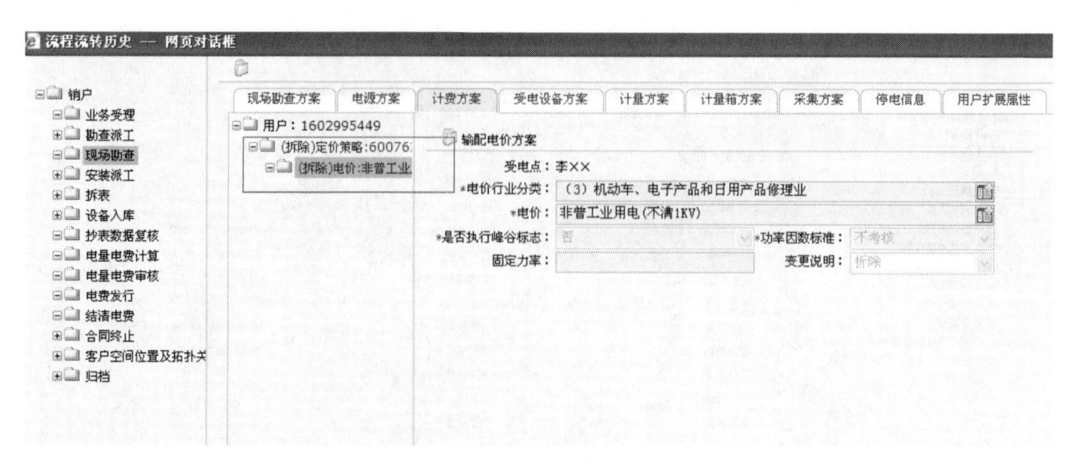

图 3.28　销户——计费方案

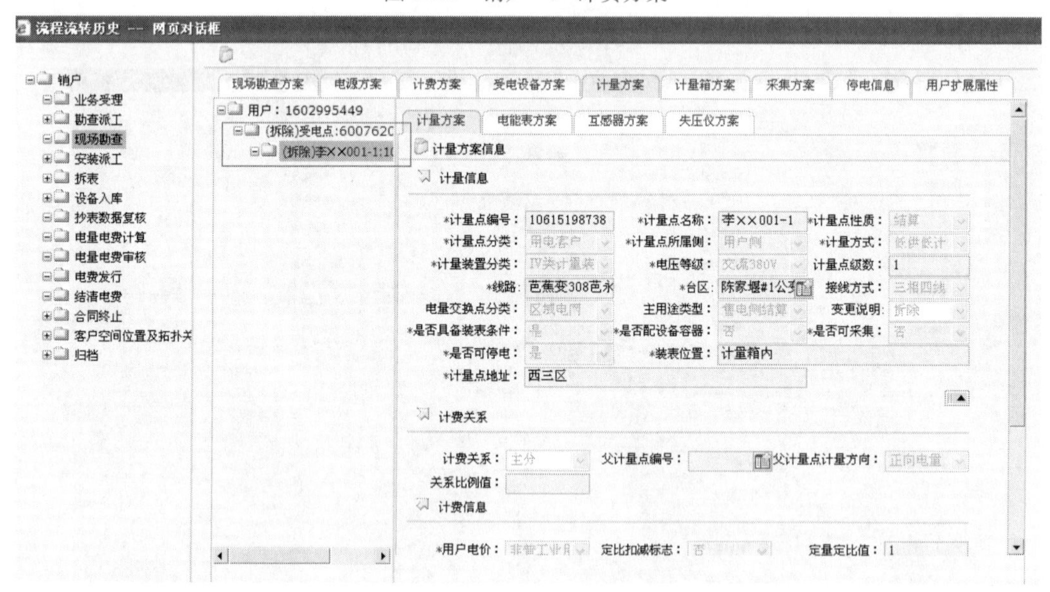

图 3.29　销户——计量方案

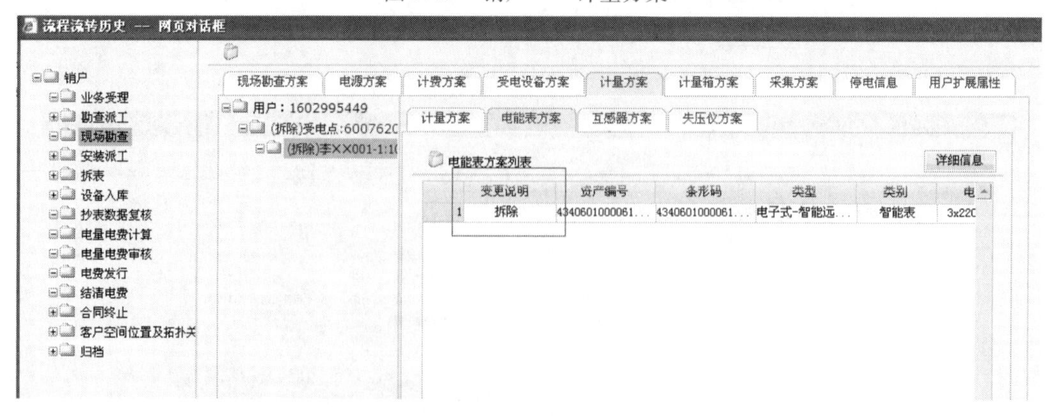

图 3.30　销户——电能表方案

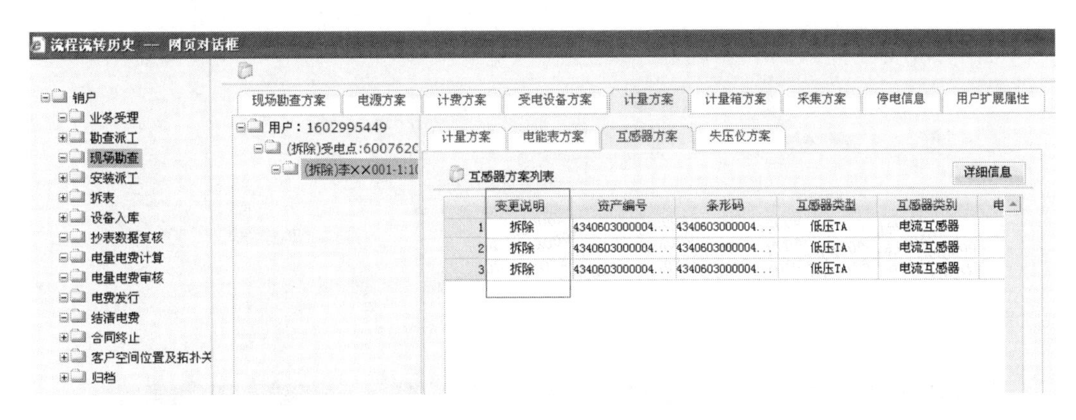

图 3.31　销户——互感器方案

③拆表:将用户信息点开至最下级,维护【计量管理段】(图 3.32),然后在电能表信息中找到勘查时拆除的电能表,勾选后单击【示数信息录入】(图 3.33),在弹窗中录入本次抄见的表码(图 3.34)。需注意的是,此处录入的表码应为现场拆表时的止码,拆表工单需客户签字确认。最后,将拆回的所有计量装置进行设备入库(图 3.35)。

图 3.32　销户——拆表(计量管理段)

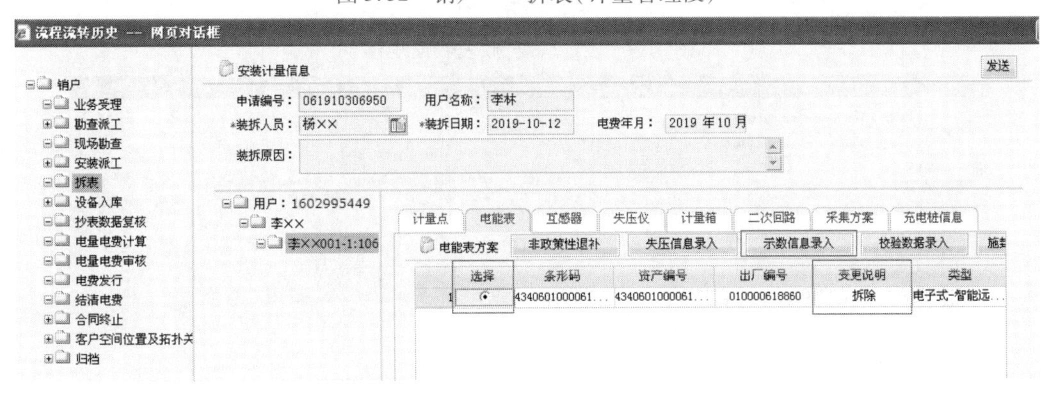

图 3.33　销户——拆表(示数信息录入)

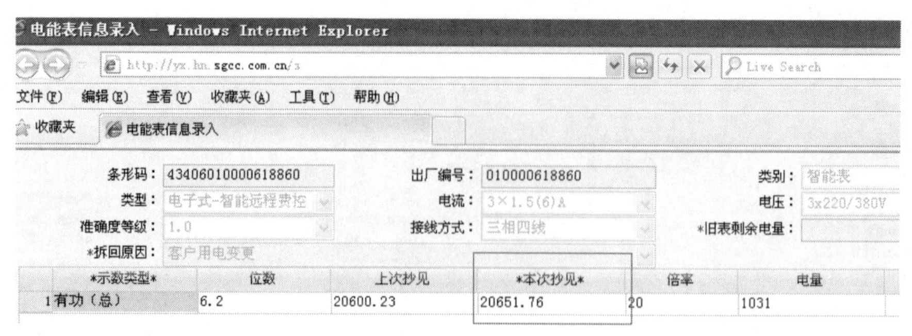

图3.34　电能表信息录入

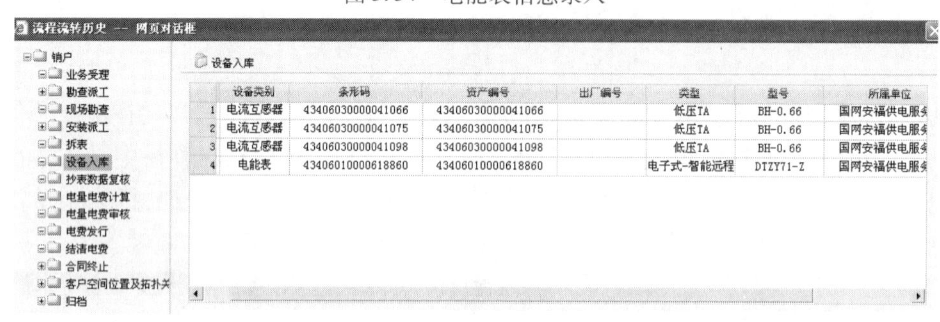

图3.35　销户——设备入库

④抄表数据复核、电量电费计算、电量电费审核、电费发行：表计拆回后，通知用户抄表员进行抄表数据复核（图3.36），复核完成后，联系核算员进行电量电费计算（图3.37）、电量电费审核（图3.38）与电费发行（图3.39）。

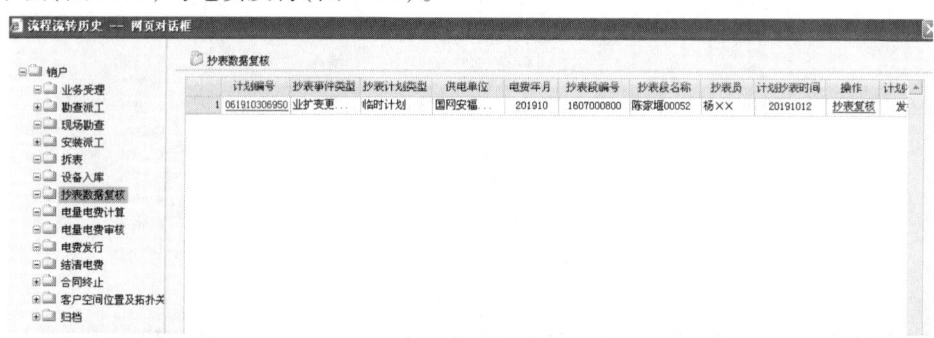

图3.36　销户——抄表数据复核

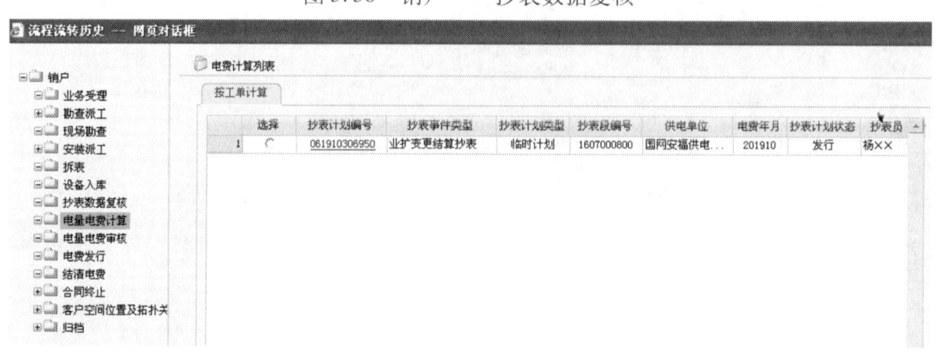

图3.37　销户——电量电费计算

图3.38　销户——电量电费审核

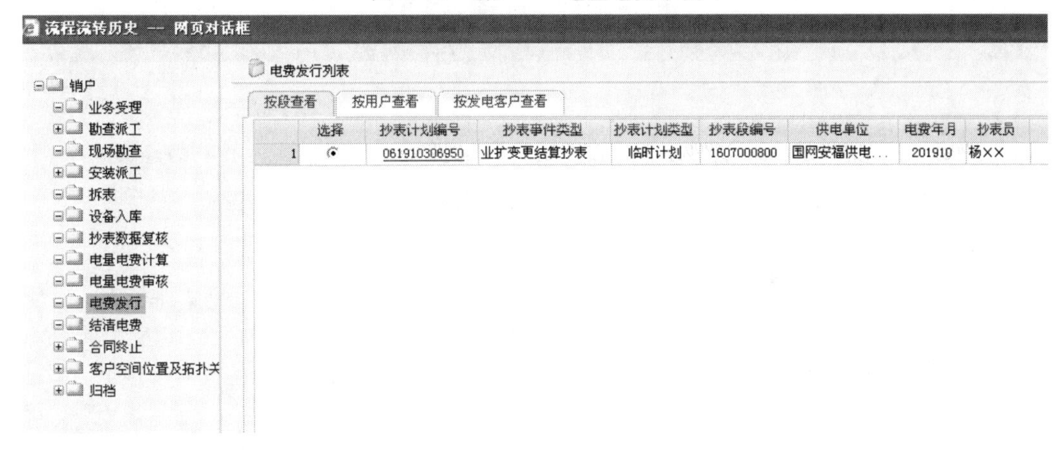

图3.39　销户——电费发行

⑤结清电费：电费发行后，如销户客户有欠费，将会在用户缴费明细信息下显示一条欠费记录，在该环节结清电费后，流程方可向下流转，如图3.40所示。

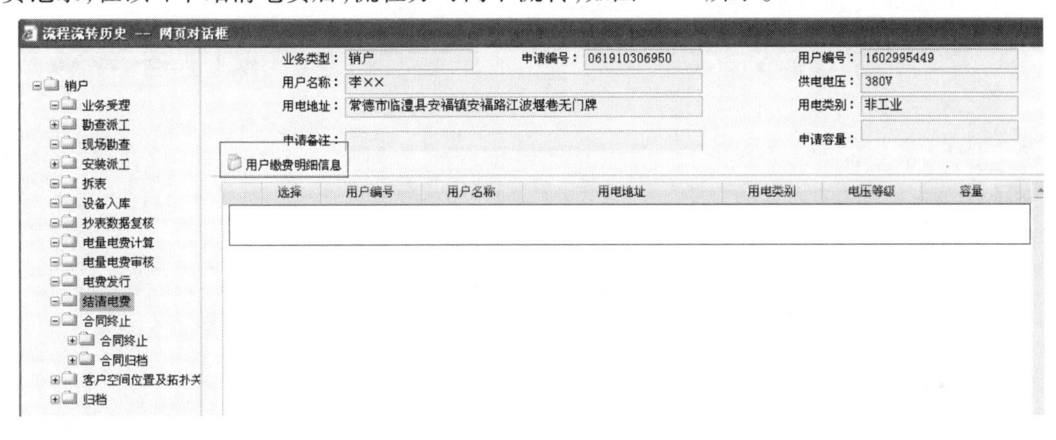

图3.40　销户——结清电费

⑥合同终止：合同终止环节录入终止原因与终止时间，如图3.41所示；合同归档环节直接保存，完成合同归档，如图3.42所示。

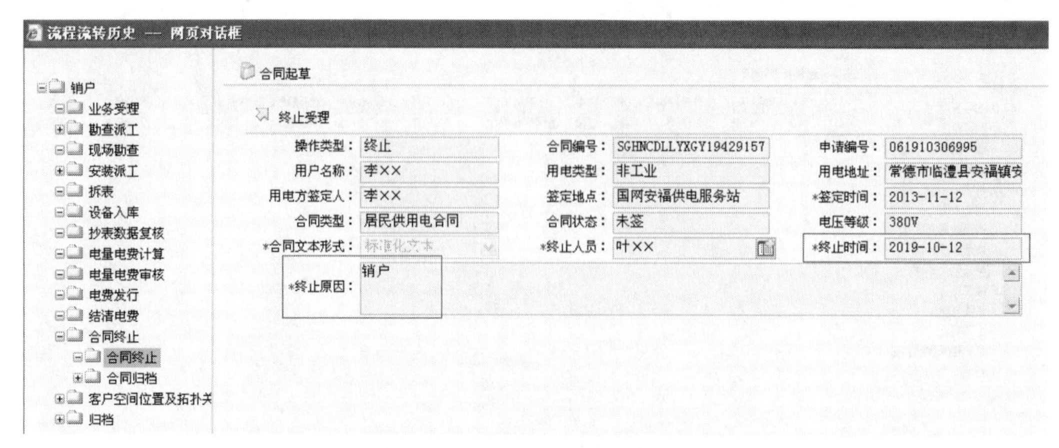

图 3.41　销户——合同终止

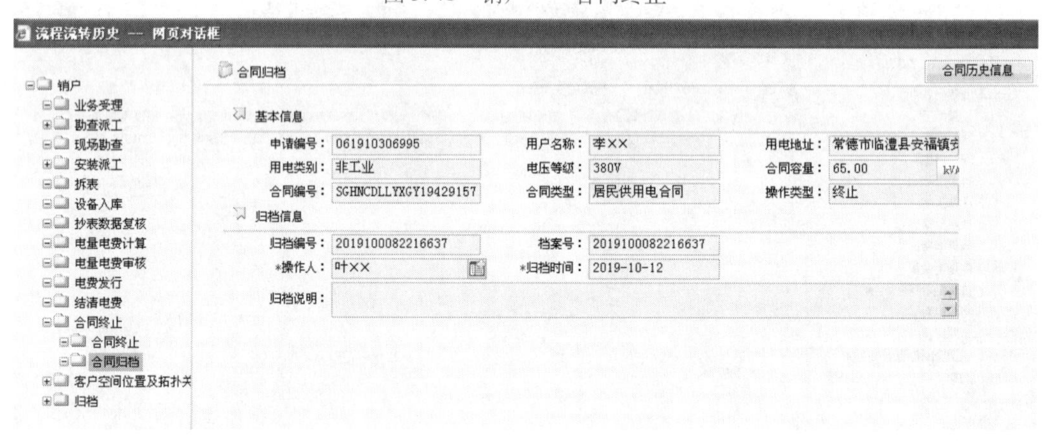

图 3.42　销户——合同归档

⑦客户空间位置及拓扑关系维护：删除客户计量箱图形。需注意的是，图形如未删除，将产生营配贯通专业异常，如图 3.43 所示。

图 3.43　销户——客户空间位置及拓扑关系维护

⑧归档：完成信息归档后结束整个销户流程，如图 3.44 所示。

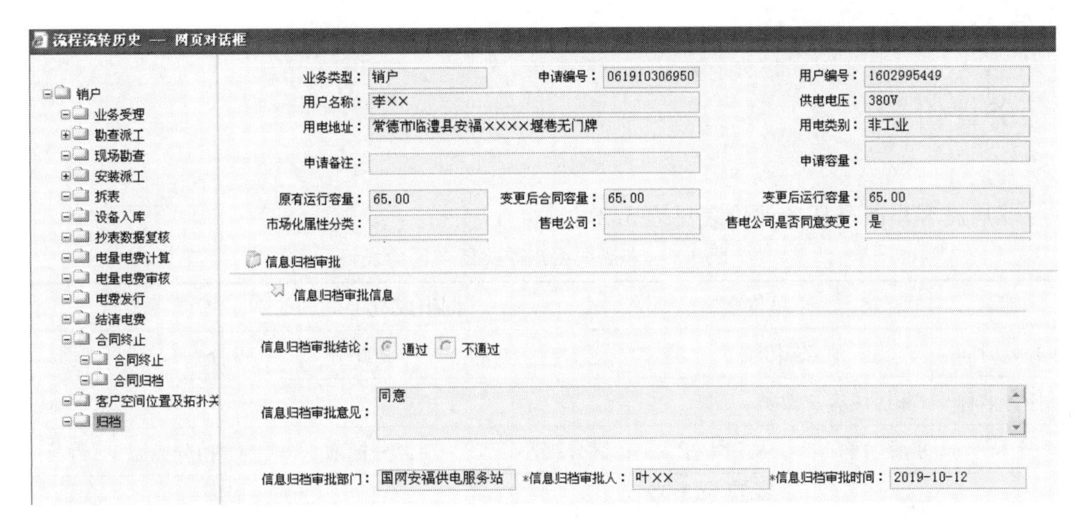

图3.44　销户——归档

【任务实施】

非居民客户改类任务指导书见表3.1。

表3.1　非居民客户改类任务指导书

<table>
<tr><td>任务名称</td><td>非居民客户改类业务</td><td>学时</td><td>2课时</td></tr>
<tr><td>任务描述</td><td>某执行商业用电电价的客户，因经营不善，将商铺改造为住宅，用电性质已由商业用电变更为生活用电，客户申请改类，请为其办理</td><td></td><td></td></tr>
<tr><td>任务要求</td><td>按相关规定受理客户改类申请并完成系统流程</td><td></td><td></td></tr>
<tr><td>注意事项</td><td>电能表表码保留整数</td><td></td><td></td></tr>
<tr><td colspan="4">任务实施步骤：
一、风险点辨识
现场勘查准确性、系统流程规范性。
二、作业前准备
客户申请资料，电价政策文件。
三、操作步骤及质量标准
1. 业务受理
收集客户变更用电申请，用电主体资格证明及产权证明。
2. 现场勘查
现场核查客户申请资料的真实性与实际用电性质，抄录电能表表码，并请客户在现场工单上签字确认。
3. 系统流程流转
将客户申请录入系统，变更合同，确定电价变更止码</td></tr>
</table>

【任务评价】

非居民客户改类任务评价表见表3.2。

表3.2 非居民客户改类任务评价表

姓名		单位		同组成员		
开始时间		结束时间		标准分	100分	得分
任务名称	非居民客户改类					
序号	步骤名称	质量要求	满分/分	评分标准	扣分原因	得分
1	业务受理	客户资料收集完整	10	遗漏一处扣10分		
2	现场勘查	勘查任务履行到位	30	未核查现场实际用电性质扣10分，未抄录表码扣10分，客户未签字确认扣10分		
3	系统流程流转	流程参数正确，与实际一致	60	错一处扣10分		
考评员（签名）			总分/分			

【思考与练习】

1. 更名与过户是否存在区别？哪种情况应更名，哪种情况应过户？

2. 改类流程虚拆电能表的目的是什么？如未虚拆电能表，将会对用户的电费造成什么影响？

任务3.2 高压客户变更用电

【任务目标】

1. 能简要说明变更用电的定义及其分类。
2. 能简要说明高压变更用电业务的主要类型及处理流程。

3. 能正确叙述高压变更用电业务的处理要点及注意事项。
4. 能正确处理高压变更用电业务。

【任务描述】

依据相关法律法规和技术规程,根据所给高压客户资料和用电情况能正确处理高压客户变更用电的暂停和减容等业务。

【任务准备】

1. 知识准备
(1)电价分类政策。
(2)变更用电定义及业务办理要求。
2. 资料准备
准备变更用电申请、营业执照、法人身份证复印件等。

【相关知识】

有下列情况之一者,为变更用电。用户需变更用电时,应事先提出申请,并携带有关证明文件,到供电企业用电营业场所办理手续,变更供用电合同:

①减少合同约定的用电容量(简称减容);
②暂时停止全部或部分受电设备的用电(简称暂停);
③暂时更换大容量变压器(简称暂换);
④迁移受电装置用电地址(简称迁址);
⑤移动用电计量装置安装位置(简称移表);
⑥暂时停止用电并拆表(简称暂拆);
⑦改变用户的名称(简称更名或过户);
⑧一户分列为两户及以上的用户(简称分户);
⑨两户及以上用户合并为一户(简称并户);
⑩合同到期终止用电(简称销户);
⑪改变供电电压等级(简称改压);
⑫改变用电类别(简称改类)。

高压变更用电主要涉及暂停、减容、暂换、更名或过户、改类、销户、迁址、暂拆、改压。

3.2.1 暂停

用户暂停须在5天前向供电企业提出申请。供电企业应按下列规定办理：

①用户在每一日历年内，可申请全部（含不通过受电变压器的高压电动机）或部分用电容量的暂时停止用电两次，每次不得少于15天，一年累计暂停时间不得超过6个月。季节性用电或国家另有规定的用户，累计暂停时间可以另议。

②按变压器容量计收基本电费的用户，暂停用电必须是整台或整组变压器停止运行。供电企业在受理暂停申请后，根据用户申请暂停的日期对暂停设备加封。从加封之日起，按原计费方式减收其相应容量的基本电费。

③暂停期满或每一日历年内累计暂停用电时间超过6个月者，不论用户是否申请恢复用电，供电企业须从期满之日起，按合同约定的容量计收其基本电费。

④在暂停期限内，用户申请恢复暂停用电容量用电时，须在预定恢复日前5天向供电企业提出申请。暂停时间少于15天者，暂停期间基本电费照收。

⑤按最大需量计收基本电费的用户，申请暂停用电必须是全部容量（含不通过受电变压器的高压电动机）的暂停，并遵守本条例1至4项的有关规定。

1）资料收集

业务受理时需客户提供暂停申请，用户的用电主体资格证明（如身份证、营业执照、组织机构代码证等）。

2）系统流转

①业务受理：录入客户用电编号、暂停容量及暂停截止时间（图3.45）；在受电设备信息中勾选需要暂停的设备，将其状态由“运行”变更为“停用”（图3.46）；在客户资料信息中录

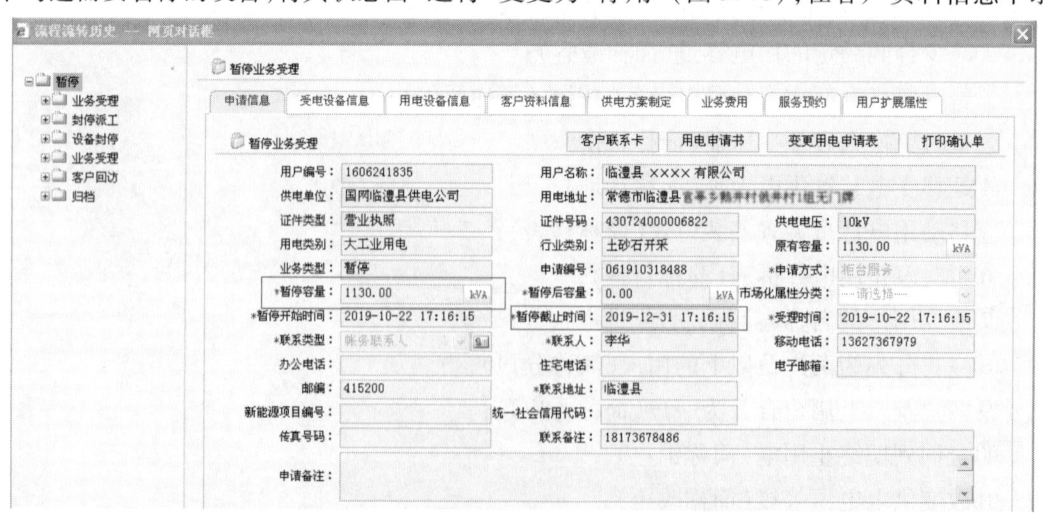

图3.45　暂停业务受理——录入申请信息

入客户申请资料(图 3.47);在供电方案制定(图 3.48)中完善现场勘查方案,并对电能表进行虚拆处理(图 3.49)。需注意的是,受电设备信息中必须将需要暂停的变压器或高压电机状态改为“停用”,否则即使流程归档,客户的设备在系统中仍处于“运行”状态,视同于未办理暂停。同时,电能表必须虚拆,如未虚拆,将无法录入暂停止码,将导致电费计算错误。

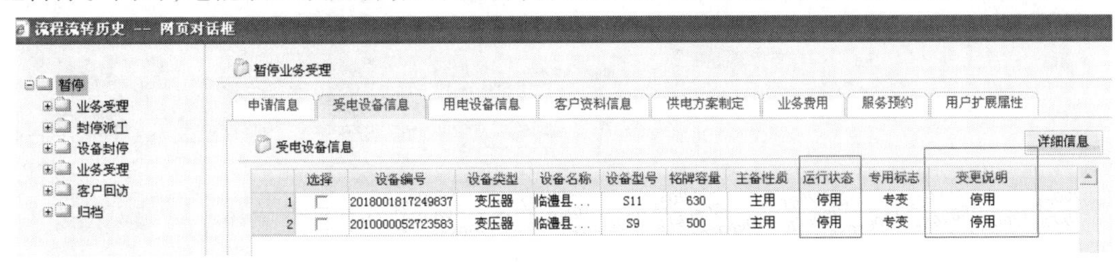

图 3.46　暂停业务受理——录入受电设备信息

图 3.47　暂停业务受理——录入客户资料信息

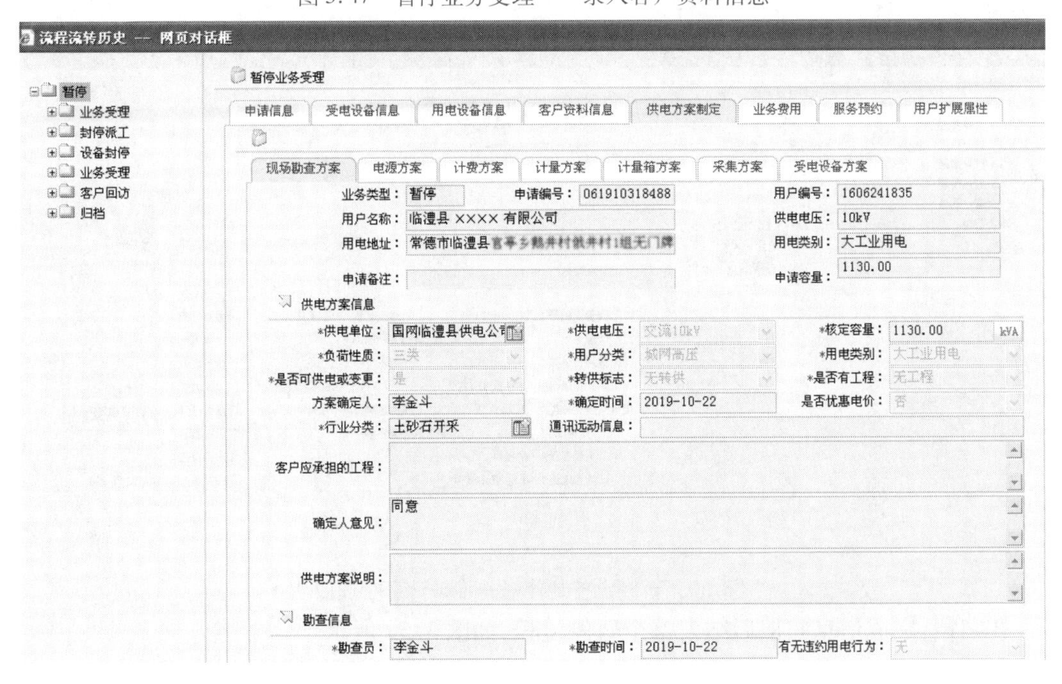

图 3.48　暂停业务受理——供电方案制定(现场勘查方案)

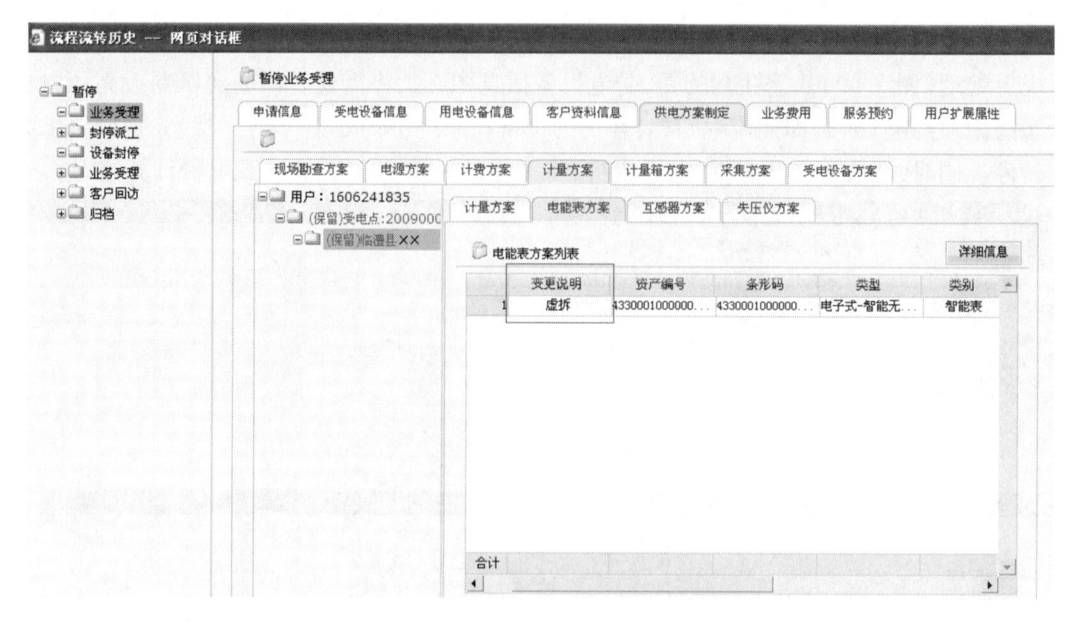

图 3.49　暂停业务受理——供电方案制定(虚拆电能表)

②设备封停:将用户信息点开至最下级,维护【计量管理段】(图 3.50),然后在电能表信息中找到勘查时虚拆的电能表,勾选后单击【示数信息录入】(图 3.51),在弹窗中录入本次抄见的表码(图 3.52),最后,在送(停)电信息中录入操作人和实际停电时间(图 3.53)。需注意的是,此处录入的表码应为现场对变压器或高压电机封停时抄录或系统采集到的电能表表码。

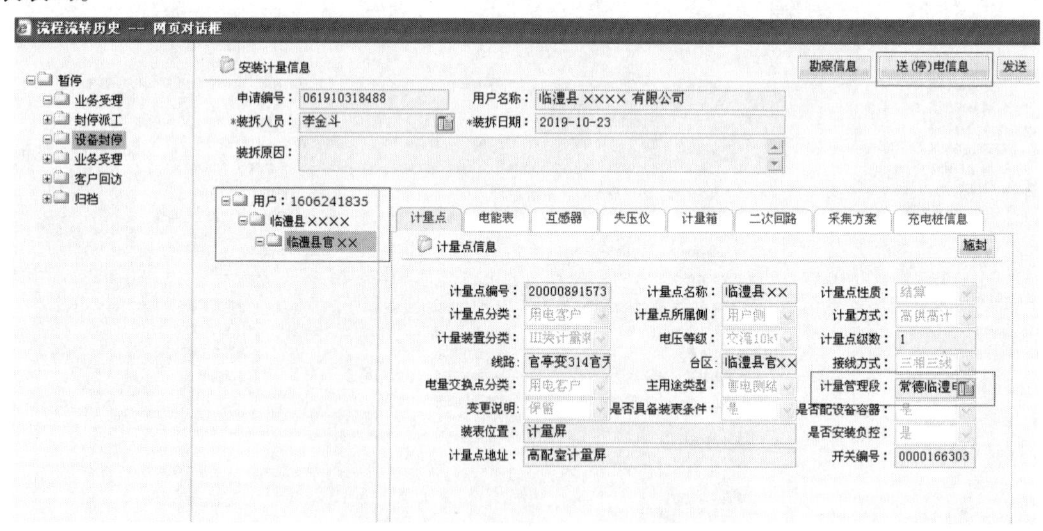

图 3.50　暂停设备封停——维护计量管理段

③归档:完成信息归档后结束整个暂停流程,如图 3.54 所示。

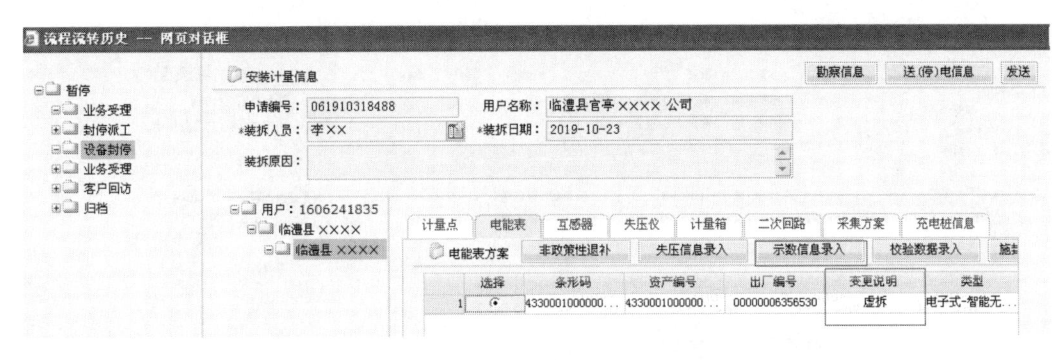

图 3.51　暂停设备封停——示数信息录入

	示数类型	位数	上次抄见	*本次抄见*	倍率	电量
1	有功(总)	6.2	35.92	36.31	2000	780
2	有功(尖峰)	6.2	3.04	3.1	2000	120
3	有功(峰)	6.2	18.07	18.18	2000	220
4	有功(谷)	6.2	5.99	6.13	2000	280
5	有功(平)	6.2	8.8	8.88	2000	160
6	无功(总)	6.2	44.78	45.24	2000	920
7	最大需量	6.2	0	0.0082	2000	16
8	需量(尖峰)	6.2	0	0.0035	2000	7
9	需量(峰)	6.2	0	0.0082	2000	16
10	需量(谷)	6.2	0	0.0037	2000	7
11	需量(平)	6.2	0	0.0033	2000	7

图 3.52　电能表信息录入

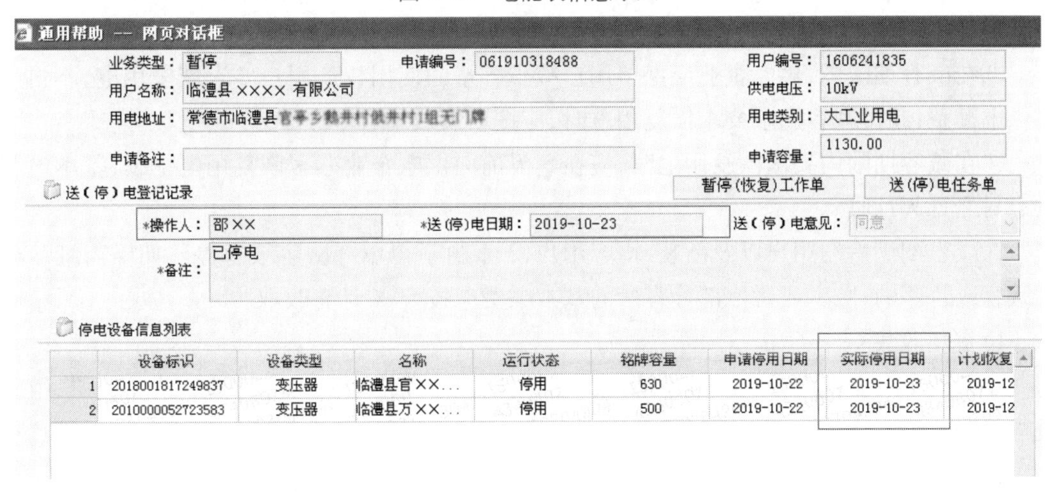

	设备标识	设备类型	名称	运行状态	铭牌容量	申请停用日期	实际停用日期	计划恢复
1	2018001817249837	变压器	临澧县官××...	停用	630	2019-10-22	2019-10-23	2019-12
2	2010000052723583	变压器	临澧县万××...	停用	500	2019-10-22	2019-10-23	2019-12

图 3.53　暂停设备封停——送(停)电信息录入

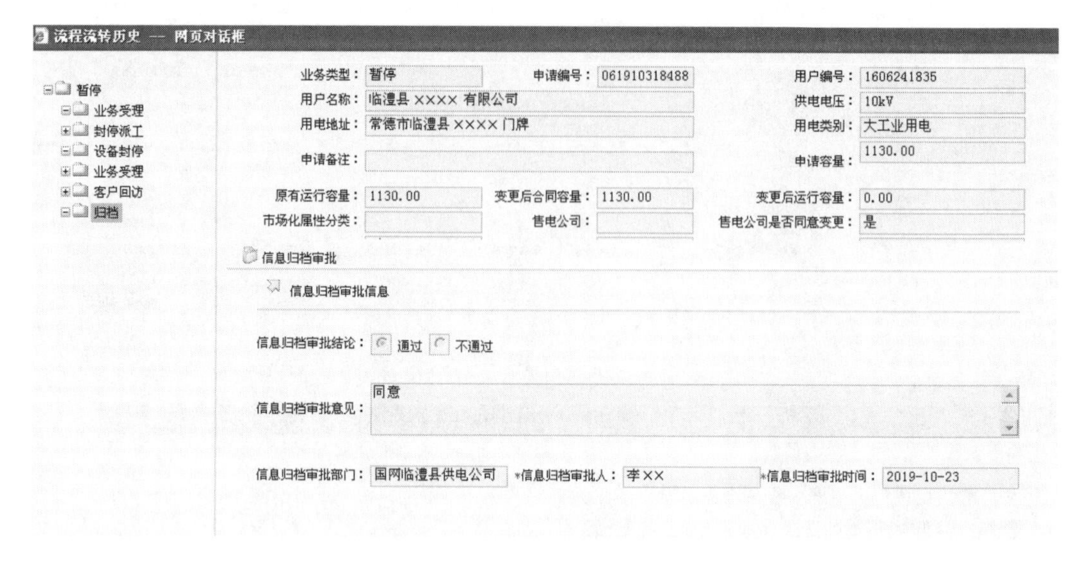

图 3.54　暂停——归档

3.2.2　减容

用户减容须在 5 天前向供电企业提出申请。供电企业应按下列规定办理：

①减容必须是整台或整组变压器的停止或更换小容量变压器用电。供电企业在受理之日后，根据用户申请减容的日期对设备进行加封。从加封之日起，按原计费方式减收其相应容量的基本电费。但用户申明为永久性减容的或从加封之日起期满 2 年又不办理恢复用电手续的，其减容后的容量已达不到实施两部制电价规定的容量标准时，应改为单一制电价计费。

②减少用电容量的期限，应根据用户所提出的申请确定，但最短期限不得少于 6 个月，最长期限不得超过 2 年。

③在减容期限内，供电企业应保留用户减少容量的使用权。用户要求恢复用电，不再交付供电贴费；超过减容期限要求恢复用电时，应按新装或增容手续办理。

④在减容期限内要求恢复用电时，应在 5 天前向供电企业办理恢复用电手续，基本电费从启封之日起计收。

⑤减容期满后的用户以及新装、增容用户，2 年内不得申办减容或暂停。如确需继续办理减容或暂停的，减少或暂停部分容量的基本电费应按 50% 计算收取。

1）资料收集

业务受理时需客户提供减容申请，用户的用电主体资格证明（如身份证、营业执照、组织机构代码证等）。

2）系统流转

①业务受理：录入客户用电编号、减少容量、减容开始时间、计划减容恢复时间及永久性减容标志（图 3.55）；在受电设备信息中勾选需要减容的设备，将其状态由“运行”变更为“停

用”(图3.56);在客户资料信息中录入客户申请资料(图3.57)。需注意的是,【永久性减容标志】数据项包含“永久性减容”与“临时性减容”两类。永久性减容后,如需恢复,按高压增容处理;临时性减容后,在规定时限内需恢复,按减容恢复处理。另外,如减容前受电设备的运行状态已为“停用”,则不需对其运行状态进行变更;如客户申请永久性减容,则应在受电设备信息中将减容设备的状态变更为“拆除”,而非“停用”。

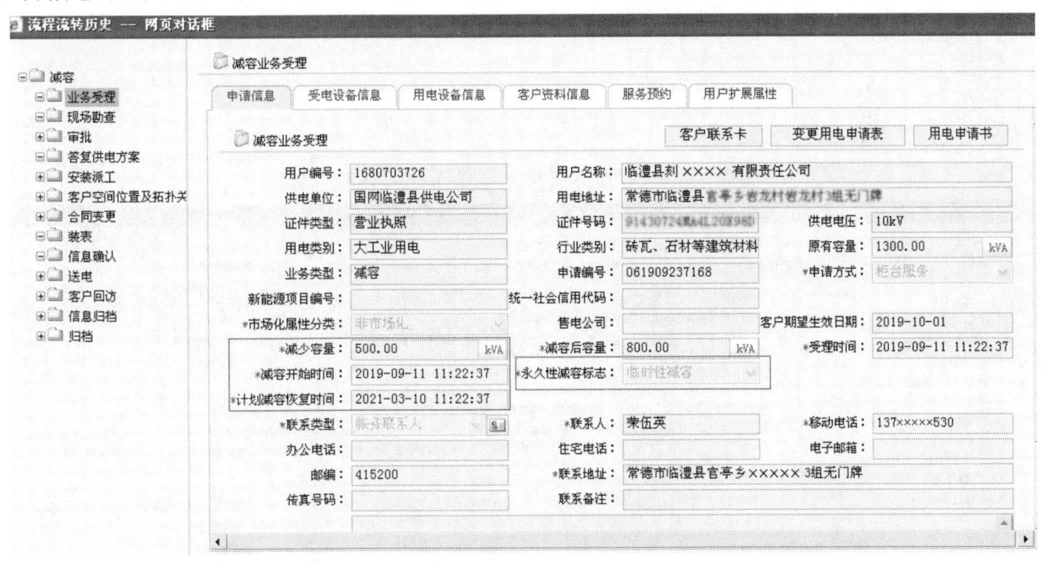

图3.55　减容业务受理——录入申请信息

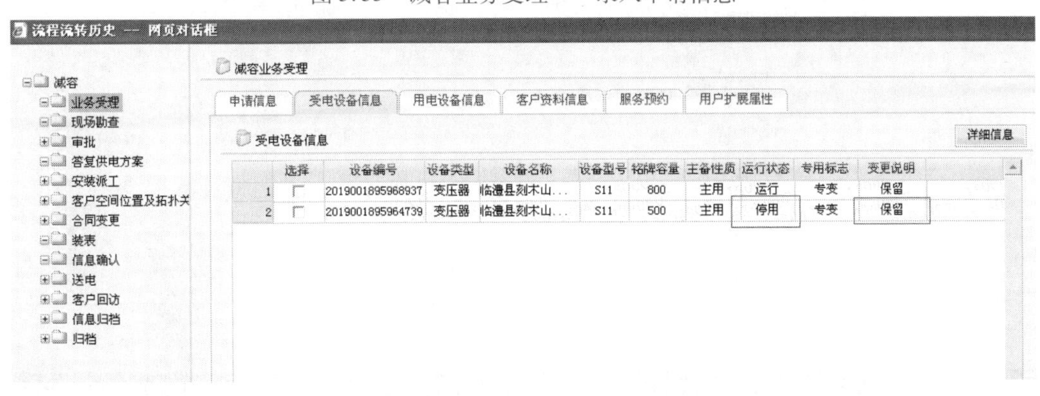

	选择	设备编号	设备类型	设备名称	设备型号	铭牌容量	主备性质	运行状态	专用标志	变更说明
1	□	2019001895968937	变压器	临澧县刻木山…	S11	800	主用	运行	专变	保留
2	□	2019001895964739	变压器	临澧县刻木山…	S11	500	主用	停用	专变	保留

图3.56　减容业务受理——录入受电设备信息

②现场勘查:完善勘查方案(图3.58),在电源方案中维护减容后的供电容量与原容量(图3.59),最后在电能表方案中虚拆电能表(图3.60)。需注意的是,减容后的供电容量如不维护正确,归档后将产生客户档案异常数据;同时,电能表必须虚拆,如未虚拆,将无法录入减容止码,导致电费计算错误。

图 3.57　减容业务受理——录入客户资料信息

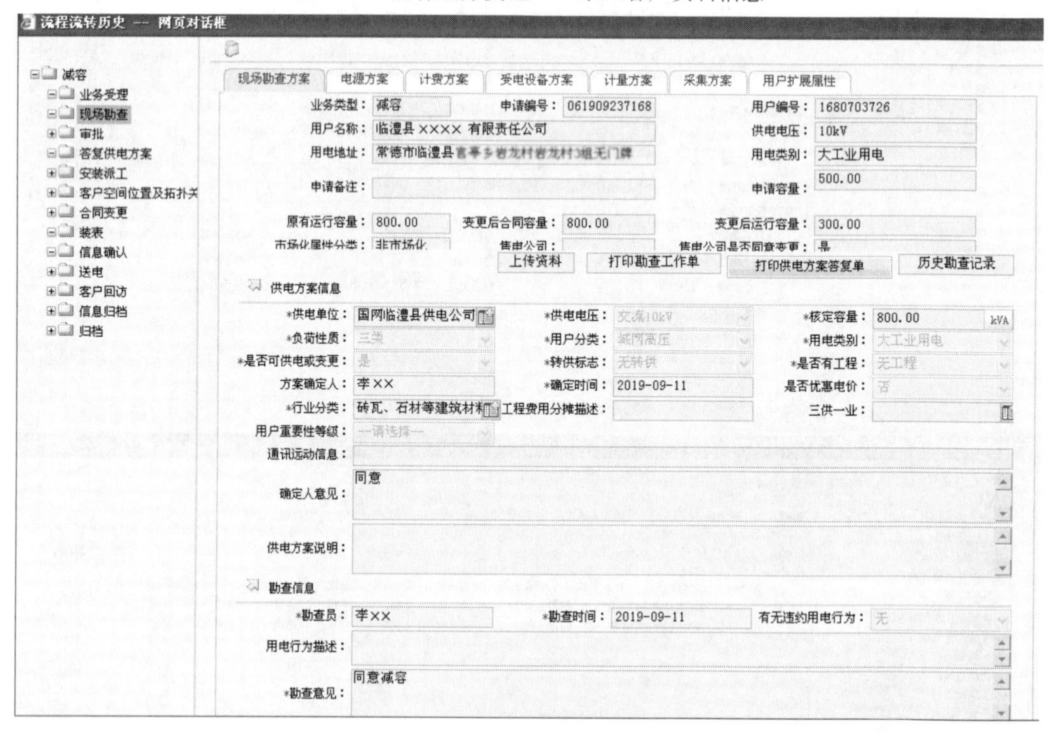

图 3.58　减容现场勘查方案

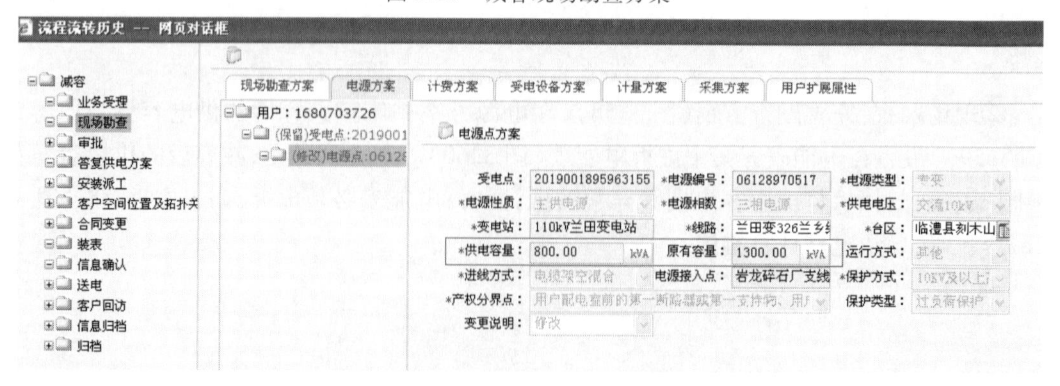

图 3.59　减容现场勘查——电源方案

流程流转历史 — 网页对话框
减容
业务受理
现场勘查
审批
答复供电方案
安装派工
客户空间位置及拓扑关
合同变更
装表
信息确认
送电
客户回访
信息归档
归档
现场勘查方案
电源方案
计费方案
受电设备方案
计量方案
采集方案
用户扩展属性
用户：1680703726
(保留)受电点:2019001
(保留)临澧县刘××
计量方案
电能表方案
互感器方案
失压仪方案
电能表方案列表
详细信息
选择
变更说明
资产编号
条形码
类型
类别
1
虚拆
4330001000000...
4330001000000...
电子式-智能无...
智能表

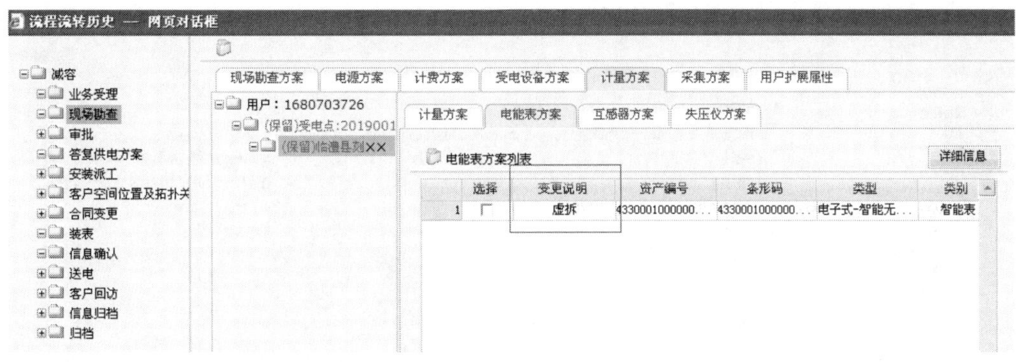

图3.60　减容现场勘查——计量方案(虚拆电能表)

③答复供电方案:完善答复客户信息,如图3.61所示。

流程流转历史 — 网页对话框
减容
业务受理
现场勘查
审批
答复供电方案
安装派工
客户空间位置及拓扑关
合同变更
装表
信息确认
送电
客户回访
信息归档
归档
业务类型：减容
申请编号：061909237168
用户编号：1680703726
用户名称：临澧县××××有限责任公司
供电电压：10kV
用电地址：常德市临澧县官亭乡岩龙村岩龙村3组无门牌
用电类别：大工业用电
申请备注：
申请容量：500.00
原有运行容量：800.00
变更后合同容量：800.00
变更后运行容量：300.00
市场化属性分类：非市场化
售电公司：
售电公司是否同意变更：是
答复客户
供电方案答复单
登记答复客户信息
*答复人：李××
*答复方式：电话
*答复日期：2019-09-11 11:43:54
*客户签收人：朱××
*客户回复方式：电话
*客户回复时间：2019-09-11 11:43:54
*客户签收日期：2019-09-11 11:43:54
*客户意见：同意

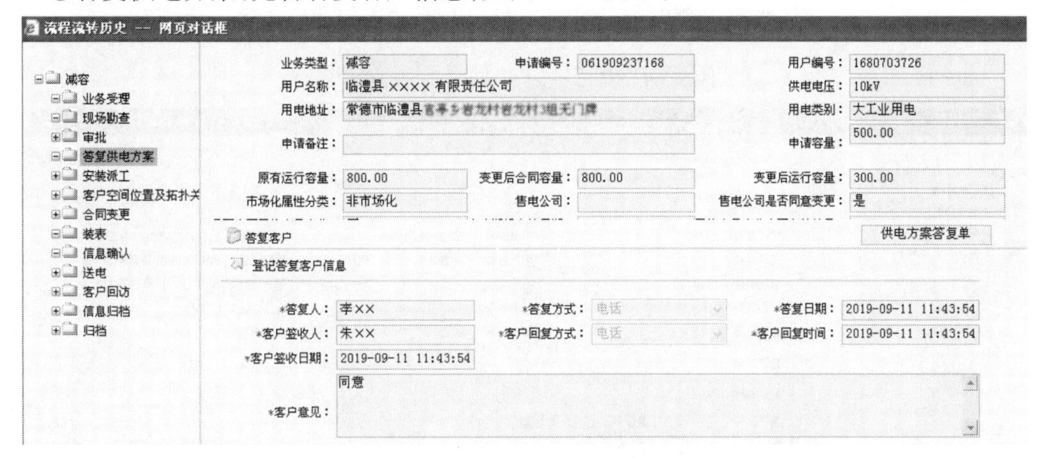

图3.61　减容答复供电方案

④合同变更:合同起草环节录入业务相关信息并上传合同电子档(图3.62);合同审核(图3.63)、合同审批(图3.64)环节对起草的合同进行核查,如无异常,保存后直接发送即可;合同签订环节录入签订相关信息并上传签署页扫描件(图3.65);合同归档环节直接保存,完成合同归档(图3.66)。

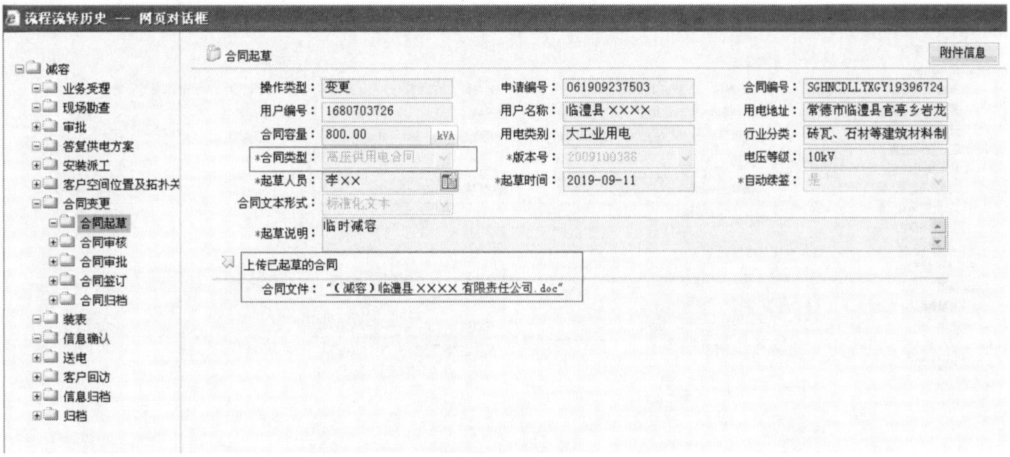

流程流转历史 — 网页对话框
减容
业务受理
现场勘查
审批
答复供电方案
安装派工
客户空间位置及拓扑关
合同变更
合同起草
合同审核
合同审批
合同签订
合同归档
装表
信息确认
送电
客户回访
信息归档
归档
合同起草
附件信息
操作类型：变更
申请编号：061909237503
合同编号：SGHNCDLLYXGY19396724
用户编号：1680703726
用户名称：临澧县××××
用电地址：常德市临澧县官亭乡岩龙
合同容量：800.00 kVA
用电类别：大工业用电
行业分类：砖瓦、石材等建筑材料制
*合同类型：高压供用电合同
*版本号：2009100338
电压等级：10kV
*起草人员：李××
*起草时间：2019-09-11
*自动续签：是
合同文本形式：标准化文本
*起草说明：临时减容
上传已起草的合同
合同文件："(减容)临澧县××××有限责任公司.doc"

图3.62　减容合同变更——合同起草

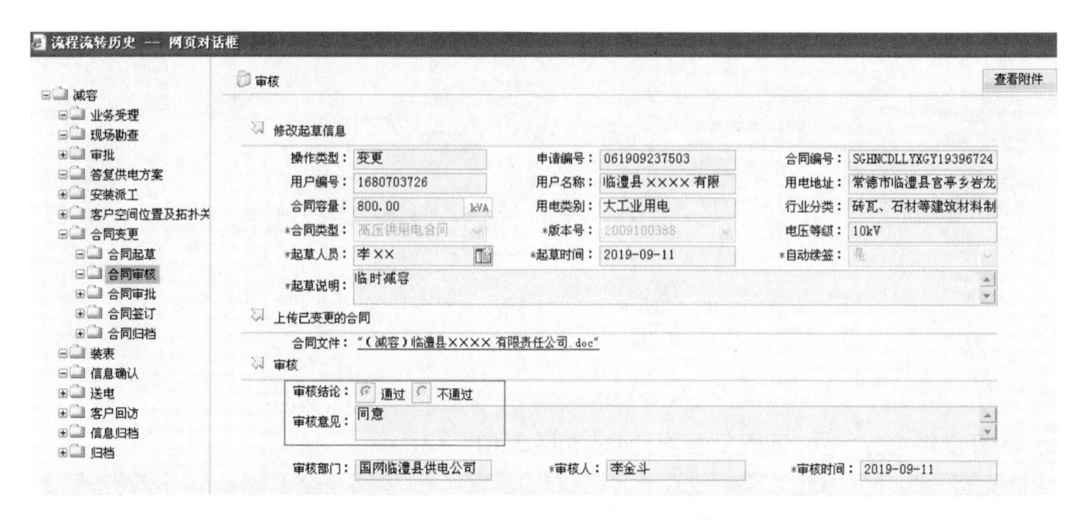

图 3.63　减容合同变更——合同审核

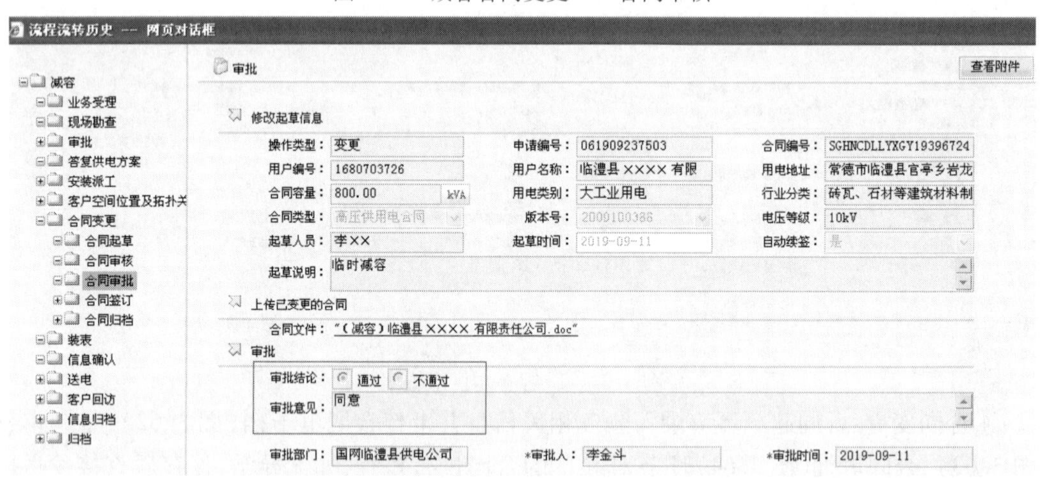

图 3.64　减容合同变更——合同审批

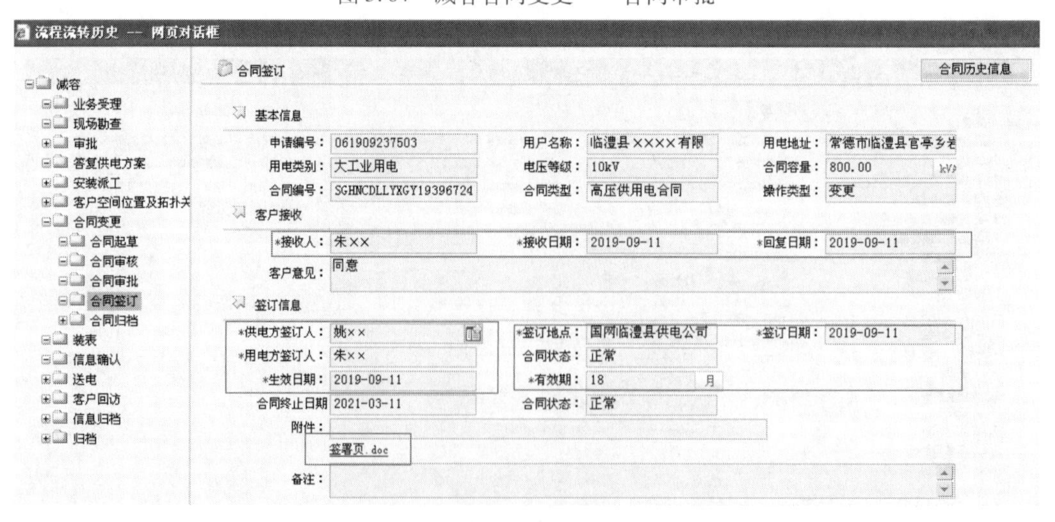

图 3.65　减容合同变更——合同签订

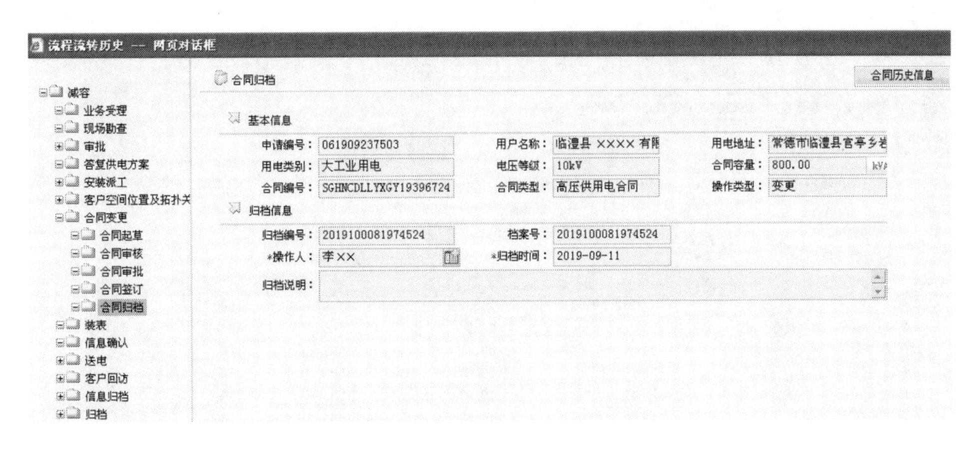

图3.66　减容合同变更——合同归档

⑤装表:将用户信息点开至最下级,维护【计量管理段】(图3.67),然后在电能表信息中找到勘查时虚拆的电能表,勾选后单击【示数信息录入】(图3.68),在弹窗中录入本次抄见的表码(图3.69)。需注意的是,此处录入的表码应为现场对变压器或高压电机封停时抄录或系统采集到的电能表表码。

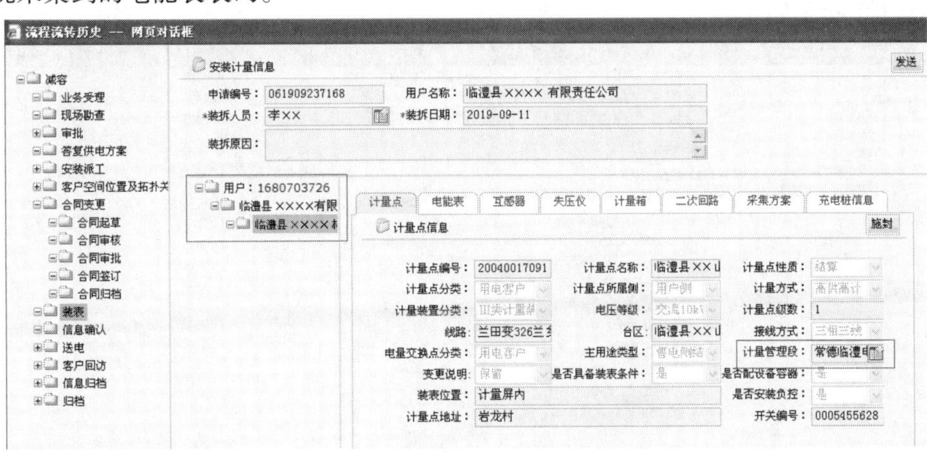

图3.67　减容装表——维护计量管理段

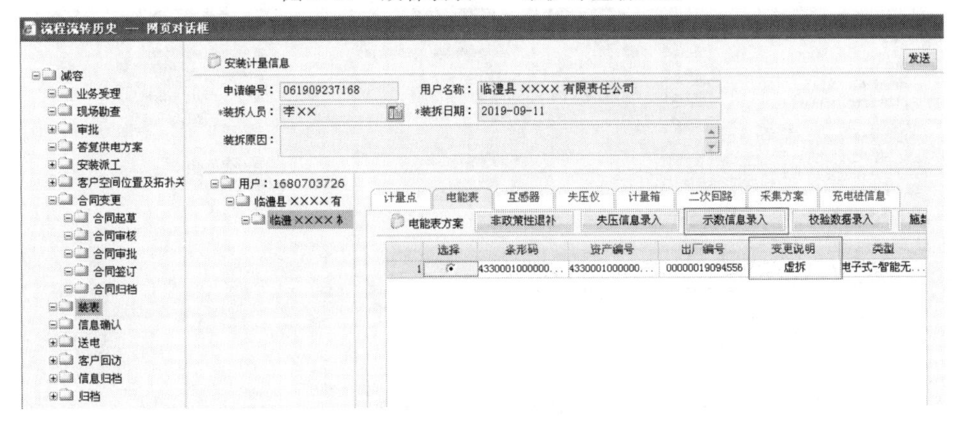

图3.68　减容装表——示数信息录入

	示数类型	位数	上次抄见	*本次抄见*	倍率	电量
1	有功（总）	6.2	132.19	133.23	1500	1560
2	有功（尖峰）	6.2	4.43	4.47	1500	60
3	有功（峰）	6.2	67.77	68.1	1500	495
4	有功（谷）	6.2	10.54	10.67	1500	195
5	有功（平）	6.2	49.44	49.97	1500	795
6	无功（总）	6.2	45	45.82	1500	1230
7	最大需量	6.2	0.4464	0.0142	1500	21
8	需量（尖峰）	6.2	0.2756	0.0017	1500	3
9	需量（峰）	6.2	0.4464	0.0038	1500	6
10	需量（谷）	6.2	0.2754	0.0009	1500	1
11	需量（平）	6.2	0.3884	0.0142	1500	21

图 3.69　电能表信息录入

⑥送电、信息归档、归档：维护送(停)电日期(图 3.70)，完成信息归档与归档后结束整个减容流程(图 3.71)。

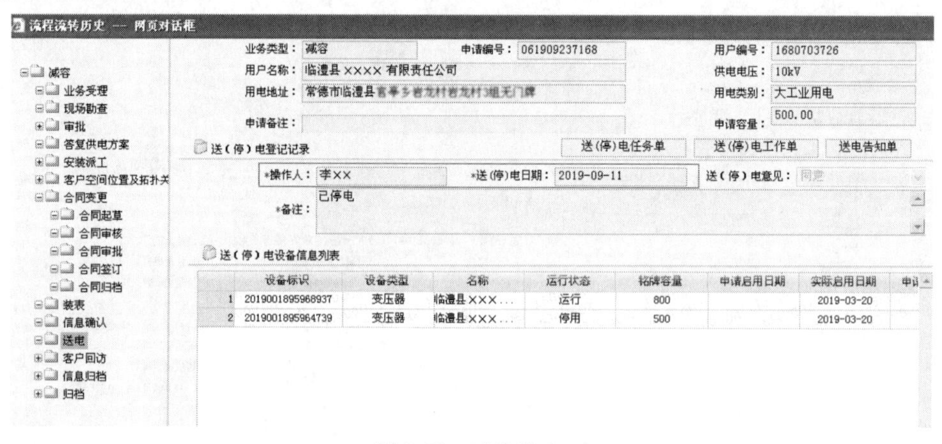

图 3.70　减容送电

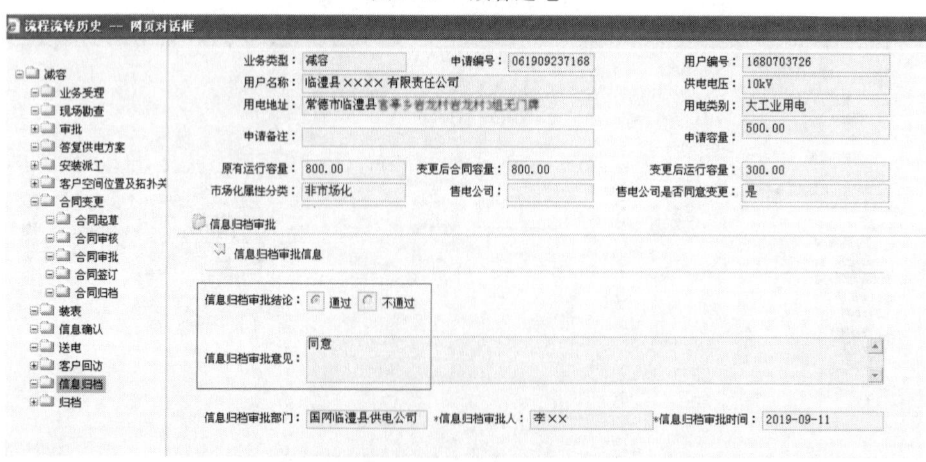

图 3.71　减容信息归档

3.2.3　两部制电价政策调整

（1）《国家发展改革委办公厅关于完善两部制电价用户基本电价执行方式的通知》（发改办价格〔2016〕1583号）、国家电网公司《关于贯彻落实完善两部制电价用户基本电价执行方式的通知》（国家电网财〔2016〕633号）、湖南省发展和改革委员会印发《湖南省降低大工业电价工作方案》的通知（湘发改价商〔2016〕704号）规定：

①放宽基本电价计费方式变更周期。

A. 基本电价计费方式变更周期从现行按年调整为按季变更。

B. 电力用户选择按最大需量方式计收基本电费的。

a. 电力用户应与电网企业签订合同，并以合同中确定的最大需量计收基本电费。合同最大需量核定值变更周期从现行按半年调整为按月变更。

b. 申请最大需量核定值低于变压器容量和高压电动机容量总和的40%时，按容量总和（不含已办理减容、暂停业务的容量）的40%核定合同最大需量。

c. 电力用户实际最大需量超过合同确定值105%时，超过105%部分的基本电费加一倍收取；未超过合同确定值105%的，按合同确定值收取。

d. 对按最大需量计费的两路及以上进线用户，各路进线分别计算最大需量，累加计收基本电费。

②放宽减容（暂停）期限限制。

a. 电力用户（含新装、增容用户）申请减容、暂停用电，取消次数限制。电力用户减容2年内恢复的，按减容恢复办理；超过两年的按新装或增容手续办理。

b. 电力用户申请暂停时间每次应不少于15日，每一日历年内累计不超过6个月，超过6个月的可由用户申请办理减容，减容期限不受时间限制。

c. 减容（暂停）后容量达不到实施两部制电价规定容量标准的，应改为相应用电类别单一制电价计费，并执行相应的分类电价标准。减容（暂停）后执行最大需量计量方式的，合同最大需量按照减容（暂停）后总容量申报。

d. 减容（暂停）设备自设备加封之日起，减容（暂停）部分免收基本电费。

（2）湖南省发展和改革委员会《关于两部制电价及峰谷分时电价等有关问题的通知》（湘发改价商〔2018〕732号）规定：

省电网两部制电力用户可自愿选择按变压器容量或合同最大需量缴纳电费，也可选择按实际最大需量缴纳电费，两部制电价中的实际最大需量不再受40%下限限制。

【任务实施】

大工业客户减容任务指导书见表3.3。

表 3.3　大工业客户减容任务指导书

任务名称	大工业客户减容业务	学时	2 课时
任务描述	某执行大工业电价的客户,合同容量 750 kVA,包含 500 kVA 及 250 kVA 变压器各一台。因市场萎靡,计划临时减容一台 500 kVA 变压器,请为其办理		
任务要求	按相关规定受理客户减容申请并完成系统流程		
注意事项	电价执行到位		
任务实施步骤: 一、风险点辨识 电价的执行、流程规范性。 二、作业前准备 客户申请资料、电价政策文件。 三、操作步骤及质量标准 1. 业务受理 收集客户变更用电申请,用电主体资格证明及产权证明。 2. 设备封停 现场封停客户用电设备,抄录电能表表码,并请客户在现场工单上签字确认。 3. 系统流程流转 将客户申请录入系统,变更合同,确定电价变更止码			

【任务评价】

大工业客户减容任务评价表见表 3.4。

表 3.4　大工业客户减容任务评价表

姓名		单位		同组成员			
开始时间		结束时间		标准分	100 分	得分	
任务名称	大工业客户减容						
序号	步骤名称	质量要求	满分/分	评分标准		扣分原因	得分
1	业务受理	客户资料收集完整	10	遗漏一处扣 10 分			
2	设备封停	封停任务履行到位	30	未对设备封停扣 10 分,未抄录表码扣 10 分,客户未签字确认扣 10 分			

续表

序号	步骤名称	质量要求	满分/分	评分标准	扣分原因	得分
3	系统流程流转	流程参数正确,与实际一致,电价执行到位	60	错一处扣 10 分,未对减容后的电价进行改类扣 30 分		
考评员(签名)			总分/分			

【思考与练习】

1. 用户为什么要暂停或减容？暂停和减容能为用户带来哪些好处？

2. 用户首次就申请减容,若不到 6 个月就减容恢复,减容期间电度电费、基本电费是否需要进行追补？

3. 用户在每一日历年内累计暂停用电时间超过 6 个月时,可申请办理减容,减容最短期限不受时间限制。是不是 1 天 2 天都可以？暂停与减容的时间是分别计算吗？如何先暂停 6 个月,再减容 2 年？

4. 用户暂停后容量达不到实施两部制电价规定容量标准的,改为按相应用电类别单一制电价计费,并执行相应的分类电价标准。是不是暂停没达到要改单一制,恢复达到又要改两部制？

5.《供电营业规则》中规定:“对新装、增容、减容期满的客户,2 年内不允许继续暂停或减容,确需申请暂停或减容的,对暂停、减容部分加收 50% 基本电费”。该条以后是否执行？

情境4　供用电合同

【情境描述】

本项目分为供用电合同和分布式电源供用电合同两个学习任务。通过该项目学习，要求学生能够根据客户用电情况确定电力客户供用电合同和分布式电源供用电合同。

【情境目标】

1. 知识目标

(1)了解基本供用电合同的内容及规定。

(2)掌握各类客户合同的电价构成。

(3)掌握各类客户用电容量的计算方法。

(4)掌握供电电源接入原则。

(5)了解供用电合同产权分界点原则。

(6)了解供用电合同各类电能计量装置的配制方法。

(7)了解分布式电源供用电合同的相关规定。

2. 能力目标

(1)能熟练知道产权分界点的制定方法。

(2)能编写单一制客户合同。

(3)能编写两部制电价客户的合同。

(4)能清楚合同有限期限。

3. 态度目标

(1)能主动学习，在完成任务过程中发现问题、分析问题和解决问题。

(2)养成严谨细致、一丝不苟的工作态度。

(3)严格遵守法规政策，按章办事。

任务4.1　临时供用电合同

【任务目标】

1. 能依据合同法律、政策正确制订临时用电客户合同。
2. 能正确计算居民客户用电容量。

【任务描述】

给定临时用电客户用电电源、用电容量，依据政策，编写供用电合同。

【任务准备】

(1)供用电合同法、政策。
(2)《供电营业规则》《业扩报装编制导则》相关内容。

【相关知识】

4.1.1　供用电合同

1)供用电合同内容

供用电合同包括高压供用电合同、低压供用电合同、临时供用电合同和委托转供电协议。居民供用电合同采用背书合同。

供用电合同是供电人与用电人订立的，由供电人供应电力，用电人使用该电力并支付电费的协议。合同的标的是一种特殊的商品——“电”，由于其具有客观物质性并能为人们所使用，因而属于民法上“物”的一种。供电人将自己所有的电力供应给用电人使用，用电人支付一定数额的价款，双方当事人之间实际上是一种买卖关系。

2)供用电合同的特点

①合同的当事人是供电人和用电人。供电人是指供电企业或者依法取得供电营业资格

的非法人单位。用电人包括自然人、法人以及其他组织。

②合同的标的是一种无形物质——电力，虽然客观存在，却看不见，只有在连续使用的过程中才能表现出来。

③供用电合同属于持续供给合同。供电人在发电、供电系统正常的情况下，应当连续向用电人供电，不得中断。

④供用电合同一般按照格式条款订立。供电企业为了与不特定的多个用电人订立合同而预先拟定格式条款，双方当事人按照格式条款订立合同。对供用电方式有特殊要求的用电人，可采用非格式条款订立合同。

⑤电力的价格实行统一定价原则。

4.1.2 投资界面

《国网湖南省电力公司关于进一步精简业扩手续、提高办电效率的实施意见》（湘电公司营销〔2016〕138号）规定：

（1）专线电力客户。

对变电站出线（220/110/35/10 kV），以电源变电站的出线构架（或电缆线路的终端头）为分界点。其专线工程可由用户自建，分界点电源侧供电设施（含出线间隔及二次保护设备）由供电企业投资建设，分界点负荷侧受电设施（含电缆终端头、构架、引下线）由客户投资建设。经用户同意，其专线工程即负荷侧受电设施（含电缆终端头）以上部分，可由公司投资建设。

（2）普通电力客户。

A. 对于工业园区、开发区。

各类新建工业园区、开发区应结合地方政府开发计划制订统一的电力供配电设施规划，当预计区域内报装容量超过一定标准，如40 MVA（含40 MVA）的，应要求工业园区、开发区预留公用变电站站址，并提供架空线路走廊或电缆管沟；当报装容量超过20 MVA（含20 MVA）但不大于40 MVA的，客户宜预留公用变电站站址，并提供架空线路走廊或电缆管沟。同时应根据区内负荷分布及地理道路等情况，预留10（20）kV开关（环网）站所。投资界面延伸至区内客户红线，以红线内变电站的10 kV/20 kV间隔为分界点，分界点（包括10 kV/20 kV间隔）电源侧供电设施由供电企业投资建设，分界点负荷侧受电设施由客户投资建设。

B. 对于非专线用户。

①需新建开关(环网)站:客户原则上应在其规划红线内提供公用开关(环网)站位置,并负责公用开闭所及配套的管廊建设,建成后移交供电企业使用。投资界面以客户电源线路接入该开关(环网)站的连接点为投资分界点,分界点电源侧供电设施由供电企业投资建设,分界点负荷侧受电设施(含电缆终端头)由客户投资建设。

②就近接入已有开关(环网)站:以客户电源线路接入公用开关(环网)站环网柜的连接点(电缆终端头)为投资分界点,分界点电源侧设施由供电企业投资建设,分界点负荷侧受电设施(含电缆终端头)由客户投资建设。客户不承担环网线路及相关设备的建设和改造费用。

③以架空线电源点接入的:以客户电源线路接入红线外第一支持物为投资分界点。分界点电源侧供电设施由供电企业投资,分界点负荷侧受电设施(包括连接装置)由客户投资。

(3)对于低压用户。

对于低压用户,以低压计量装置为投资分界点。分界点电源侧供电设施由供电企业投资,分界点负荷侧受电设施由客户投资建设。

4.1.3　临时供用电合同编写实例

临时供用电合同

供电人:××电力公司××供电分公司

用电人:××建筑公司

签订日期:　　　年　　月　　日

签订地点:××电力公司××供电分公司机关大楼

为确定供电人和用电人在电力供应与使用中的权利和义务,安全、经济、合理、有序地供电和用电,根据《中华人民共和国合同法》《中华人民共和国电力法》《电力供应与使用条例》《供电营业规则》有关规定,经双方协商一致,订立本合同。

第一章　供用电基本情况

第一条　临时用电地址

用电人临时用电地址为××××。

第二条　用电性质

1. 行业分类:房屋工程建筑。

2. 用电分类:非工业。

3. 用途:修建房屋。

第三条　用电期限

用电期限:36个月。

第四条　用电容量

1. 1#受电点变压器 1 台,总容量200 kVA(kW)。

2. 用电容量为200 kW,该容量为合同约定用电人最大装接容量,即最大用电容量。

第五条　供电方式

供电人向用电人提供三相交流50 Hz 电源,采用单电源向用电人供电。

1. 高压供电

供电人由三叉砚开闭所变(配电)电站(所)以10 kV 电压,经出口308 开关送出的锌厂Ⅱ回电缆公用线路,向用电方 1# 受电点供电。

2. 低压供电

供电人以380/220 V 电压,从____公用变压器向用电人供电。

3. 自备电源

用电人自备发电机____kW,非并网的自备发电机采用____联络及闭锁方式。

4. 用电人采取的非电保安措施:用电人应按照国家及行业相关规定制定不依赖于市电持续供应的应急预案和防范措施,以及防范在电网意外断电的情况下影响人身安全和设备安全,造成严重经济损失的非电保安措施,并提交主管部门审查。

第六条　无功补偿及功率因数

用电人无功补偿装置总容量为60 kvar,功率因数在电网高峰时段应达值为0.9。

第七条　产权分界点及责任划分

1. 供用电设施产权分界点

开关站305 开关下桩头向用电方延伸0.1 m 处为分界点。

2. 供用电设施产权分界点以文字和附图表述,如二者不符,以文字为准。分界点电源侧产权属供电人,分界点负荷侧产权属用电人。双方各自承担其产权范围内供用电设施上发生事故等引起的法律责任。

第八条　计量点及计量方式

供电人按照国家规定,在用电人每一个受电点按照不同用电性质分别安装用电计量装置,其记录作为向用电人计算电费的主要依据。计量点设置及其计量方式如下:

1. 受电点计量装置装设在用电人箱变低压总屏处,作为用电人一般工商业及其他用电用电量的计量依据,计量方式为低压计量。

2. 未安装用电计量装置的电量确定:__/__。

第九条　用电计量装置

各计量点计量装置配置如下:

计量点	计量设备名称	型号及规格	精度	计算倍率	备注(总分表关系)
计量点 1	电能表	智能表	2.0	60	低压总计量
	电流互感器	低压 *TA* 300/5	0.5S		

第十条　损耗负担

用电计量装置安装位置与产权分界点不一致时,以下损耗(包括有功和无功损耗)由产权所有人负担。变压器损耗按电量的标准公式法计算。

第十一条　电量的抄录和计算

1. 抄表周期为每月,抄表例日为供电人公布的抄表日。

2. 抄表方式:人工及用电信息采集装置自动抄录方式。

3. 结算依据:

供用电双方以抄录数据作为电度电费的结算依据。以用电信息采集装置自动抄录的数据作为电度电费结算依据的,当装置发生故障时,以供电人人工抄录数据作为结算依据。

4. 用电人的无功用电量为正反向无功电量绝对值的总量。

第十二条　计量失准及争议处理规则

1. 一方认为用电计量装置失准,有权提出校验请求,对方不得拒绝。校验应由有资质的计量检定机构实施。如校验结论为合格,检测费用由提出请求方承担;如不合格,由表计提供方承担,但能证明因对方使用、管理不善的除外。用电人在申请验表期间,其电费仍应按期交纳,验表结果确认后,再行退、补电费。

2. 由于以下情形导致计量记录不准时,按如下约定退、补相应电量的电费:

(1)互感器或电能表误差超出允许范围时,以"0"误差为基准,按验证后的误差值确定退补电量。退、补时间从上次校验或换装后投入之日起至误差更正之日止的二分之一时间计算。

(2)计量回路连接线的电压降超出允许范围时,以允许电压降为基准,按验证后实际值与允许值之差确定补收电量。补收时间从连接线投入或负荷增加之日起至电压降更正之日止。

(3)其他非人为原因致使计量记录不准时,以用电人正常月份用电量为基准,退、补电量,退、补时间按抄表记录确定。

发生以上情形,退、补期间,用电人先按抄见电量如期交纳电费,误差确定后,再行退、补。

3. 由于以下原因导致电能计量或计算出现差错时,按如下约定退、补相应电量的电费:

(1)计费计量装置接线错误的,以其实际记录的电量为基数,按正确与错误接线的差额率退、补电量,退、补时间从上次校验或换装投入之日起至接线错误更正之日止。

(2)电压互感器保险熔断的,按规定计算方法计算值补收相应电量的电费;无法计算的,以用电人正常月份用电量为基准,按正常月与故障月的差额补收相应电量的电费,补收时间按抄表记录或按失压自动记录仪记录确定。

(3)计算电量的计费倍率或铭牌倍率与实际不符的,以实际倍率为基准,按正确与错误倍率的差值退、补电量,退、补时间以抄表记录为准确定。

发生如上情形,退、补电量未正式确定前,用电人先按正常月用电量交付电费。

4. 主、副电能表所计电量有差值时,按以下原则处理:

(1)主、副电能表所计电量之差与主表所计电量的相对误差小于电能表准确等级值的

1.5 倍时,以主电能表所计电量作为贸易结算的电量。

(2)主、副电能表所计电量之差与主表所计电量的相对误差大于电能表准确等级值的1.5 倍时,对主、副电能表进行现场校验,主电能表不超差,以其所计电量为准;主电能表超差而副电能表不超差,以副电能表所计电量为准;主、副电能表均超差,以主电能表的误差计算退、补电量,并及时更换超差表计。

5. 抄表记录和失压、断流自动记录、用电信息采集等装置记录的数据作为双方处理有关计量争议的依据。

6. 按确定的退、补电量和误差期间的电价标准计算退、补电费。

第十三条　电价、电费

1. 电价

供电人根据用电计量装置的记录和政府主管部门批准的电价(包括国家规定的随电价征收的有关费用),与用电人定期结算电费。在合同有效期内,如发生电价和其他收费项目费率调整,按政府有关电价调整文件执行。

2. 电费

(1)电度电费:按用电人各用电类别结算电量乘以对应的电度电价。

(2)功率因数调整电费

根据国家《功率因数调整电费办法》的规定,功率因数调整电费的考核标准为0.85,相关电费计算按规定执行。

第十四条　电费支付及结算

1. 电费按抄表周期结算,支付方式为银行转账、现金及其他缴费方式,用电人应在当月月末____日前结清全部电费。

双方可另行订立电费结算协议。

2. 若遇电费争议,用电人应先按结算电费金额按时足额交付电费,待争议解决后,据实清算。

【任务实施】

高压临时用电客户供用电合同任务指导书见表4.1。

表4.1　高压临时用电客户供用电合同任务指导书

任务名称	高压临时用电供用电合同	学时	2 课时
任务描述	某新装高压临时用电报装,用电地址为××市××路××号,供电方案明确采用50 Hz 三相10 kV 电源对其供电,电源为110 kV 明翰变电站10 kV 明蒸A 线湘春电缆分支箱303 开关,供电容量为200 kVA,电力用途为基建施工用电,用电性质为非工业用电,计量为高供低计,执行分时电价		
任务要求	按相关规定完成供用电合同编制		

续表

<table>
<tr><td>任务名称</td><td>高压临时用电供用电合同</td><td>学时</td><td>2 课时</td></tr>
<tr><td>注意事项</td><td colspan="3">合同信息填写到位</td></tr>
<tr><td colspan="4">任务实施步骤：
一、风险点辨识
变压器损耗、合同有效期。
二、作业前准备
申请资料、供电方案。
三、操作步骤及质量标准
1. 资料核对
比对客户申请资料（含证件），核实是否与现场勘查信息一致。
2. 合同起草
根据重要客户报装需求及供电方案，完善用电地址、容量和性质、供电方式、电量电价和电费等信息，绘制供电接线及产权分界示意图。
3. 合同签订
合同起草后交予客户确认，双方达成一致后完成签字、盖章手续</td></tr>
</table>

【任务评价】

高压临时用电客户供用电合同任务评价表见表4.2。

表 4.2　高压临时用电客户供用电合同任务评价表

<table>
<tr><td>姓名</td><td></td><td>单位</td><td colspan="2"></td><td>同组成员</td><td colspan="3"></td></tr>
<tr><td>开始时间</td><td></td><td>结束时间</td><td colspan="2"></td><td>标准分</td><td>100 分</td><td>得分</td><td></td></tr>
<tr><td>任务名称</td><td colspan="8">低压客户供用电合同</td></tr>
<tr><td>序号</td><td>步骤名称</td><td colspan="2">质量要求</td><td>满分/分</td><td colspan="2">评分标准</td><td>扣分原因</td><td>得分</td></tr>
<tr><td>1</td><td>资料核对</td><td colspan="2">申请资料与现场勘查信息一致</td><td>10</td><td colspan="2">漏一处扣 3 分</td><td></td><td></td></tr>
<tr><td>2</td><td>合同起草</td><td colspan="2">正确填写合同相关信息</td><td>70</td><td colspan="2">文本信息错填或漏填一处扣 10 分，图形不正确扣 20 分</td><td></td><td></td></tr>
<tr><td>3</td><td>合同签订</td><td colspan="2">合同签字、盖章手续履行到位</td><td>20</td><td colspan="2">用电人未盖章、签字扣 10 分，签字人与申请资料不一致扣 10 分；供电人未盖章、签字扣 20 分</td><td></td><td></td></tr>
<tr><td colspan="2">考评员（签名）</td><td colspan="2"></td><td>总分/分</td><td colspan="4"></td></tr>
</table>

【思考与练习】

1. 签订供用电合同前用电人应提供哪些材料?

2. 签订供用电合同主要包含什么内容?(列举其中6个大项)

3. 签订供用电合同的产权分界点应如何标注?

4.《关于进一步简化业扩报装手续优化流程的意见》(国家电网营销〔2014〕168号)规定,强化流程时限管控的措施有哪些?

5. 某10 kV供电的重要用户,受电设备容量为3 000 kVA。为确保供电可靠性,供电公司提供一条线路作为主供电源,两条线路作为备用电源,其中两条备用线路的容量分别为1 000 kVA和800 kVA,试问客户应该缴纳多少高可靠性供电费用?(10 kV高可靠性供电费用收费标准为220元/ kVA)。

任务4.2　分布式电源供用电合同

【任务目标】

1. 能依据合同法律、政策正确制定分布式电源用电客户合同。

2. 能正确计算居民光伏用电容量。

【任务描述】

给定低压居民客户用电电源、用电容量,依据政策,编写分布式供用电合同。

【任务准备】

(1)供用电合同法、政策。

(2)《供电营业规则》《业扩报装编制导则》相关内容。

【相关知识】

分布式电源,是指在用户所在场地或附近建设安装、运行方式以用户端自发自用为主、多余电量上网,且在配电网系统平衡调节为特征的发电设施或有电力输出的能量综合梯级利用多联供设施。分布式电源类型包括太阳能、天然气、生物质能、风能、地热能、海洋能、资源综合利用发电(含煤矿瓦斯发电)等,以同步电机、感应电机、变流器等形式接入电网。

(1)适用范围为以下两种类型分布式电源(不含小水电):

第一类:10 kV 及以下电压等级接入,且单个并网点总装机容量不超过 6 MW 的分布式电源。

第二类: 35 kV 电压等级接入,年自发自用电量大于 50% 的分布式电源; 或 10 kV 电压等级接入且单个并网点总装机容量超过 6 MW,年自发自用电量大于 50% 的分布式电源。

(2)分布式电源并网电压等级可根据装机容量进行初步选择,参考标准如下:

8 kW 及以下——220 V

8 kW ~400 kV——380 V

400 kW ~6 000 kV——10 kV

5 000 kW ~30 000 kV——35 kV。

若高低两级电压均具备接入条件,优先采用低电压等级接入。

一般情况下,装机容量不能超过用电客户的用电容量。

(3)投资界面。

《国家电网公司关于印发分布式电源并网相关意见和规范(修订版)的通知》(国家电网办〔2013〕1781 号)规定,分布式电源接入系统工程由项目业主投资建设,由其接入引起的公共电网改造部分由公司投资建设。接入系统工程指分布式电源并网点至接入点的之间的工程。

(4)分布式电源发用电合同共分为 6 类,其中 A 类合同适用于接入公用电网的分布式光伏发电项目;B 类合同适用对象为发电项目业主与用户为同一法人,且接入高压用户内部电网的分布式光伏发电项目;C 类合同适用对象为发电项目业主与用户为不同法人,且接入高压用户内部电网的分布式光伏发电项目;D 类合同适用对象为发电项目业主与用户为同一法人,且接入低压用户内部电网的分布式光伏发电项目;E 类合同用于对象为发电项目业主与用户为不同法人,且接入低压用户内部电网的分布式光伏发电项目;F 类合同针对居民低压用户内部电网的分布式光伏发电项目。

(5)分布式电源供用电合同(C 类)编写实例。

本发用电合同(以下简称本合同)由下列三方签署:

甲方:国网湖南省电力公司株洲供电分公司,系一家电网经营企业,在株洲市工商行政管理局登记注册,已取得国家电力监管委员会颁发的输电(供电)许可证(许可证编号:

湘丙-××),税务登记号:430211616×××××××,住所:株洲市文化路××号,法定代表人:许××。

乙方:株洲××有限公司,系一家具有法人资格的电力用户,在株洲市工商行政管理局登记注册,税务登记号:430211748××××××,住所:天元区中小企业促进园,法定代表人:刘×。

丙方:株洲××有限公司,系一家拥有分布式光伏发电项目(以下简称光伏项目)且具有法人资格的电力用户,取得国家电力监管委员会颁发的本合同所指发电项目电力业务许可证(发电类)(或电力业务许可证豁免证明),在株洲市工商行政管理局登记注册,税务登记号:430202058××××××,住所:株洲市荷塘区××路819号××广场1栋××号,法定代表人:周××。

为明确合同各方在电力供应与使用中的权利和义务,三方根据《中华人民共和国合同法》《中华人民共和国电力法》《供电营业规则》《电力供应与使用条例》《电网调度管理条例》《可再生能源法》以及国家其他有关法律法规,本着平等、自愿、公平和诚实信用的原则,经协商一致,签订本合同。

第一条　发用电地址

发电与用电项目位于同一地址:株洲市天元区栗雨工业园汽配园内。

第二条　用电性质

(1)行业分类:汽车制造。

(2)用电分类:大工业、一般工商业及其他。

(3)负荷特性:

①负荷性质:一般负荷。

②负荷时间特性:可间断负荷。

第三条　用电容量

乙方共有__1__个受电点,用电容量2 050 kVA,自备应急发电容量__/__kW(kVA)。

(1)第1受电点有受电变压器__2__台。其中,1 250 kVA变压器__1__台,800 kVA变压器__1__台,共计2 050 kVA。(多台变压器时)运行方式为同时运行,__/__台容量为__/__kVA的受电变压器为__/__备用状态。

(2)__/__受电点有发用电高压电机__/__台,共计__/__kW(视同kVA),运行方式为__/__。其中__/__台容量为__/__kW的高压电机为__/__备用状态。

第四条　供电方式

1.供电方式

甲方向乙方提供单电源三相交流50 Hz电源。

电源性质:主供

甲方由松树变电站,以10 kV电压,经出口334开关送出的电缆公用线路,向乙方第1受电点供电。供电容量2 050 kVA。

2. 多路供电电源的联络及闭锁

电源联络方式: / 。

电源闭锁方式: / 。

第五条 自备应急电源及非电保安措施

乙方自行采取下列电或非电保安措施,确保电网意外断电不影响用电安全:

(1) 自备应急电源

乙方自备下列电源作为保安负荷的应急电源:

①乙方自备发电机 / kW。

②不间断电源(UPS/EPS) / kW。

③自备应急电源与电网电源之间装设可靠的 / 闭锁装置。

(2)分布式光伏发电电源不能作为乙方的自备应急电源。

(3)乙方按照行业性质采取以下非电保安措施:乙方应按照国家及行业相关规定制定不依赖于市电持续供应的应急预案和防范措施,以及防范在电网意外断电的情况下影响人身安全和设备安全、造成严重经济损失的非电保安措施,并提交主管部门审查。

第六条 无功补偿及功率因数

乙方无功补偿装置总容量为 / kvar,功率因数在电网高峰时段应达值最低为0.9。

第七条 光伏发电

(1)丙方拥有、管理、运行和维护发电容量为0.955 7 MW 的分布式光伏发电项目(以下简称光伏项目)。

(2)丙方共有个2 并网点与乙方内部电网连接。其中:

并网点1:并网电压等级为0.38 kV。通过电缆线接至0.38 kV 汽配园C 区逆变站房1#并网联络开关柜并网,并网容量为499.8 kW。

并网点2:并网电压等级为0.38 kV。通过电缆线接至0.38 kV 汽配园C 区逆变站房2#并网联络开关柜并网,并网容量为445.9 kW。

第八条 产权分界点及责任划分

甲方与乙方的供用电设施产权分界点为:

乙方箱变外第一断路器下桩头处(下桩头及紧固件属甲方)。

分界点公用电网侧产权属甲方,分界点用户侧产权属乙方。

乙方与丙方的发用电设施产权分界点为:

(1)乙方汽配园C 区高科发展#1 箱变旁逆变站房1#并网联络开关柜断路器下桩头处(下桩头及紧固件属丙方)。

(2)乙方汽配园C 区高科发展#2 箱变旁逆变站房2#并网联络开关柜断路器下桩头处(下桩头及紧固件属丙方)。

分界点光伏电源侧产权属丙方,分界点用户侧产权属乙方。

电力设施产权分界点以文字和附图表述,详见《甲乙双方设施接线及产权分界示意图》、《乙丙双方设施接线及产权分界示意图》;如二者不符,以文字为准。三方各自承担其产权范围内电力设施上发生事故等引起的法律责任。

第九条　电能计量

(1)采用余电上网方式消纳发电量的,以产权分界点计量装置的抄录示数为依据分别计算上、下网电量;采用全部上网方式消纳发电量的,以并网点计量装置的抄录示数为依据计算上网电量,以产权分界点和并网点计量装置的抄录示数为依据计算下网电量。

①计量点1:计量装置装设在乙方汽配园C区1#环网箱变进线计量屏处,记录数据作为乙方大工业用电量及上网电量的计量依据,计量方式为10 kV侧计量。

②计量点2:计量装置装设在乙方汽配园C区2#箱变一般工商业及其他低压出线屏处,记录数据作为乙方一般工商业及其它用电量的计量依据,计量方式为380 V侧计量。

③计量点3:计量装置装设在乙方与丙方1#并网联络开关柜处,记录数据作为丙方发电量的计量依据,计量方式为380 V计量。

④计量点4:计量装置装设在乙方与丙方2#并网联络开关柜处,记录数据作为丙方发电量的计量依据,计量方式为380 V计量。

(2)电能计量装置安装位置与产权分界点不一致时,用网电量线损由乙方负担,上网电量线损由丙方负担。

①变压器损耗(按 / 计算)。

②线路损耗(按 /)。

上述损耗的电量按各分类电量占抄见总电量的比例分摊。

(3)未分别计量的乙方用电量认定。

/ 计量装置计量的电量包含多种电价类别的电量,对 / 电价类别的用电量,每月按以下第 1 种方式确定:

① / 电量定比为: / %。

② / 电量定量为: / kW·h。

以上方式及核定值甲、乙双方每年至少可以提出重新核定一次,对方不得拒绝。

(4)计量点计量装置如下:

计量点名称	计量点类型	计量设备名称	精度	倍率	产权
计量点1	用网电量计量点	大工业总表	0.5S	3 000	甲方
	上网电量计量点	光伏关口表	0.5S	3 000	甲方
计量点2	用网电量计量点	一般工商业及其它套表	1.0	40	甲方
计量点3	发电量计量点	光伏发电表1	1.0	160	甲方
计量点4	发电量计量点	光伏发电表2	1.0	160	甲方

第十条　电量的抄录和计算

(1)抄表周期为每月或甲方公布的抄表周期,抄表例日为甲方公布的抄表日。如有变动,甲方应提前一个抄表周期告知乙方和丙方。

(2)抄表方式:人工及电能信息采集装置自动抄录方式。

(3)结算依据:

①三方约定光伏项目发电量以__1__方式消纳。

a.以余电上网方式消纳电量,甲方与乙方以计量点1计量装置抄录的用网示数为依据计算乙方用网电量,其中计量点2计量装置抄录的用网示数视为甲方所供电量。甲方与丙方以计量点1计量装置(产权分界点)抄录的上网示数为依据计算丙方上网电量。

b.全部上网方式消纳电量,甲方与丙方以__/__计量装置(并网点)的抄录的上网示数为依据计算丙方上网电量;

c.按照上网电量、用网电量和国家规定的上网电价、销售电价分别计算购、售电费。

d.抄录数据作为电费的结算依据。以电能信息采集装置自动抄录的数据作为电费结算依据的,当装置发生故障时,以甲方人工抄录数据作为结算依据。

(4)乙方的无功用电量为正反向无功电量绝对值的总量。

第十一条　计量装置维护管理及计量失准处理

(1)电能计量装置应在光伏项目发电设备并网前按要求安装完毕,并按规定进行调试。电能计量装置投运前,由合同三方依据《电能计量装置技术管理规程》(DL/T 448—2000)的要求进行竣工验收。

(2)当在同一计量点计量上网电量和用网电量时,应分别安装计量上网电量和用网电量的电能表,或安装具有正反向计量功能的电能表。

(3)发用电计量装置和电能量远方终端(包括其他采集终端)由甲方安装、调试,并由甲方负责日常校验、管理和维护,乙方予以配合、协助。电能计量装置安装在乙方一侧的,由乙方负责保护。

(4)双方有理由认为电能计量装置失准,都有权提出校验请求,对方不得拒绝。检验期间,电费按校前记录预付,再按校验结论做相应退、补。

(5)抄表记录、电能信息采集系统、表内留存的信息作为双方处理有关计量争议的依据。按确定的退补电量和误差期间的电价标准计算退补电费。

第十二条　电价、电费

1.电价

根据电能计量装置的记录和政府主管部门批准的电价(包括国家规定的随电价征收的有关费用),合同约定方定期结算电费。在合同有效期内,如发生电价和其他收费项目费率调整,按政府有关电价调整文件执行。

2.电费

(1)乙方向甲方支付的电费包括:

①电度电费。

按乙方各用电类别结算电量乘以对应的电度电价。

②基本电费。

如执行两部制电价的用户,应按照国家相关规定计收基本电费,免收光伏项目系统备用容量费。

乙方的基本电费选择按最大需量方式计算,12 个月为一个选择周期。按变压器容量计收基本电费的,基本电费计算容量为2 050 kVA 安(含不通过变压器供电的高压电动机)。实际正常用电负荷超过铭牌容量 20% 的应按最大需量计收基本电费。按最大需量计收基本电费的,用户申请最大需量低于变压器容量(千伏安视同千瓦)40% 的,应按容量总和的 40% 核定最大需量。

基本电费按月计收,对新装、增容、变更和终止用电当月基本电费按实际用电天数计收(不足 24 h 的按 1 天计算),每日按全月基本电费的三十分之一计算。

乙方减容、暂停和恢复用电按《供电营业规则》有关规定办理。事故停电、检修停电、计划限电不扣减基本电费。

③功率因数调整电费。

根据国家《功率因数调整电费办法》的规定,功率因数调整电费的考核标准0.9,相关电费计算按规定执行。

(2)甲方向丙方支付的上网电费:

上网电费 = 上网电量 × 对应的上网电价。

第十三条　电费支付及结算

1. 用网电费

(1)甲乙双方采用先购后用方式,按月结算。乙方所交电费少于当月实际用电额的,结算时按实补足。

(2)乙方交费时,甲方根据国家电价政策和乙方月用电情况测算乙方购电均价,结算时按实际价格调整。

(3)购电报警采用就地报警方式,报警电量由供用电双方书面或口头协商确定。当剩余电量临近报警电量时,购电装置报警。乙方接到报警信号后,应及时续交电费并办理相关手续。乙方未及时续费导致购电装置自动跳闸停电的损失及后果由乙方承担。

(4)乙方每次购电均应与甲方联系购电量设置事宜,并确认所购电量已正确设置,防止未设电量导致负控装置跳闸。

(5)因电费发生争议的,甲方按电能表抄见电量、电费结算,乙方按时足额交纳电费。争议解决后,据实退补。

(6)购电装置发生故障的,乙方应及时告知甲方,由甲方按国家有关规定处理。

2. 上网电费

(1)甲方按规定日期抄表,按政府有关规定向丙方支付电费,电费通过银行支付。

(2)丙方如变更户名、银行帐号,应及时书面通知甲方。如丙方未及时通知甲方,造成支付电费延时,甲方不承担有关责任。

第十四条　甲方的义务

(1)在电力系统处于正常运行状况下,供到乙方受电点的电能质量应符合国家规定标准。

(2)按照本合同的约定购买丙方的上网电量,并按约定支付上网电费。依据国家有关规定或合同约定,向丙方提供光伏项目运营所需电力。

(3)按照国家有关规定,公开、公正、公平地实施电力调度及信息披露。

(4)除因不可抗力或者有危及电网安全稳定的情形外,不应限制丙方发电。

第十五条　乙方的义务

(1)乙方应按照本合同约定方式、期限及时交付电费。

(2)乙方保证用电设施及多路电源的联络、闭锁装置始终处于合格、安全状态,并按照国家或电力行业电气运行规程定期进行安全检查和预防性试验,及时消除安全隐患。

(3)乙方电气运行维护人员应持有电力监管部门颁发的《电工进网作业许可证》,方可上岗作业。

(4)甲方依法进行用电检查,乙方应提供必要方便,并根据检查需要,向甲方提供相应真实资料。

(5)安装在乙方处的电能计量装置由乙方妥善保护,如有异常,应及时通知甲方。乙方用电设施的保护方式应当与甲方电网的保护方式相互配合,并按照电力行业有关标准或规程进行整定和检验,乙方不得擅自变动。

第十六条　丙方的义务

(1)按照本合同的约定向甲方出售符合国家标准和电力行业标准的电能。在电力系统处于正常运行状况下,供到乙方受电点的电能质量应符合国家规定标准。

(2)接受甲方定期或不定期电能质量测试。所发电量全部上网或余电上网,未经国家有关部门批准,不经营直接对用户的供电业务。

(3)按月向甲方提供发电设备可靠性指标和设备运行情况,及时提供设备缺陷情况,定期向甲方提供发电设备检修计划。按照政府有关部门或电力行业内有关规定,按时向甲方上报月度、年度电力生产计划建议。

(4)电气运行维护人员应持有电力监管部门颁发的《电工进网作业许可证》,方可上岗作业。

(5)应服从电力统一调度,按照国家标准、电力行业标准及电力调度规程运行和维护发用电设备,保证发用电设施及多路电源的联络、闭锁装置始终处于合格、安全状态。并负责保护甲方安装在乙方处的电能计量与电能信息采集等装置安全、完好,如有异常,应及时通知甲方。

第十七条　甲方的违约责任

(1)甲方违反本合同电能质量义务给乙方造成损失的,应赔偿乙方实际损失,最高赔偿限额为乙方在电能质量不合格的时间段内实际用电量和对应时段的平均电价乘积的百分之二十。

(2)甲方违反本合同约定中止供电给乙方造成损失的,应赔偿乙方实际损失,最高赔偿限额为乙方在中止供电时间内可能用电量的电度电费的五倍。

(3)甲方未履行抢修义务而导致乙方损失扩大的,对扩大损失部分按本条第2款的原则给予赔偿。

(4)甲方未按照合同约定购买丙方的上网电量,并按期支付上网电费。自逾期之日起,每日按照缓付部分的千分之一支付违约金。

(5)有如下情形之一的,甲方不承担违约责任:

①符合本合同约定的连续供电的除外情形,且甲方履行了必经程序。

②电力运行事故引起开关跳闸。

③多电源供电只停其中一路,其他电源仍可满足乙方用电需要的。

④乙方未按合同约定安装自备应急电源或采取非电保安措施,或者对自备应急电源和非电保安措施维护管理不当,导致损失扩大部分。

⑤因乙方或第三人的过错行为所导致。

第十八条　乙方的违约责任

(1)因乙方过错给甲方或者其他用户造成财产损失的,乙方应当依法承担赔偿责任。

(2)乙方有以下违约行为的应按合同约定向甲方支付违约金:

①乙方擅自改变用电类别或在电价低的供电线路上,擅自接用电价高的用电设备的,按差额电费的两倍计付违约金,差额电费按实际违约使用日期计算;违约使用起讫日难以确定的,按三个月计算。

②擅自超过本合同约定容量用电的,擅自使用或启封设备容量每千瓦(千伏安)50元支付违约金。

③擅自使用已经办理暂停使用手续的电力设备,或启用已被封停的电力设备的,按擅自使用或启封设备容量每次每千瓦(千伏安)30元支付违约金;启用私自增容被封存的设备,还应按本条第5款第(2)项支付违约金。

④擅自迁移、更动或操作电能计量装置、电力负荷管理装置、擅自操作供电企业的供电设施以及约定由甲方调度的受电设备的,按每次5 000元计付违约金。

⑤擅自引入、供出电源或者将自备电源和其他电源私自并网的,按引入、供出或并网电源容量的每千瓦(千伏安)500元计付违约金。

⑥擅自在甲方供电设施上接线用电、绕越用电计量装置用电、伪造或开启已加封的用电计量装置用电,损坏用电计量装置、使用电计量装置不准或失效的,按补交电费的三倍计付违约金。少计电量时间无法查明时,按180天计算。日使用时间按小时计算,其中,电力用户每日按12 h计算,照明用户每日按6 h计算。

(3)乙方的违约责任因以下原因而免除:

①不可抗力。

②法律、法规及规章规定的免责情形。

第十九条　丙方的违约责任

(1)丙方电能质量达不到国家标准的,应在甲方规定的时间内进行技术改造达到国家标准,否则甲方有权中止上网。

(2)由于丙方原因造成甲方对外供电停止或减少的,应当按甲方少供电量乘以上月份平均售电单价给予赔偿。停电时间不足1 h的按1 h计算,超过1 h的按实际停电时间计算。

(3)因丙方过错给甲、乙方或者其他用户造成财产损失的,丙方应当依法承担赔偿责任。

(4)丙方的违约责任因以下原因而免除:

①不可抗力。

②法律、法规及规章规定的免责情形。

(5)丙方未履行抢修义务而导致甲、乙方损失扩大的,对扩大损失部分按本条第3款的原则给予赔偿。

(6)丙方故意使电能计量装置计量错误,造成甲方损失的,退补多收取的上网电费。

第二十条　合同生效及变更

1.合同生效

本合同经双方签署并加盖公章或合同专用章后成立。合同有效期为三年,自合同签订之日起至合同有效期届满之日止。合同有效期届满,双方均未对合同履行提出书面异议,合同效力按本合同有效期重复继续维持。

2.合同变更

合同如需变更,双方协商一致后签订《合同事项变更确认书》。

对合同有异议的,应提前一个月向对方提出书面修改意见,经协商,双方达成一致,重新签订发用电合同。双方不能达成一致,在合同有效期届满后双方解除、终止合同的书面协议签订前,本合同继续有效。

3.合同终止

合同因如下情形终止。合同终止,不影响合同既有债权、债务的处理。

(1)合同主体资格丧失或依法宣告破产。

(2)合同依法或依协议解除。

(3)合同有效期届满,双方未就合同继续履行达成有效协议。

【任务实施】

高压客户供用电合同任务指导书见表4.3。

表4.3　高压客户供用电合同任务指导书

任务名称	高压客户发用电合同	学时	2课时
任务描述	某新装分布式光伏用户,用电地址为××市××路××号,供电方案明确采用50 Hz单相220 V电源对其供电,申请容量为21 kW		
任务要求	按相关规定完成供用电合同编制		
注意事项	合同信息填写到位		

续表

任务实施步骤：

一、风险点辨识

合同版本选择、计量装置配置。

二、作业前准备

申请资料、供电方案。

三、操作步骤及质量标准

1. 资料核对

比对客户申请资料(含证件)，核实是否与现场勘查信息一致。

2. 合同起草

根据重要客户报装需求及供电方案，完善发用电户名、地址和容量、发电方式、用电方式等信息。

3. 合同签订

合同起草后交予客户确认，双方达成一致后完成签字、盖章手续

【任务评价】

高压客户供用电合同任务评价表见表4.4。

表4.4 高压客户供用电合同任务评价表

姓名		单位		同组成员			
开始时间		结束时间		标准分	100分	得分	
任务名称	低压客户供用电合同						
序号	步骤名称	质量要求	满分/分	评分标准	扣分原因	得分	
1	资料核对	申请资料与现场勘查信息一致	10	漏一处扣3分			
2	合同起草	正确填写合同相关信息	60	文本信息错填或漏填一处扣10分			
3	合同签订	合同签字、盖章手续履行到位	30	用电人未签字扣10分，签字人与申请资料不一致扣10分；供电人未盖章、签字扣20分			
考评员(签名)		总分/分					

【思考与练习】

1. 如何选择分布式电源的并网电压？
2. 请简述分布式电源接入系统并网点的定义。
3. 分布式电源供用电合同类型有哪些？

情境5　客户用电受理服务

【情境描述】

本情境是在遵循相关法律法规和标准的前提下，以某供电所内营业厅柜台服务和客户95598服务情境设置为前提，完成客户用电业务咨询，客户用电信息查询，客户用电故障报修，以及客户用电业务投诉、举报与建议4个任务。主要关键技能项为客户用电受理服务的专业能力和行为能力。

【情境目标】

1. 知识目标

(1)熟悉营业厅柜台服务和客户95598服务的工作内容。

(2)明确营业厅柜台服务和客户95598服务的工作流程。

2. 能力目标

(1)根据客户用电要求能正确进行用电业务咨询。

(2)根据客户用电要求能正确进行用电信息查询。

(3)根据客户用电情况和电网情况能正确受理客户用电故障报修。

(4)根据企业技术规范标准进行正确受理客户用电业务投诉、举报与建议。

3. 态度目标

(1)能主动提出问题并积极查找相关资料。

(2)能团结协作，共同学习与提高。

任务5.1　用电业务咨询

【任务目标】

1. 能正确掌握受理业务咨询的服务的基本服务规范、服务礼仪。
2. 能正确掌握受理业务咨询服务流程及相关业务的专业知识。

【任务描述】

给定特定的服务场景及咨询业务能正确受理并解答客户疑问。

【任务准备】

1. 知识准备
(1)综合柜员服务相关知识。
(2)《供电营业规则》《业扩报装编制导则》相关内容。
2. 资料准备
国家电网有限公司供电服务“十项承诺”、国家电网有限公司员工服务“十个不准”。

【相关知识】

5.1.1　用电业务咨询的主要内容

通过电话、网络、营业厅柜台服务等方式,受理客户的业务咨询服务申请,以电力知识库和公共信息为业务支撑,为客户提供计量装置、停电信息、用电业务、收费标准、电价电费、法律法规、公司文件、服务规范、企业信息、用电常识、用电技术、专业咨询、用电市场、能效管理和其他电力信息的业务咨询服务。接到客户的查询、咨询请求后,应及时查询电力知识库及公共信息,准确确定客户咨询类型,可以直接答复的问题直接答复客户,不能直接答复的问题下发业务咨询单到相关部门或请专家进行解答。

5.1.2 用电业务咨询的基本服务规范

95598 客户服务及营业厅客户服务的基本服务规范、服务礼仪，请参考本书“情境 1 业扩报装服务认知”中的“任务 2 营业厅客户服务”“任务 3 95598 客户服务”相关内容。

5.1.3 用电业务咨询的主要流程

1) 咨询受理

(1) 受理客户的业务咨询服务请求。

(2) 95598 应派专人负责电力知识库的收集、整理、更新，为客户提供准确的业务咨询服务。

(3) 95598 话务坐席、营业厅坐席做好交接班工作，使接班人员了解当天的停电信息、焦点问题和突发事件等。

(4) 坐席、营业厅服务人员提供咨询时，应使用规范化服务用语，合理运用电话服务技巧，引导客户说出关键内容，快速、精准地判定客户咨询的重点。

2) 咨询处理

(1) 对能直接答复客户的业务咨询，服务人员应借助营销系统和相关电力知识立即答复客户。

(2) 不能直接答复的，服务人员应准确判断业务咨询类型，按营业区域、咨询类型、咨询内容快速填写《业务咨询工单》，并下发到相关专业部门或请专家解答。

(3) 相关部门或专家在规定时限内对咨询工单进行处理，及时答复反馈给 95598 或营业厅服务人员。

(4) 坐席人员开展满意度调查，对因供电方责任造成客户不满的，坐席人员应继续按规定重新处理咨询工单，直至客户满意。

(5) 坐席人员对不能直接答复的咨询工单应进行跟踪、督办。

3) 咨询答复

(1) 95598 接到回复工单后，坐席人员应在规定时限内答复客户咨询结果。营业厅服务人员应在承诺的时限内答复客户。

(2) 对客户咨询的较复杂问题，可由相关部门或专家坐席直接答复客户。

(3) 对具有代表性的典型业务咨询问题及答案，应及时完善、补充至电力知识库中。

4) 咨询归档

(1) 坐席人员检查《业务咨询单》的完整性和正确性，将《业务咨询单》、电话录音、客户满意度调查结果及其他相关信息按处理时间和业务流程统一建档保存。电话录音包括客户来电、工作联系和答复客户的相关录音文件。

(2)建议《业务咨询单》、录音文件及相关信息保存时间为1年及以上,以便今后工作人员和用电客户进行查询。

【任务实施】

临时用电业务咨询任务指导书见表5.1。

表5.1　临时用电业务咨询任务指导书

任务名称	临时用电业务咨询	学时	2课时
任务描述	(营业厅柜台服务)依据相关法律法规,学会处理临时用电客户受理相关问题,如技术要求和基本原则(不转供、不转让、不变更)		
任务要求	运用服务人员的服务技巧、语言能力、判断能力、业务能力、主动服务能力,以及对用电信息、政策掌握的准确性、时效性,快速、准确地对客户进行答复		
注意事项	接待客户咨询过程中规范服务礼仪		
任务实施步骤: 一、风险点辨识 1. 注意营业厅服务规范。 2. 注意临时用电政策答复要点。 二、作业前准备 相关政策文件。 三、操作步骤及质量标准 1. 问候客户 问候客户,询问客户需求。 2. 答复咨询 根据相关政策文件,答复客户临时用电要点,用电报装流程。 3. 延伸服务 询问客户是否还有其他用电咨询或查询需求			

注:临时用电业务咨询答复要点参考——对基建工地、农田水利、市政建设等非永久性用电,可供给临时电源。临时用电期限除经供电企业准许外,一般不得超过6个月,逾期不办理延期或永久性正式用电手续的,供电企业应终止供电。使用临时电源的用户不得向外转供电,也不得转让给其他用户,供电企业也不受理其变更用电事宜。如需改为正式用电,应按新装用电办理。临时用电用户未装用电计量装置的相关规定:供电企业应根据其用电容量,按双方约定的每月使用时数和使用期限预收全部电费。用电终止时,如实际作用时间不足约定期限二分之一的,可退还预收电费的二分之一;超过约定期限二分之一的,预收电费不退;到约定期限的,须终止供电。

【任务评价】

临时用电业务咨询任务评价表见表5.2。

表 5.2　临时用电业务咨询任务评价表

姓名		单位		同组成员		
开始时间		结束时间		标准分	100 分	得分
任务名称	临时用电业务咨询					
序号	步骤名称	质量要求	满分/分	评分标准	扣分原因	得分
1	服务过程中的服务规范	按营业厅服务规范要求	30	错一处扣 10 分		
2	咨询要点答复	按相关政策、法规答复客户	40	要点每错误一处扣 10 分		
3	延伸服务	按服务规范对客户开展延伸服务	30	未开展全扣,错一处扣 10 分		
考评员(签名)			总分/分			

【思考与练习】

用电业务咨询的主要内容和简要工作流程是什么?

任务 5.2　用电信息查询

【任务目标】

1. 能正确掌握受理客户用电信息查询业务及熟悉业务全流程。
2. 能正确使用营销“SG186”、用电信息采集等系统为客户查询其所需求的用电信息。

【任务描述】

给定特定的服务场景及模板要点为客户查询其所需求的用电信息。

【任务准备】

1. 知识准备

(1) 营销“SG186”、用电信息采集等系统相关功能模板。

(2) 实际操作练习查询系统中各个功能模块。

2. 资料准备

营销“SG186”、用电信息采集等系统使用操作手册。

【相关知识】

通过电话、网络、营业厅柜台服务等方式，受理客户的信息查询服务申请，以营销信息系统、电力知识库和公共信息为业务支撑，为客户提供客户档案、电价电费、计量装置、在办流程、供用电合同和其他电力信息查询服务。

用电信息查询的主要流程如下。

5.2.1　查询受理

(1) 受理客户的信息查询服务请求。

(2) 95598 应派专人负责电力知识库的收集、整理、更新，为客户提供准确的信息查询服务。

(3) 95598 话务坐席、营业厅坐席应熟练掌握各类信息查询方法，做好交接班工作，使接班人员了解当天的停电信息、焦点问题、突发事件等。

(4) 坐席、营业厅服务人员提供查询服务时，应使用规范化服务用语，合理运用电话服务技巧，引导客户说出关键内容，快速、精准地判定客户查询的重点。

5.2.2　查询处理

(1) 对能直接答复客户的信息查询，服务人员应借助营销系统和相关电力知识立即答复客户。

(2) 不能直接答复的，服务人员应准确判断信息查询类型，按营业区域、查询类型、查询内容快速填写《信息查询单》，并下发到相关专业部门或请专家解答。

(3) 相关部门或专家在规定时限内对查询工单进行处理，及时答复反馈给 95598 或营业厅服务人员。

(4)坐席人员对不能直接答复的查询工单应进行跟踪、督办。

5.2.3 查询答复

(1)95598 接到回复工单后,坐席人员应在规定时限内答复客户查询结果。营业厅服务人员应在承诺的时限内答复客户。

(2)坐席人员开展满意度调查,对因供电方责任造成客户不满的,坐席人员应继续按规定重新处理查询工单,直至客户满意。

5.2.4 查询归档

(1)坐席人员检查《信息查询单》的完整性和正确性,将《信息查询单》、电话录音、客户满意度调查结果及其他相关信息按处理时间和业务流程统一建档保存。

(2)建议《信息查询单》、录音文件及相关信息保存时间为 1 年及以上,以便今后工作人员和用电客户进行查询。

【任务实施】

电量、电费查询任务指导书见表 5.3。

表 5.3 电量、电费查询任务指导书

<table>
<tr><td>任务名称</td><td>电量、电费查询</td><td>学时</td><td>2 课时</td></tr>
<tr><td>任务描述</td><td colspan="3">(营业厅柜台服务)依据相关法律法规,学会处理单电源高电压客户电量、电费查询相关问题</td></tr>
<tr><td>任务要求</td><td colspan="3">为合法用电人提供某个抄表周期用电量及电量、电费的查询服务</td></tr>
<tr><td>注意事项</td><td colspan="3">注意规范用语、主动服务、仔细核对客户信息</td></tr>
<tr><td colspan="4">任务实施步骤:
一、风险点辨识
1. 注意营业厅服务规范。
2. 注意核对客户相关证件,防止随意泄露客户用电信息。
3. 注意客户不能提供用户号时,应主动通过户名查询客户信息,主动控制服务时间。通过户号查询到客户信息后,主动与客户核对户名和用电地址,再报出电量、电费信息。
4. 当客户质疑电量、电费时,主动帮助客户分析电量突增原因。
二、作业前准备
SG186 营销系统登录。</td></tr>
</table>

续表

三、操作步骤及质量标准 1. 问候客户 问候客户，询问客户用电需求。 2. 核对信息 查看客户身份证明资料，通过户号或户名查询客户相关基础信息，与客户核对基础信息。 3. 报出电量、电费信息 根据客户需求查询相应月份的电量、电费信息，提供给客户。 4. 延伸服务 询问客户是否还有其他用电咨询或查询需求。当客户质疑电量、电费时，主动帮助客户分析电量突增原因

【任务评价】

电量、电费查询任务评价表见表 5.4。

表 5.4　电量、电费查询任务评价表

姓名		单位		同组成员		
开始时间		结束时间		标准分 100 分	得分	
任务名称	电量、电费查询					
序号	步骤名称	质量要求	满分/分	评分标准	扣分原因	得分
1	服务过程中的服务规范	按照营业厅服务规范要求	30	错一处扣 10 分		
2	能正确登录营销系统及操作	能正确操作，准确查询客户对应月份的电量、电费	40	不能正确操作系统扣 20 分，没有与客户核对基本信息的扣 10 分，查询错误的扣 30 分		
3	延伸服务及电量、电费分析	能主动帮助客户分析电量、电费突增原因，解答客户疑问	30	不能回答客户提出的疑问，没有进行主动服务和分析的扣 20 分		
考评员(签名)			总分/分			

注：①接到电量、电费查询请求后，通过客户提供的客户名称、客户编号和密码信息(如果不能提供客户编号和密码，居民用户需提供身份证或其他有效证件原件，企业用户需提供签字盖章的查询介绍信和查询人的身份证或其他有效证件原件、复印件，否则不予办理)，准确操作营销系统电量、电费查询功能，获取客户电量、电费信息。

②告知客户所需查询抄表周期的用电量及电费。

③应用满意度管理，开展客户满意度调查。

【思考与练习】

用电信息查询业务的主要内容和简要工作流程是什么?

任务5.3　用电故障报修

【任务目标】

1. 能正确掌握受理客户故障报修服务请求的相关要求。
2. 能正确掌握受理客户故障报修服务请求的相关受理要点及业务全流程。

【任务描述】

给定特定的服务场景模拟受理客户故障报修,精准掌握受理要点(含正确填写《故障保修单》)。

【任务准备】

1. 知识准备
(1)能正确填写《故障保修单》。
(2)用电故障报修的全流程模拟演示。
2. 资料准备
国家电网有限公司供电服务“十项承诺”、国家电网有限公司员工服务“十个不准”。

【相关知识】

通过电话、网络等方式,受理客户的故障报修申请,为客户提供产权维护范围内的高、低压故障,以及电能质量和其他电力故障报修服务。当客户无法自行排除内部故障并请求帮助时,供电企业应提供力所能及的有偿服务。95598 将抢修任务按营业区域、故障类型传递到相关部门进行处理,并对处理过程进行跟踪、督办,故障处理完毕后及时回访客户,以形成闭环。

故障报修的简要流程如下。

5.3.1　故障报修受理

(1)受理客户故障报修服务请求。

(2)详细询问故障情况,引导客户说出关键内容,初步判断故障的原因及类型。

(3)判断属于供电企业维修范围的故障或无法判断故障原因,要详细记录客户的姓名、电话、地址,根据客户故障报修信息,快速、准确填写《故障报修单》。

(4)属于客户内部故障时,坐席人员向客户说明供用电双方产权维护责任,请客户自行找有电工证的社会电工处理。若客户无法排除故障请求帮助时,供电企业可提供有偿服务,并填写《故障报修单》。

(5)坐席人员应按营业区域和故障类型,把《故障报修单》下发至故障处理责任部门。

5.3.2　接单派工

按照 95598 处理流程进行故障抢修的接单、确认、派工、督办。

5.3.3　故障报修处理

(1)到达现场。客户致电 95598 报修后,抢修人员应根据国家电网公司《供电服务十项承诺》规定,在规定时限到达故障现场,并将到达现场时间反馈至 95598。

(2)故障排除。抢修人员进行现场勘察,判断故障类型和产权归属。

(3)工单反馈。故障处理完毕后,故障处理单位应及时录入《故障报修单》,按流程及时反馈至 95598。

(4)故障报修回访。

①对已完成的故障报修单,坐席人员应在规定的时限内回访客户,核实故障抢修结果,建议在故障工单反馈后的 24 h 内回访。若属供电方责任造成故障没有处理完成,坐席人员应立即将工单退回相关责任单位重新处理。

②电话回访时,坐席人员还需向客户做满意度调查,并了解现场抢修人员的工作质量、服务质量、到达现场时间、故障修复时间等。

③因客户电话关机、停机或拒绝接听电话,造成无法联系客户时,建议至少相隔 2 h 后

再进行回访，如果连续3次回访均无法与客户联系，95598可不再回访，并在工单中写明回访时间、回访内容、失败原因等。

（5）故障报修归档。

①坐席人员检查《故障报修单》的完整性和正确性，将《故障报修单》、电话录音、客户满意度调查结果及其他相关信息按处理时间和业务流程统一建档保存。电话录音包括客户来电、工作联系和答复客户的相关录音文件。对重复报修单要进行归组，虚假报修单归为无效工单，确保统计报表数据真实可靠。

②建议《故障报修单》、录音文件及相关信息保存时间为2年及以上，以便今后工作人员和用电客户进行查询。

【任务实施】

居民客户用电故障报修任务指导书见表5.5。

表5.5 居民客户用电故障报修任务指导书

<table>
<tr><td>任务名称</td><td>居民客户用电故障报修</td><td>学时</td><td>2课时</td></tr>
<tr><td>任务描述</td><td colspan="3">（客服95598服务）依据相关法律法规和技术标准，学会处理居民客户用电故障报修相关问题</td></tr>
<tr><td>任务要求</td><td colspan="3">为客户提供产权维护范围内的低压故障、电能质量和其他电力故障报修服务。当客户无法自行排除内部故障并请求帮助时，应提供力所能及的有偿服务</td></tr>
<tr><td>注意事项</td><td colspan="3">95598将抢修任务按营业区域、故障类型传递到相关部门进行处理，并对处理过程进行跟踪、督办，故障处理完毕后及时回访客户，形成闭环</td></tr>
<tr><td colspan="4">任务实施步骤：
一、风险点辨识
1.没有询问客户停电范围，没有排除检修或限电情况，没有排除客户是否欠费停电的可能，判断为有偿服务不准确。
2.没有正确向客户解释有偿服务的定义、依据和收费标准。没有承诺抢修到达现场时限，例如城区不超过45 min。
3.主动服务能力较差，服务态度生硬。
二、作业前准备
SG186营销系统登录，相关政策、文件、有偿收费标准。
三、操作步骤及质量标准
1.故障报修受理。
2.接单派工。
按照95598处理流程进行故障抢修的接单、确认、派工、督办。
3.故障报修处理。
到达现场，故障排除，工单反馈。
4.故障报修回访。
5.故障报修归档</td></tr>
</table>

【任务评价】

居民客户用电故障报修任务评价表见表5.6。

表5.6　居民客户用电故障报修任务评价表

<table>
<tr><td>姓名</td><td></td><td>单位</td><td></td><td colspan="2">同组成员</td><td colspan="2"></td></tr>
<tr><td>开始时间</td><td></td><td>结束时间</td><td></td><td>标准分</td><td>100分</td><td>得分</td><td></td></tr>
<tr><td>任务名称</td><td colspan="7">居民客户用电故障报修</td></tr>
<tr><td>序号</td><td>步骤名称</td><td>质量要求</td><td>满分/分</td><td colspan="2">评分标准</td><td>扣分原因</td><td>得分</td></tr>
<tr><td>1</td><td>报修受理</td><td>按照95598服务规范要求受理</td><td>30</td><td colspan="2">没有询问客户停电范围，没有排除检修或限电情况，没有排除客户是否欠费停电的可能，没有判断是否为有偿服务的扣10分；
没有正确地向客户解释有偿服务的定义、依据和收费标准，没有承诺抢修到达现场时限的扣10分；
主动服务能力较差，服务态度生硬的扣10分</td><td></td><td></td></tr>
<tr><td>2</td><td>接单派工</td><td>按标准流程操作</td><td>20</td><td colspan="2">不规范操作一处扣5分</td><td></td><td></td></tr>
<tr><td>3</td><td>故障报修处理</td><td>按标准流程操作</td><td>20</td><td colspan="2">不规范操作一处扣5分</td><td></td><td></td></tr>
<tr><td>4</td><td>故障报修回访</td><td>按标准流程操作</td><td>20</td><td colspan="2">不规范操作一处扣5分</td><td></td><td></td></tr>
<tr><td>5</td><td>故障报修归档</td><td>按标准流程操作</td><td>10</td><td colspan="2">不规范操作一处扣5分</td><td></td><td></td></tr>
<tr><td colspan="2">考评员(签名)</td><td></td><td>总分/分</td><td colspan="4"></td></tr>
</table>

【思考与练习】

95598故障报修业务的主要内容和简要工作流程是什么？

任务5.4　用电业务的投诉、举报与建议

【任务目标】

1. 能正确掌握受理客户用电业务投诉、举报及建议的相关服务要求。
2. 能正确掌握客户用电业务投诉、举报及建议的业务处理全流程。

【任务描述】

给定特定的服务场景模拟客户用电业务投诉、举报及建议，精准掌握受理及处理要点。

【任务准备】

1. 知识准备
(1)客户用电业务投诉、举报及建议渠道，以及业务范围。
(2)客户用电业务投诉、举报及建议的全流程模拟演示。
2. 资料准备
国家电网有限公司供电服务“十项承诺”、国家电网有限公司员工服务“十个不准”。

【相关知识】

5.4.1　投诉描述

通过电话、网络等方式，接收客户投诉请求，受理客户对服务行为、服务渠道、行风问题、业扩工程、装表接电、用电检查、抄表催费、电价电费、电能计量、停电问题、抢修质量、供电质量等方面的投诉，传递到相关部门进行处理，并对处理过程进行跟踪、督办，投诉处理结果及时反馈给客户，形成闭环管理。

5.4.2　投诉简要流程

(1)投诉受理。受理客户投诉请求,详细询问客户具体情况,引导客户说出关键内容,适时向客户表达歉意或谢意,再根据客户提供的投诉信息,填写《投诉单》并下发到相关投诉处理部门。

(2)投诉处理。相关投诉处理单位应严格保密制度,并在规定时限内,按照相关法律法规、规章制度对投诉内容进行核实和处理,处理结果及时反馈给 95598,95598 应进行跟踪、督办。

(3)投诉回访。坐席人员在规定时限内回访客户或退回相关单位重新处理,并对客户开展满意度调查,要求 100% 回访。

(4)投诉归档。

5.4.3　举报描述

通过电话、网络等方式,接收客户举报请求,受理客户对行风廉政、违章窃电、违约用电、破坏电力设施、盗窃电力设施等方面的举报,传递到相关部门进行处理,并对处理过程进行跟踪、催办,举报处理结果及时反馈给客户,形成闭环管理。

5.4.4　举报简要流程

(1)举报受理。受理客户举报请求,首先向客户表示感谢,详细询问客户具体情况,引导客户说出关键内容,询问客户是否需要 95598 回访,再根据客户提供的举报信息,填写《举报单》下发到相关举报处理部门。

(2)举报处理。相关举报处理单位应严格保密制度,并在规定时限内,按照相关法律法规、规章制度对举报内容进行核实和处理,处理结果及时反馈给 95598,95598 应进行跟踪、督办。

(3)举报回访。坐席人员在规定时限内回访客户或退回相关单位重新处理,并对客户开展满意度调查,要求 100% 回访。

(4)举报归档。

5.4.5　建议描述

通过电话、网络等方式,接收客户建议请求,受理客户对电网建设、服务质量等方面的建议,传递到相关部门进行处理,并对处理过程进行跟踪、催办,建议处理结果及时反馈给客户,形成闭环管理。

5.4.6 建议简要流程

(1)建议受理。受理客户建议请求,首先向客户表示感谢,详细询问客户具体情况,引导客户说出关键内容,询问客户是否需要95598回访,再根据客户提供的建议信息,填写《建议单》并下发到相关建议处理部门。

(2)建议处理。相关举报处理单位应在规定时限内,按照相关法律法规、规章制度对建议内容进行核实和处理,处理结果及时反馈给95598,95598应进行跟踪、督办。

(3)建议回访。坐席人员在规定时限内回访客户或退回相关单位重新处理,并对客户开展满意度调查,要求100%回访。

(4)建议归档。

【任务实施】

居民客户用电业务投诉任务指导书见表5.7。

表5.7 居民客户用电业务投诉任务指导书

<table>
<tr><td>任务名称</td><td>居民客户用电业务投诉</td><td>学时</td><td>2课时</td></tr>
<tr><td>任务描述</td><td colspan="3">(客服95598服务)依据相关法律法规,学会处理居民客户用电业务投诉相关问题</td></tr>
<tr><td>任务要求</td><td colspan="3">通过电话、网络等方式,接收客户投诉请求,受理客户对服务行为、服务渠道、行风问题、业扩工程、装表接电、用电检查、抄表催费、电价电费、电能计量、停电问题、抢修质量、供电质量等方面的投诉</td></tr>
<tr><td>注意事项</td><td colspan="3">95598传递到相关部门进行处理,并对处理过程进行跟踪、督办,投诉处理结果及时反馈给客户,形成闭环管理</td></tr>
<tr><td colspan="4">任务实施步骤:
一、风险点辨识
1.接到投诉的坐席人员没有首先安慰客户或平息客户情绪。
2.没有引导客户说出投诉的具体事件、发生的时间和涉及人员等关键信息,没有初步判断责任归属。
3.没有向客户致歉,没有向客户提供解决方案。判断属于客户方责任后,没有耐心向客户解释,没有赢得客户理解。
二、作业前准备
SG186营销系统登录,相关政策、文件。</td></tr>
</table>

续表

三、操作步骤及质量标准 1. 投诉受理。受理客户投诉请求，详细询问客户具体情况，引导客户说出关键内容，适时向客户表达歉意或谢意，再根据客户提供投诉信息，填写《投诉单》并下发到相关投诉处理部门。 2. 投诉处理。相关投诉处理单位应严格保密制度，并在规定时限内，按照相关法律法规、规章制度对投诉内容进行核实和处理，处理结果及时反馈给 95598，95598 应进行跟踪、督办。 3. 投诉回访。坐席人员应在规定时限内回访客户或退回相关单位重新处理，并对客户开展满意度调查。要求 100% 回访。 4. 投诉归档

【任务评价】

居民客户用电业务投诉任务评价表见表 5.8。

表 5.8　居民客户用电业务投诉任务评价表

姓名		单位		同组成员			
开始时间		结束时间		标准分	100 分	得分	
任务名称	居民客户用电业务投诉						
序号	步骤名称	质量要求	满分/分	评分标准	扣分原因	得分	
1	投诉受理	按照 95598 服务规范要求受理	30	1. 接到投诉的坐席人员没有首先安慰客户或平息客户情绪，扣 10 分 2. 没有引导客户说出投诉的具体事件、发生的时间和涉及人员等关键信息，没有初步判断责任归属，扣 10 分 3. 没有向客户致歉，没有向客户提供解决方案，判断属于客户方责任后，没有耐心向客户解释，没有赢得客户理解，扣 10 分			
2	投诉处理	按标准流程操作	30	不规范操作一处扣 10 分			

续表

序号	步骤名称	质量要求	满分/分	评分标准	扣分原因	得分
3	投诉回访	按标准流程操作	20	不规范操作一处扣5分		
4	投诉归档	按标准流程操作	20	不规范操作一处扣5分		
考评员(签名)			总分/分			

【思考与练习】

用电业务投诉、举报、建议的主要内容和简要工作流程是什么?

情境6　线上办电

【情境描述】

本情境是在遵循相关法律法规和技术标准的前提下，以现场实践的方式，教导学生使用掌上电力、掌上电力（企业版）、电力公众微信号、i国网、国网商城等App线上渠道进行业扩全流程线上办电或推广。

【情境目标】

1. 知识目标

（1）能说明线上办电的战略意义。

（2）能简要说明线上办电的全流程转换。

（3）能简要说明线上办电的范围。

2. 能力目标

（1）能根据客户用电情况指导客户下载相关软件。

（2）能根据客户用电情况指导客户正确使用相关软件。

（3）能根据客户用电情况指导客户配合电力员工完善业扩报装工作。

3. 态度目标

（1）能主动提出问题并实际操作。

（2）能团结协作，共同学习与提高。

任务6.1　使用掌上电力线上办电

【任务目标】

1. 能正确掌握线上办电的意义。

2. 能正确掌握线上办电的服务模块、流程及功能范围。

【任务描述】

考查对线上办电的意义,服务模块、流程及功能范围的了解程度。

【任务准备】

1. 知识准备

(1)熟悉推广线上办电的战略性意义。

(2)熟悉线上办电的渠道功能及范围。

2. 资料准备

线上办电的相关纲领性文件及微信公众号、网上国网 App 操作手册。

【相关知识】

6.1.1 线上办电(网上国网)推广的战略意义

(1)建设泛在电力物联网是国网公司(以下简称"公司")"三型两网、世界一流"新战略落地的物质基础和核心内容。

推广线上办电以及网上国网平台是当前和今后一个时期供电公司加快泛在电力物联网建设的重要举措。"网上国网"(即"掌上电力 2019"App)作为客户侧泛在电力物联网的统一入口,是推进国网公司泛在电力物联网战略落地的关键一环。"网上国网"作为客户聚合、业务融通、开放共享的互联网服务平台,是服务模式甚至是服务体系的变革。以往客户找上门排队办业务,现在客户一键预约,我们上门服务;过去客户了解办电进程被动等"通知",现在办电进程主动推送;过去办理不同用电业务要跑多个部门,现在"网上国网"提供全业务线上办理、"一站式"服务。"网上国网"在线化、透明化、互动化、智能化的互联网平台属性,对营销服务模式提出了更高的要求、更大的挑战。

(2)推广线上办电、建设"网上国网",是推进营销服务现代化的重要举措。

当前,全球信息化进入全面渗透、跨界融合、加速创新、引领发展的新阶段。国家大力推进"互联网+"战略,着力打造"一网通办"政务服务平台,加快推进"最多跑一次"服务创新。

对比新时代、新形势、新要求，公司现有服务渠道建设已不能适用，线上渠道多、入口不统一、横向不融通、数据太离散、用户操作不便捷、使用体验差、黏性和活跃度不高等问题成为公司营销服务发展的掣肘。"网上国网"既是公司供电服务主入口，也是泛在电力物联网主入口，承载着链接客户、汇聚资源、对接供需、创新业态、构建生态的重要使命，是客户侧泛在电力物联网建设的重要基础和支撑。作为公司第一套真正意义上面向客户、实施一级部署的互联网服务平台，"网上国网"从思维观念、系统架构，到业务流程、运维方式，均摒弃了传统的电力营销模式，顺应能源革命和数字革命融合发展趋势，着力于供电服务、新兴业务及金融、产业等各类业务的有机融通，以及线上线下服务的完美融合。

(3)推广和建设"网上国网"，是提升营销服务管理水平的重要内容。

"网上国网"以构建现代服务体系、构建统一服务门户为出发点，深入分析业务痛点、焦点、堵点、难点，对标业界先进成熟的互联网产品，旨在建立一个"客户聚合、业务融通、数据共享、创新支撑"的统一网上服务平台，实现交费、办电、能源服务等业务"一网通办"，对公司营销服务管理注入新的力量。当前公司"网上国网"上线服务场景83个，电动汽车、分布式光伏等新兴业务场景数量占40%。融通传统供电与新兴业务、打造"一网通办"服务平台，既是"网上国网"的建设初衷，也是难点所在，这不是简单地把各类业务集合在一个界面，也不是机械地把线下业务搬到线上。各级供电公司作为新兴业务的实施主体，必须从思维上打破壁垒，站在公司泛在电力物联网统一入口的高度，充分认识"网上国网"在引流聚合、构建互联网生态圈等方面的重要意义，推动在业务流程、标准、制度及客户互动等方面深度融合，确保全公司整体推进。"网上国网"平台的建设，将丰富线上资源，完善服务手段，缩短管理链条，推进业务融合，为提高服务管理水平搭建重要的跳板。

各级供电公司响应国网公司"互联网+营销服务"战略要求，通过试点和全面推广"网上国网"项目，进一步整合在线服务资源，构建以客户为中心的现代服务体系，助推公司从电力供应商向综合能源服务商转型升级的发展模式。将传统电力业务、电子商务、电动汽车、分布式光伏、能效服务等业务的线上、线下服务渠道整合，打造出一个客户聚合、业务融通、数据共享、创新支撑的统一网上服务平台，为客户提供一站式综合能源服务，实现交费、办电、能源服务等跨领域线上线下业务"一网通办"。

6.1.2　线上办电相关渠道服务要求

电子渠道应为客户提供7×24 h不间断自助服务。

1)服务功能

电子渠道的服务功能包括：(1)会员注册或服务开通；(2)宣传展现；(3)信息公告；(4)信息查询；(5)充值交费和账单服务；(6)业务受理；(7)新型业务；(8)服务监督。

①会员注册或服务开通功能包括用户登录、注册、用户编号绑定、留言、问卷调查、账户信息修改、信息推送。

②宣传展现功能包括业务介绍、服务支持和体验专区。

③信息公告功能包括停电信息查询、站内公告和营业网点查询。

④信息查询功能包括电费余额查询、业务办理进度、电量电费、费控余额、付款记录、购电记录、缴费记录、用户基本档案、实时电量查询。

⑤充值交费和账单服务功能包括电费缴纳、网上购电和电费充值。

⑥业务受理功能包括业务咨询、故障报修、新装增容及变更、信息订阅及退阅。

⑦新型业务功能包括在线客服、电动汽车服务、增值服务、用能服务和智能用电服务。

⑧服务监督功能包括投诉、建议、表扬、意见和举报。

2)服务功能的设置标准

(1)各类电子渠道应具备的服务功能如下:

①95598 智能互动网站:上述“1)”中的(1)—(8)项服务功能;

②App(移动客户端):上述“1)”中的(1)—(8)项服务功能;

③供电服务微信公众号:上述“1)”中的(1)—(5)项服务功能。

(2)除宣传展现和信息公告外,其他功能只对注册或开通服务用户开放。

(3)电子渠道应提供办理各项业务的说明资料,95598 智能互动网站应提供相关表格以便客户填写或下载。

(4)电子渠道应提供导航服务,以方便客户使用。

3)服务方式

电子渠道的服务方式包括:①客户自助;②留言;③在线人工。

服务方式的设置标准:

①客户自助:应对客户进行身份验证,确保客户信息不外泄;自助缴费服务应确保客户资金安全。

②留言:应对客户留言及回复进行归档,并使客户能查询到 6 个月内的信息。

③在线人工:在需要排队的情况下,应告知客户排队情况,在进入人工服务后,电子客服代表平均响应时间应小于 5 s。客户无诉求达 30 s 以上,方可退出人工服务。

4)服务人员

电子渠道应设电子客服代表受理相关业务。

电子客服代表应具备大专及以上学历,并经岗前培训合格。

5)服务环境

95598 智能互动网站、App(移动客户端终端)的界面应符合《国家电网公司标识应用管理办法》《国家电网公司标识应用手册》的要求。

95598 智能互动网站服务功能区域划分应科学合理、简洁明了、富人性化。页面制作要求直观、色彩明快,各服务功能分区要有明显色系区分。

6.1.3　线上办电全流程转换

(1)为深化“互联网+营销服务”在能源消费革命和公司战略转型的助推作用,国网公司提出了建设“网上国网”的战略要求,建立“客户聚合、业务融通、数据共享、创新支撑”的统一网上服务平台,实现交费、办电、能源服务等业务“一网通办”,全力服务优化营商环境,积极打造以客户为中心的现代服务体系。“网上国网”已成为客户侧泛在电力物联网建设的重要基础,是建设能源服务生态圈的重要载体。

(2)客户视角(3个新体验):客户在“网上国网”App上“一键式”办理交费、办电、报修等所有业务。客户在线办理业务时,如需人工服务,可“一键式”呼叫互联网坐席。客户在线申请报修、业扩、充电桩安装等现场业务,由外勤服务人员提供主动式服务。

(3)管理视角(3个新变化):用户信息集中共享用电客户、电商客户、电动汽车客户、光伏客户、能效客户等基本信息和业务信息,形成客户全景(360°)视图,挖掘客户价值,赋能产业发展。业务领域全面融通,建立共享服务中心,实现27个省(市)公司、国网客服中心、国网电商、电动汽车公司的跨领域业务贯通和数据汇聚,变革服务理念,推动服务创新。线上渠道统一运营总部和省(市)公司、产业单位(电动汽车公司、综合能源公司)协同开展渠道推广、产品销售等业务运营活动,增强客户感知,提升企业价值。

6.1.4　线上办电的范围

1)办电范围

以线上办电平台——“网上国网”App的相关功能为基础介绍线上办电的范围。线上办电可以开展电费类、业扩类、客户服务类、电动汽车类、综合能源类等几大类业务,具体包括:交电费、交业务费、智能交费签约、签约代扣、电费红包、充值卡、充值卡购买、电费账单、电子发票、分布式光伏上网电费及补贴签约代发、个人新装、企业新装、个人增容、企业增容、电能表校验、更名/过户、容量/需量变更、增值税变更、容量恢复、暂停/减容、需量值变更、小区新户通电、个人充电桩报装、分布式光伏新装、在线客服、投诉举报、我有话说、故障报修、业务催办、服务评价、满意度调查、消息推送、服务网点、停电信息、用电知识、用电信息、电动车找桩充电、公共桩充值、买桩&智能选桩、买车、个人充电桩一网通办、车服咨询资讯、私人定制、购车计算、新能源能效诊断、用能分析-住宅、用能分析-店铺、光伏学院、分布式光伏信息查询、建站咨询、智能运维、设备采购、综合能源信息发布、个人分布式光伏一网通办、精品推荐-企事业、家庭电气化等业务范围。

2)具体业务场景简述

(1)电费账单。

按照用户的性质(个人、企业),为绑定客户提供电子账单的查询、下载、分享等服务,账单内容包括用户基本信息、阶梯电价情况、电量、电价、电费等信息,并支持账单订阅,满足不同用户账单需求。

(2)电子发票。

电子发票功能是"网上国网"(掌上电力2019)的亮点功能之一,掌上电力2019是目前各种电子渠道中唯一可以在线为客户提供电费增值税电子普通发票开具、查询、下载、推送、订阅的服务功能的电子渠道,可以有效降低票据的印制成本。

(3)交电费。

提供便捷跨省多户的联合一键交费功能,红包、卡券和积分抵扣电费功能,实现跨核算单位交费和电费资金的统一结算,有效提升了电费结算效率与用户交费体验。

(4)签约代扣。

新增签约代扣功能,也是"网上国网"建设的亮点功能之一,低压客户能够在线上完成预收代扣协议签订,当客户电费余额低于扣款阈值时,系统能够自动按照客户设置的扣款金额发起预收代扣,并支持客户根据需要适时、自助调整扣款阈值和扣款金额,让交费过程更智能,交费体验更轻松。

(5)故障报修。

在"网上国网"场景下,客户通过"网上国网"报修各类故障;客服人员在线受理客户诉求,完成客户识别、故障确认或合并去重,统一调度抢修工单;抢修人员实时反馈派工和处理进度,让客户、客服人员、抢修人员同步共享故障处理进程信息。

(6)找桩充电。

为客户提供充电桩线上查询服务,客户可以通过定位及拖曳地图的方式查看充电站信息(含充电费用、服务费用、停车费用、支付方式等)、充电桩信息(含接口标准、空闲状态、收费信息等),并支持扫码充电和扫码支付。

(7)用能分析。

通过可视化图形为住宅和店铺客户解析自身的用能情况及用能特征,让客户更清晰地了解自身的用能情况,合理调整用能习惯,降低非必要的电费支出,加强客户节能环保意识。

(8)业扩类业务。

开展居民、非居民新装、增容业务,电能表校验、更名/过户、容量/需量变更、减容、暂停等服务。

【任务实施】

一、任务指导书

掌上电力线上办电服务指导书见表6.1。

表6.1　掌上电力线上办电服务指导书

<table>
<tr><td>任务名称</td><td>掌上电力线上办电服务案例分析</td><td>学时</td><td>2课时</td></tr>
<tr><td>任务描述</td><td colspan="3">为什么公司要大力推广线上办电业务？请写出线上办电的范围包含哪一些？办电的具体操作流程是怎样的？</td></tr>
<tr><td>任务要求</td><td colspan="3">理解推广线上办电的战略意义、掌握线上办电的范围。</td></tr>
<tr><td>注意事项</td><td colspan="3">要分析理解性记忆相关知识要点</td></tr>
<tr><td colspan="4">任务实施步骤：
一、风险点辨识
推广线上办电相关业务的意义。
二、作业前准备
线上办电服务的要求及范围。
三、操作步骤及质量标准
1. 介绍知晓办电要求及业务；
2. 理解战略含义；
3. 知晓范围及简单操作</td></tr>
</table>

【任务评价】

掌上电力线上办电服务评价表见表6.2。

表6.2　掌上电力线上办电服务评价表

姓名		单位		同组成员		
开始时间		结束时间		标准分	100分	得分
任务名称	掌上电力线上办电服务案例分析					
序号	步骤名称	质量要求	满分/分	评分标准	扣分原因	得分
1	介绍知晓办电要求及业务	列出业务条目	40	少于两条每一条扣20分		
2	理解战略含义	为何推广的战略意义	20	少于两条每一条扣10分		
3	知晓范围及简单操作	具体业务的流程及简单操作	40	少于两条每一条扣20分		
考评员(签名)		总分/分				

【思考与练习】

公司为何大力推广线上办电服务？通过线上办电渠道服务可以让客户足不出户办理哪些业务？

任务6.2　使用线上办电相关App配合SG186系统进行全流程操作

【任务目标】

1. 能熟练掌握网上国网App的下载、注册及客户号绑定方法。
2. 能熟练掌握网上国网App各功能模块的使用。

【任务描述】

能熟练掌握网上国网App的下载、注册、客户号绑定、电费电量账单查询、个人或企业业扩报装业务、故障报修等实际操作。

【任务准备】

1. 知识准备

(1)熟悉网上国网APP的下载、注册及客户号绑定方法。

(2)熟悉使用网上国网APP进行电费电量账单查询、个人或企业业扩报装业务、故障报修等各功能模块。

2. 资料准备

线上办电的相关纲领性文件及网上国网App操作手册。

【相关知识】

6.2.1　下载安装应用程序

(1)环境配置。

硬件:智能手机

Android 4.4 版本及以上;

IOS 8.0 版本及以上。

软件:掌上电力 2019

(2)可通过 App Store、豌豆荚、各大手机应用市场下载,或通过 95598 网站、手机分享、实体宣传材料等渠道扫描二维码下载使用。

6.2.2　注册

提供 App 注册服务,客户通过输入手机号、登录密码、确认密码等个人信息,实现客户档案创建。App 注册分为普通注册和第三方注册两种方式。

当客户无法通过 App 完成线上注册时,可到附近电力营业厅由营业厅服务人员协助,通过电力营销系统【线下营业厅注册】功能完成 App 用户注册。

1)功能位置

入口一:登录页面→注册

入口二:登录页面→第三方登录方式按钮

2)操作介绍

普通注册流程如下所示:

点击【立即注册】跳转至注册页面,如图 6.1 所示。

客户录入手机号后点击【发送验证码】,录入收到的验证码点击【下一步】,如图 6.2 所示。

验证码录入后点击【下一步】,验证通过后进入密码录入界面,如图 6.3 所示。

输入密码后点击【完成】即可完成注册,如图 6.4 所示。

点击【完成】按钮后,如果注册成功则进入结果反馈页面,如图 6.5 所示。在该页面中可以开通面部识别、指纹登录、手势登录。(开通 App 指纹登录功能的前提是客户当前使用的手机设备支持指纹登录功能,并且已开通手机指纹登录。如果客户在 App 设置指纹登录后,又在其他手机进行了登录,那么之前手机设置的指纹登录将失效)

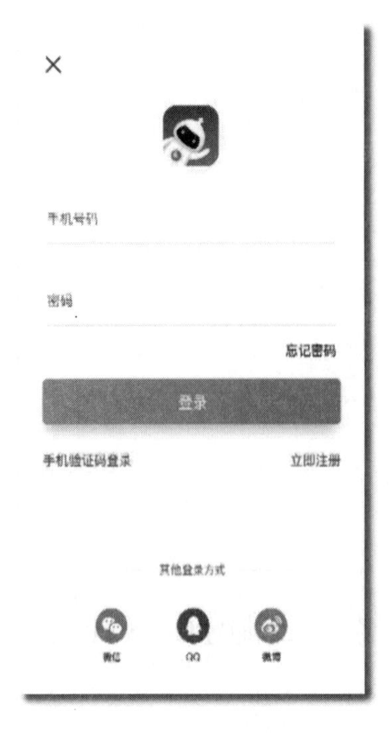

图 6.1　立即注册

图 6.2　发送验证码

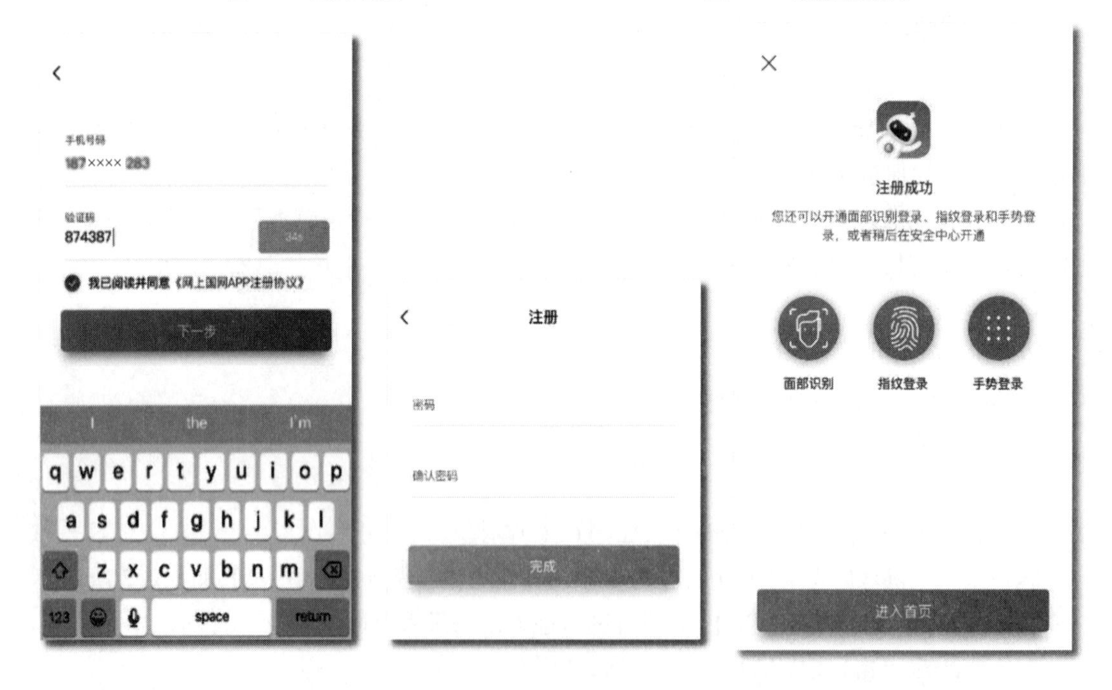

图 6.3　输入验证码　　图 6.4　输入密码　　图 6.5　注册成功

App 第三方注册流程如下：

客户可在登录页面中点击相应第三方应用图标，未进行绑定的第三方账号进入第三方注册流程。如果客户手机未安装相应的第三方应用则会置灰显示，具体如图 6.6 所示。

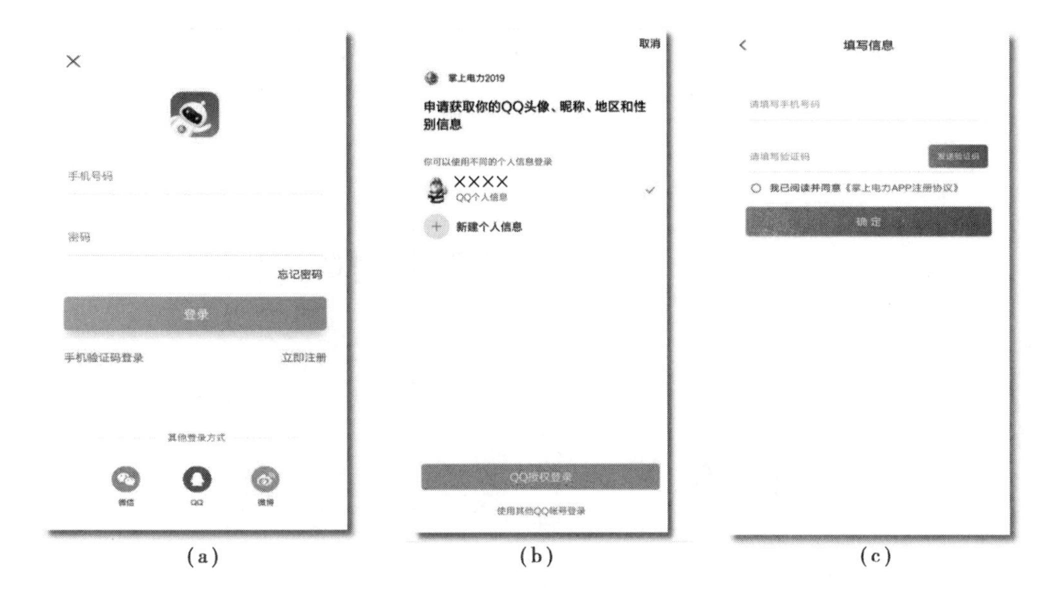

(a)　(b)　(c)

图6.6　第三方注册流程

客户点击第三方应用图标后会进入客户授权页,客户授权通过进入信息补全页填写信息,客户须输入手机号码,并完成短信验证码验证后方能完成第三方应用注册和App账号创建,同时App自动将第三方应用当前登录账号与App账号关联,以便后续客户继续通过第三方应用进行登录。

6.2.3　登录

提供支持多种登录方式的登录服务。登录成功之后,客户就可以合法地使用该账号具有的各项能力。

1)功能位置

入口一:首页(住宅)→立即登录

入口二:我的→登录/注册

入口三:未登录状态下需登录使用的菜单功能项→登录

2)操作介绍

输入手机号和密码,点击【登录】即可完成密码登录操作。如果账号密码输入错误会提示重新输入,如图6.7所示。

如果连续5次输入密码有误,将临时锁定账号20分钟并显示如图6.8所示的界面。

当登录成功后,会验证是否存在多个账户,如果不存在则进入首页;如果存在则进入合并账户页,点击【立即合并】,调用合并账户接口发送合并账户数据至统一账户平台完成账户合并,并跳转至首页,具体如图6.9所示。

当客户选择使用手机验证码登录方式时进入如图6.10所示的界面。

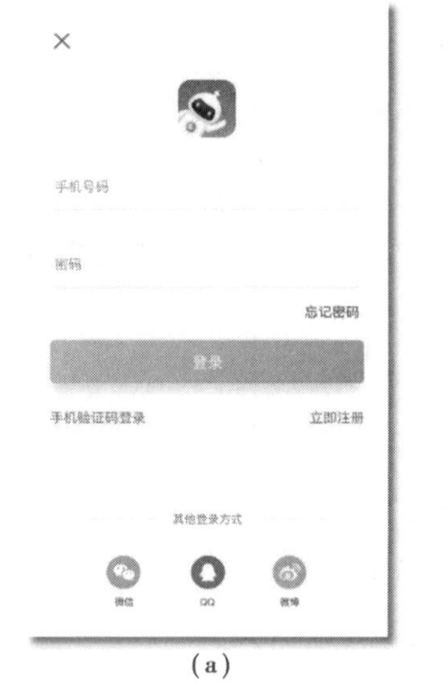

(a)

(b)

图 6.7　登录界面

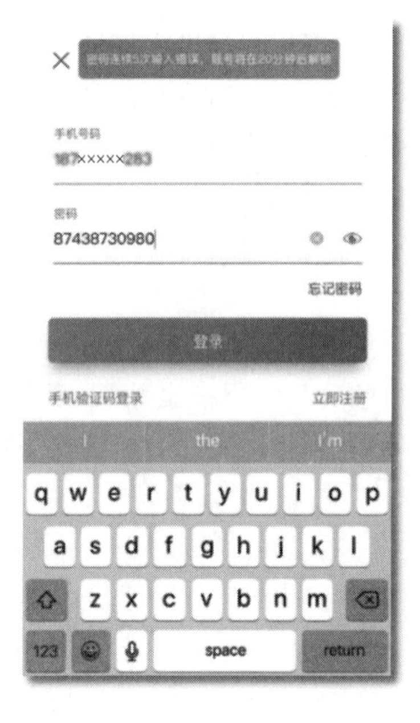

图 6.8　密码输入错误后界面

图 6.9　合并账户界面

当验证码输入错误时会提示输入有误请重新输入。

客户可以采用第三方应用登录方式完成 App 登录，目前支持的第三方应用有微信、QQ、微博 3 种应用，客户点击相应的第三方应用图标即可跳转至第三方登录流程，App 获取客户手机第三方应用当前登录账户，校验该账户是否已关联到 App 注册账号，如已关联则以该 App 注册账号完成登录，否则进入第三方应用注册页面，详细操作见注册小节下的第三方应用注册。

客户进入“登录”时若设置了“指纹登录”“手势登录”“面部识别登录”等登录方式，则展示相应登录界面，经客户完成输入且验证成功后完成登录。

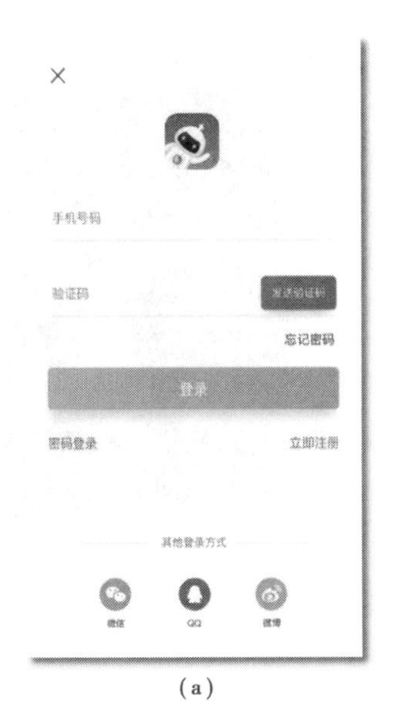

(a)

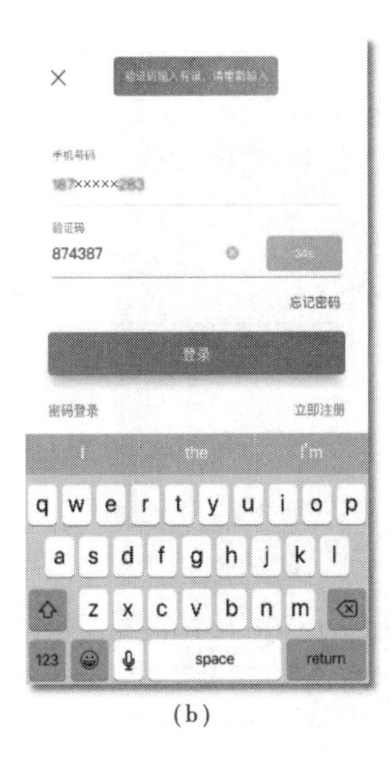

(b)

图6.10　手机验证登录界面

若客户同时设置了多种登录方式,则登录顺序为指纹登录—手势登录—面部识别登录—第三方登录—账号密码登录,同时客户也可自行设置登录顺序。

当客户选择指纹登录时进入图6.11所示的界面。

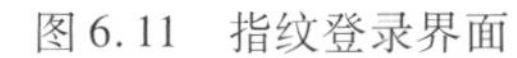

图6.11　指纹登录界面

图6.12　指纹识别准备就绪界面

当指纹识别准备就绪时,出现弹窗提示,点击【取消】可返回指纹登录页,如图6.12所示。

当指纹录入错误时会提示识别失败,三次失败后会弹窗提示,客户可选择【其他登录方式】,如图6.13所示。

点击【其他登录方式】会切换到其他登录方式，如图 6.14 所示。

面部识别登录
手势登录
密码登录
取消

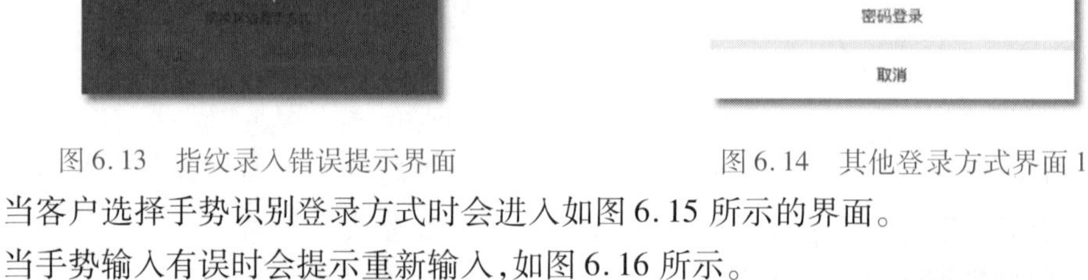

图 6.13　指纹录入错误提示界面　　图 6.14　其他登录方式界面 1

当客户选择手势识别登录方式时会进入如图 6.15 所示的界面。

当手势输入有误时会提示重新输入，如图 6.16 所示。

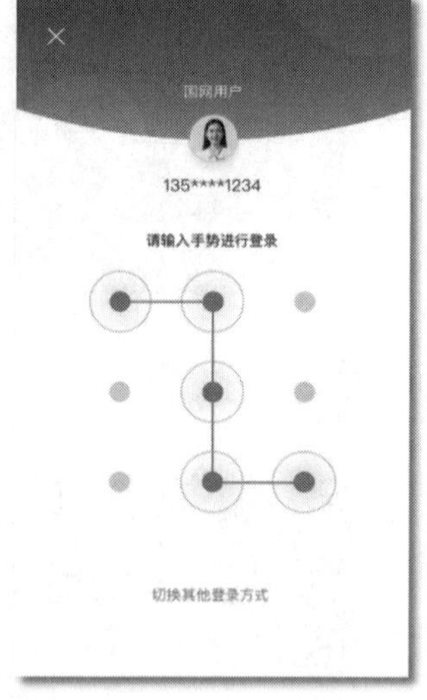

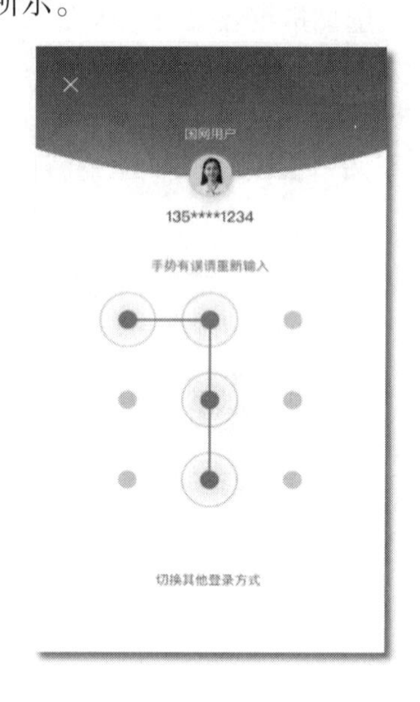

图 6.15　手势识别登录界面　　图 6.16　手势输入错误提示界面

当连续输入错误三次，则会出现弹窗提示，如图 6.17 所示。

当客户选择【其他登录方式】后会进入如图 6.18 所示的界面：

当客户选择面部识别登录方式时进入如图 6.19 所示的界面，点击【使用面部识别登录】后跳转到第三方界面。

图 6.17　登录手势有误弹窗

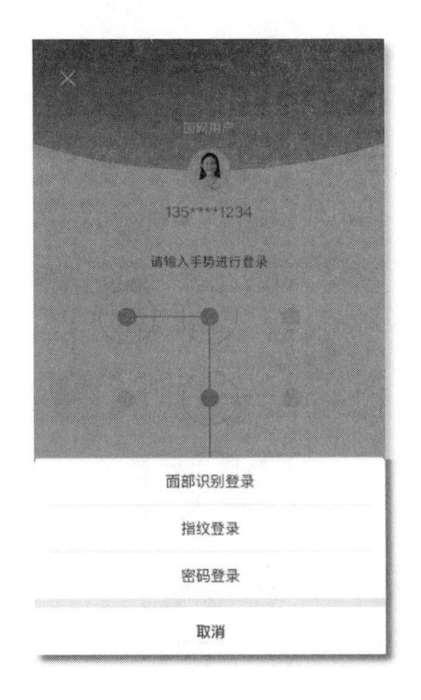

图 6.18　其他登录方式界面 2

6.2.4　身份证认证

为登录客户提供线上身份认证服务，服务通过公安系统校验客户身份证信息的正确性，完成对注册用户资料真实性的验证审核。

当客户无法通过 App 完成线上实名认证时，可到附近电力营业厅由营业厅服务人员协助，通过电力营销系统【线下实名认证】功能完成实名认证。

1）功能位置

我的→账户与安全→实名认证。

2）操作介绍

图 6.19　面部识别登录界面

按以上路径可进入如图 6.20（a）所示的【身份证验证】界面，客户将本人身份证正反面分别放入扫描框内扫描，或分别从相册中选择已拍照保存的身份证正反面照片。

点击【提交验证】按钮，会对当前信息做验证，需姓名、身份证号、证件有效期都正确才能成功提交，否则会有提示信息，且本身份证不能是已被其他账号进行过身份证认证的。

点击【提交验证】后会出现如图 6.20（b）所示的人脸信息采集界面，客户根据提示录入本人面部信息即可。若人脸识别验证成功则弹出成功界面，点击【完成】可返回身份认证界面；若不成功则弹出如图 6.20（c）所示的验证失败界面，点击【重新上传】可返回至身份证上传界面。

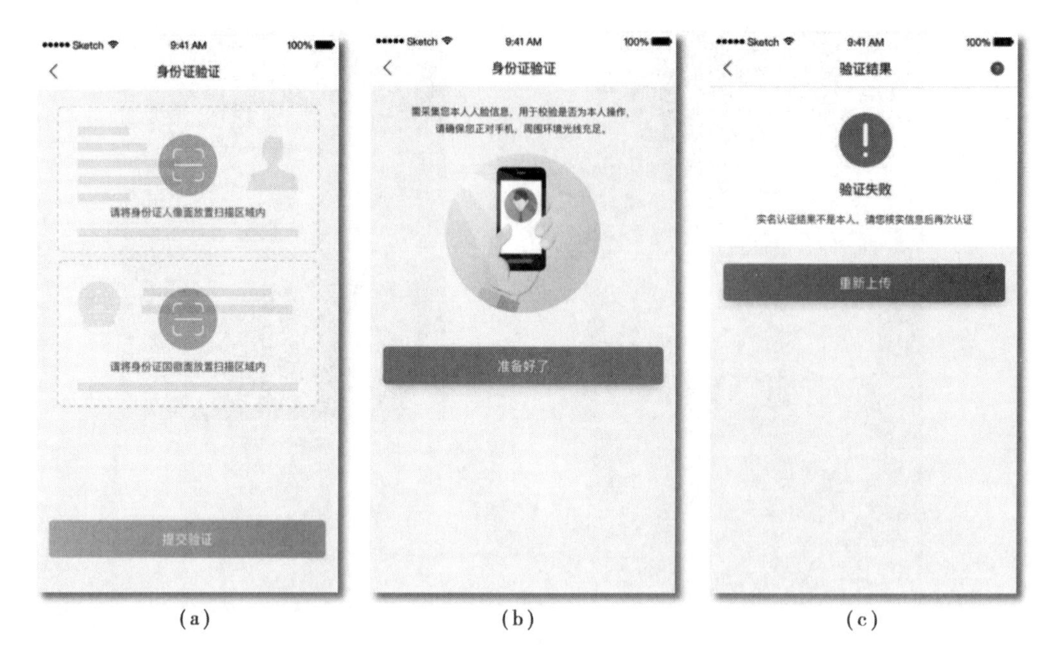

图 6.20　身份证验证界面

6.2.5　户号绑定

提供 App 账号与用电户号之间绑定服务，通过户号绑定可以建立 App 账号与用电户号之间的关联关系。绑定用电户号后，在 App 首页各对应分类频道可直接展示已绑定用电户号的电费余额、发电站运行、光伏收益等情况，并且在 App 其他各项功能中不需要再进行用电户号输入，可以直接进行点选。一个 App 账号只允许绑定 10 个居民户号、5 个店铺户号、5 个企业户号、5 个光伏发电户号和 5 个充电桩户号。

高危高压户用电户号不允许直接进行绑定，在发起线上绑定申请后，须由后端营销业务受理人员在电力营销系统完成线下审核，并与相关企业法人确认后才能够绑定。

1）自动绑定

在“户号管理”模块中，点击【绑定户号】，App 根据客户注册手机号或身份证号在电力营销系统中自动进行用户匹配，若匹配到用电则进入自动绑定界面，否则进入手工绑定界面。进入自动绑定界面后，客户勾选欲绑定户号点击【确认绑定】完成非高压高危户号的批量绑定。

（1）功能位置。

我的→户号管理→绑定户号。

（2）操作介绍。

客户通过上述路径进入如图 6.21 所示的【户号管理】界面，当前展示的是还未绑定户号的情况，若已绑定过户号，此页会对已绑定户号进行展示，点击【绑定户号】按钮，系统自动匹配与当前账号相关的账号跳转到下方右图所示的户号选择界面，若未匹配到户号，则进入手动绑定流程。

(a)

(b)

图 6.21　户号管理界面

在图 6.21(b)所示的选择户号界面中，点击“小叉号”表示该客户与我无关，提示信息如图 6.22(a)所示，选择【删除】将此户号从匹配到的列表删除，点击【取消】则什么都不做。在选择户号的界面中，点击“小圆圈”可选中或取消选中当前户号，若客户还未进行实名认证则会弹出相应提示。需要注意，当选中的户号中有高压高危户号时，会有工作人员与相关企业法人联系确认才允许绑定。选中需要绑定的户号，点击【确认绑定】则会跳转到如图 6.22(b)所示的界面，点击【绑定其他】则进入手动绑定流程。

上述情况是在户号管理界面还未绑定过户号的情况，如果已经绑定过户号则会展示如如图 6.23(a)所示的已绑定户号列表界面，点击标签后面的【 + 标签】可进入如图 6.23(b)所示的添加标签页，点击【绑定户号】则进行进入自动绑定流程，若是点击户号信息，则会进入如图 6.23(c)所示的户号详情页面(此时展示的为户主详情，若非户主则不会展示【管理其他绑定户号】的功能)，在详情页点击其他绑定人名，可自定义其他绑定人昵称。

2)手动绑定

客户进行户号绑定时，进入手动绑定界面有两种场景：a. 在户号管理界面，点击【绑定户号】后未匹配到户号；b. 在自动绑定匹配列表界面，客户点击【绑定其他】按钮，进入手动绑定界面(如客户未进行实名认证，先提示进行实名认证)。

在手动绑定界面，客户通过地区、户号查询出欲绑定的户号，与自动绑定类似，支持批量绑定，高压高危户号不允许直接绑定，须在客户发起线上绑定申请后，由后端业务受理人员在电力营销系统中完成线下审核，并与对应企业法人联系后绑定；若查询出的户号已被户主认证，可向户主申请绑定或者重新进行户主认证。输入户号过程中遇到问题可随时进入客服页面获取帮助。

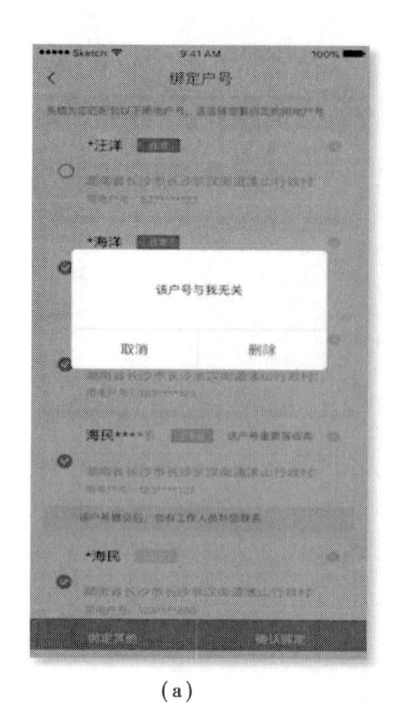

(a)

(b)

图 6.22　绑定户号界面

(a)

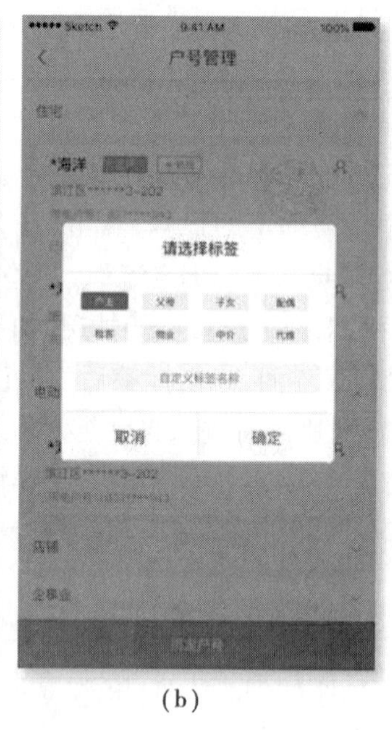

(b)

(c)

图 6.23　户号管理界面(已绑定)

(1)功能位置。

我的→户号管理→绑定户号。

(2)操作介绍。

客户通过上述路径进入如图 6.24(a)所示的填写户号界面,在该界面点击【如何获取户号】会弹出【获取户号】页，介绍获取用电户号的多种方式。客户点击【地区】可进行地区选择，【户号】可以自主输入，也可点击扫描图标，进行电能表编码扫描，上述两项填写完毕后点击【添加户号】可将满足条件的户号添加到下方列表，如图6.24(b)所示，不满足则会有相应提示。点击【模糊查询户号】则进入【模糊查询户号】页，如图6.24(c)所示。

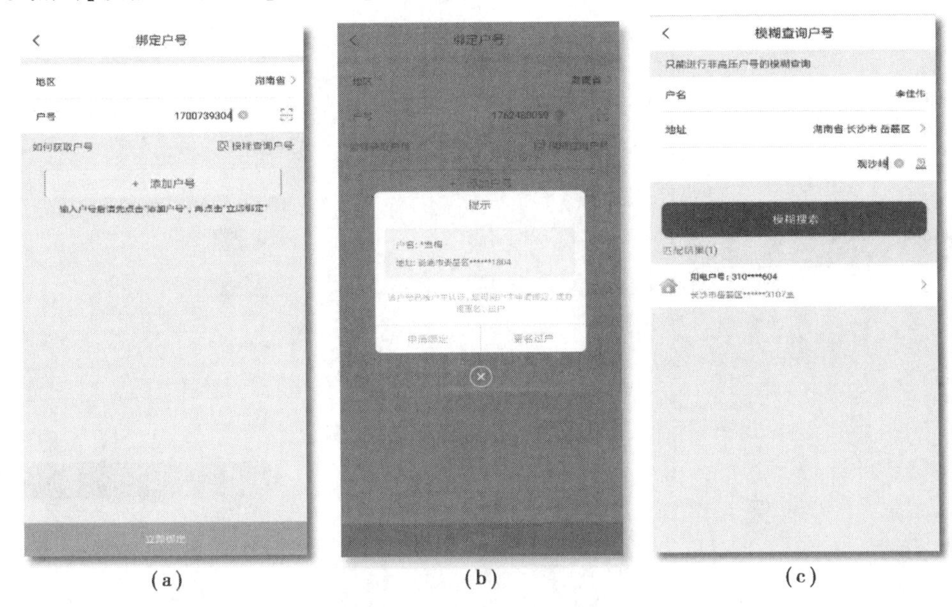

图6.24　手动绑定

在模糊查询户号功能界面通过输入【户名】，户名可输入完整户名或部分户名(至少包含户名的最前两个字符)，并选择【地址】，在详细地址输入框中通过点击【定位】按钮进行定位及地址选择，或手工输入详细地址的关键字后，点击【模糊搜索】，可将与填写信息符合的户号显示在结果列表中，点击需要绑定的户号，可将此户号添加至手动绑定的列表里面。在手动绑定户号列表完成增删后可点击【立即绑定】按钮，将列表中所有户号与账号绑定，若其中有户号已被该户户主进行过户主认证，那么App将如图6.24(b)所示弹出选择提示框，客户可通过点击提示框中的【申请绑定】按钮，由App自动发送申请绑定消息给该户户主进行审核，通过审核后由App自动完成绑定；或点击提示框中的【更名过户】按钮，发起更名过户流程(详见更名过户操作说明)。

3)户号解绑

提供App账号与用电户号之间解除绑定服务。

对低压居民客户、个人光伏客户，如果已完成用电户号的户主认证，可解绑已绑定该用电户号的其他App账号。

除线上户号解绑外，在线上或者线下办理过户业务后，将自动实现原过户户号的解绑。

(1)功能位置。

我的→户号管理→户号详情。

(2)操作介绍。

客户可通过上述路径进入如图6.25(a)所示的【户号详情】页，已绑定用户号必须24 h

后才允许解绑，点击【解除绑定】弹出如图6.25(b)所示信息，点击【是】则可进入解绑成功页，同时对客户的手机发送解绑提示短信。认证户主可以点击其他户号前面的“红色小减号”来管理其他绑定账号(本功能只在登录账号为绑定户号的户主时出现)，提示信息如图6.25(c)。

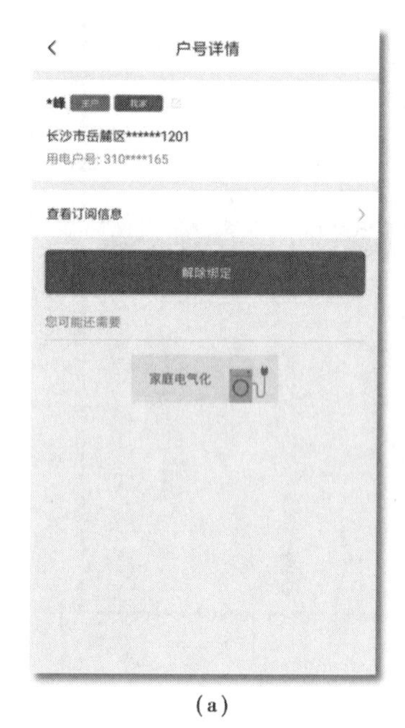

(a)

(b)

(c)

图6.25 户号解绑

6.2.6 电费账单

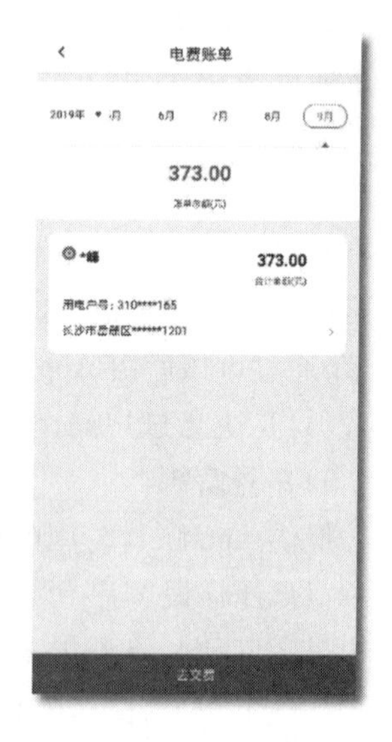

图6.26 电费账单界面

按照用户的性质(个人、企业)，为绑定用电户号提供电费账单的查询、下载、推送等服务，支持账单订阅，满足不同客户账单的服务需求。

账单类型按用户性质自动判断，分为个人用户与企业用户两种模板，账单包括用户基本信息、阶梯电价情况、电量电价电费等。

对账户下除企业户号外所有户号进行多个绑定户号的电费账单查询，可点击单个户号进行单户号详细电费账单查询。

1)功能位置

入口一：首页(住宅、店铺)→电费账单。

入口二：首页(住宅、店铺、企事业)→更多(全部功能)→查询→电费账单。

2)操作介绍

点击【电费账单】进入电费账单模块,默认展示当前绑定户号(企业户号除外)的多户号电费账单统一查询列表页,如图6.26所示。

①点击【年份】和【月份】可切换年份和月份,点击【去交费】按钮,则跳转至交费界面,当前页面户号默认全选中。

②点击户号信息,跳转单户月度电费账单,根据户号性质,展示不同的用电信息。个人客户电费账单信息如图6.27(a)所示,企业电费账单信息如图6.27(b)所示。

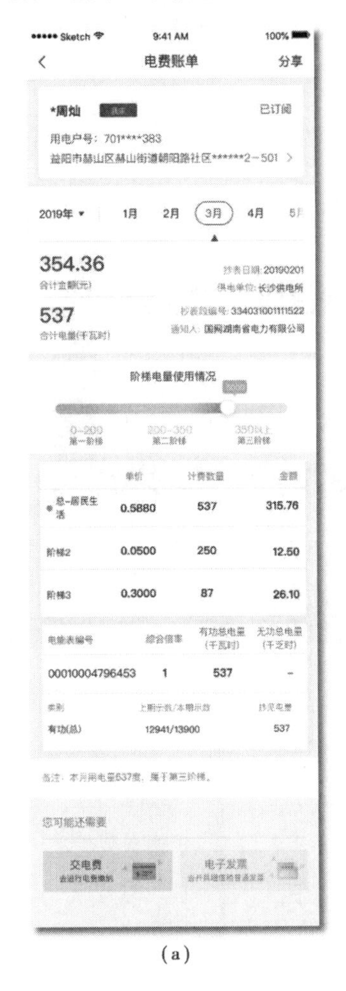

(a)

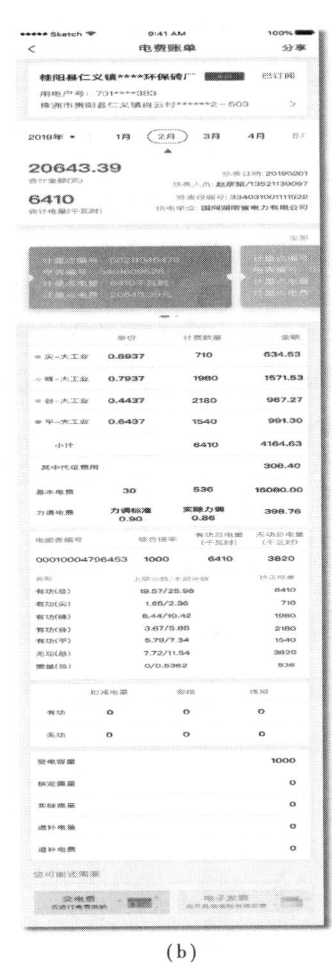

(b)

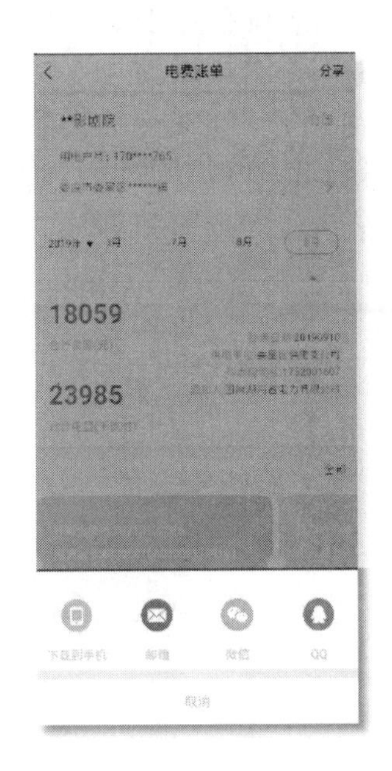

图6.27　电费账单类型　　　　图6.28　电费账单分享界面

a.点击户号信息,可切换户号。

b.点击选择年份、月份可以查看对应年份、月份的电费账单,并可查阅近三年的月度电费账单。

c.订阅电费账单,用户每月电费发行后,自动将电费账单推送至客户邮箱。客户点击【订阅】按钮,进入我的订阅功能界面。

d.点击【分享】,可将电费账单下载至手机或邮箱,以及分享至微信朋友圈、QQ等,如图

6.28 所示。

e.点击【去交费】按钮跳转至交费界面;点击【开发票】按钮跳转至"电子发票"界面。【去交费】按钮和【开发票】按钮根据电费结算情况和户号性质在账单底部显示。

6.2.7 个人新装

个人新装为低压居民客户和低压非居民个人客户提供线上新装申请业务办理服务,同时为客户提供工单进度查询、线上催办、服务满意度评价等功能。

1)低压居民客户

(1)功能位置。

入口一:首页(住宅、店铺、企事业)→更多(全部功能)→办电→新装。

入口二:首页(住宅、店铺、企事业)→新装。

(2)低压居民。

①点击【新装】,即可跳转到判断是否已经实名认证界面,若没有实名认证的话,则给出提示,点击【去认证】进行实名认证,如图 6.29 所示。

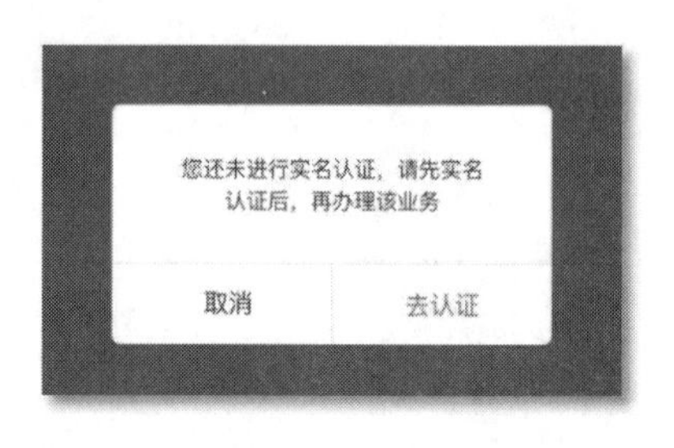

图 6.29　实名认证界面

②在已经进行实名认证的情况下,在首页点击【新装】会跳转至新装业务选择页,点选【服务地区】,选择"所在省市""所在区县""街道"点击【个人新装】,会给出准备材料提示页,如客户为代理人可以提前查看或下载授权委托书模板,如图 6.30 所示。

(a)

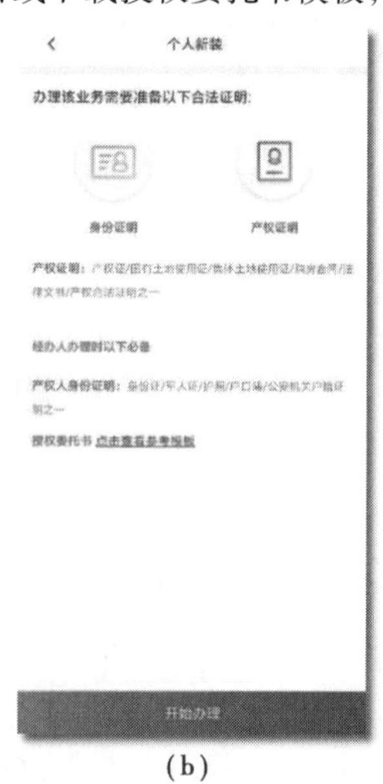

(b)

图 6.30　低压居民客户个人新装业务选择界面

③点击【开始办理】,输入详细地址,并将“是否住宅用电”选择为“住宅用电”,输入申请容量,点击选择【服务预约时间】,若时间为红色字体则代表该时间段预约量已经饱和,不允许选择(日承载量信息由营销人员后台维护),勾选【已阅读并确认《低压居民新装业务办理须知》】,点击【下一步】,如图6.31所示。

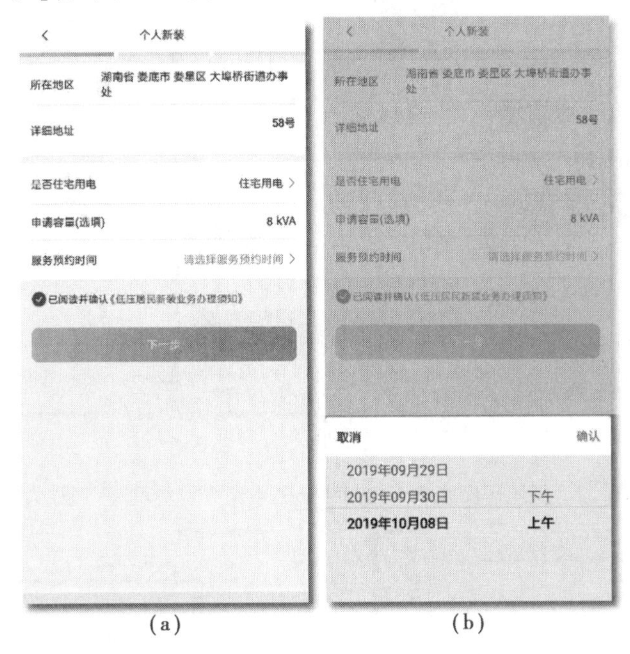

图6.31　低压居民客户个人新装业务办理界面

④点击【产权证明类型】从候选项“产权证”“国有土地使用证”“集体土地使用证”“购房合同”“法律文书”“产权合法证明”中进行选择,在此举例选择“产权证”,上传证明照片,【申请人身份】设定为【产权人】,App实名认证信息将默认为产权人信息。【产权人姓名】为客户实名认证的姓名,且不可修改,【手机号码】为实名认证的手机号码,且不可以修改,点击【发送验证码】并输入收到的验证码,点击【提交】,如图6.32所示。

⑤点击【产权证明类型】从候选项“产权证”“国有土地使用证”“集体土地使用证”“购房合同”“法律文书”“产权合法证明”中进行选择,在此举例选择“产权证”,上传证明照片,【申请人身份】设定为【经办人】,App实名认证信息将默认为产权人信息,【经办人姓名】为客户实名认证的姓名,且不可修改。【手机号码】为实名认证的手机号码,且不可以修改,点击【产权人身份证件类型】从候选项中“身份证”“军人证”“护照”“户口簿”“公安机关户籍证明”进行选择,上传证明照片,完成产权人姓名、身份证件号码、手机号码填写,上传由产权人根据授权委托书参考模板填写,并签字确认的授权委托书照片,点击【发送验证码】并输入收到的验证码,点击【提交】,如图6.33所示。

营销业务受理人员在后台完成业务受理审核,推送审核结果消息给客户,消息内容见表6.3。

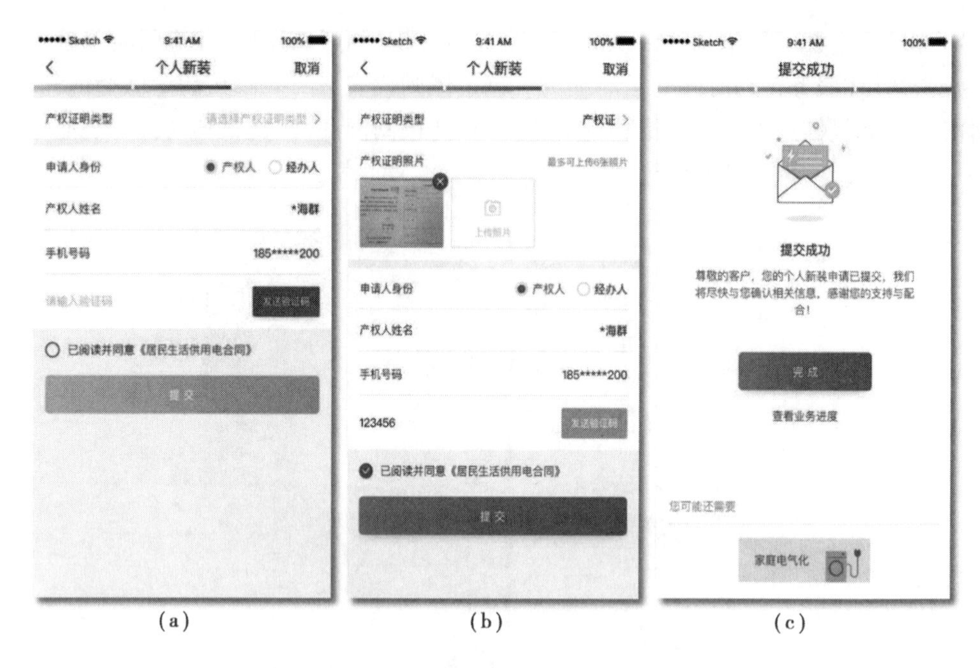

图 6.32　低压居民客户个人新装业务申请人资料填写(产权人)

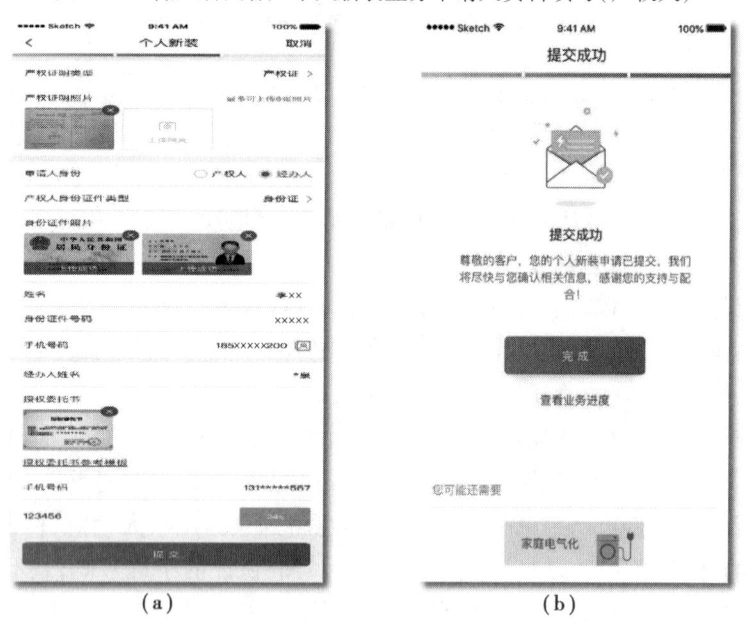

图 6.33　低压居民客户个人新装业务申请人资料填写(经办人)

表 6.3　业务受理审核表

审核状态	申请人类型	推送消息模板
审核通过	经办人	尊敬的客户您好！您委托[系统获取经办人姓名]办理的[申请办理业务名称]已受理成功。您可点击下载［下载链接]“网上国网”App,随时了解业务办理进程,并可查询更多用电信息
	产权人(法人代表)	尊敬的客户您好！您申请办理的[申请办理业务名称]已受理成功。您可点击下载［下载链接]“网上国网”App,随时了解业务办理进程,并可查询更多用电信息
审核不通过需要补录资料	经办人	尊敬的客户您好！您委托[系统获取经办人姓名]办理的[申请办理业务名称],[原因由营销业务受理人员输入]审核未通过,请您修正后重新提交。感谢您的支持与配合！
	产权人(法人代表)	尊敬的客户您好！您申请办理的[申请办理业务名称],[原因由营销业务受理人员输入]审核未通过,请您修正后重新提交。感谢您的支持与配合！
审核不通过	经办人	尊敬的客户您好！您委托[系统获取经办人姓名]办理的[申请办理业务名称],[原因由服务调度人员输入]审核未通过。感谢您的支持与配合！
	产权人(法人代表)	尊敬的客户您好！您申请办理的[申请办理业务名称],[原因由服务调度人员输入]审核未通过。感谢您的支持与配合！

2)低压非居民个人客户

①在首页→更多(全部功能)→办电→新装,即可跳转到判断是否已经实名认证界面,若没有实名认证的话,则给出提示,点击【去认证】进行实名认证,如图 6.34所示。

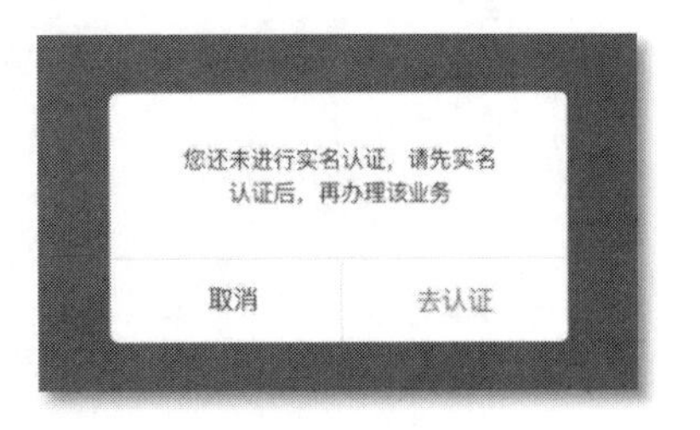

图 6.34　实名认证提示界面

②在已经进行实名认证的情况下,在首页点击【新装】会跳转至新装业务选择界面,点选【服务地区】,选择“所在省市”“所在区县”“街道”;点击【个人新装】,会给出准备材料提示页,如客户为代理人可以提前查看或下载授权委托书模板,如图 6.35 所示。

③点击【开始办理】,输入详细地址,并将【是否住宅用电】选择为“非住宅用电”,输入申请容量,点击选择【服务预约时间】,若时间为红色字体则代表该时间段预约量已经饱和,不允许选择(日承载量信息由营销人员后台维护),勾选【已阅读并确认《低压非居民新装业务办理须知》】,点击【下一步】,如图 6.36 所示。

④点击【产权证明类型】从候选项“产权证”“国有土地使用证”“集体土地使用证”“购

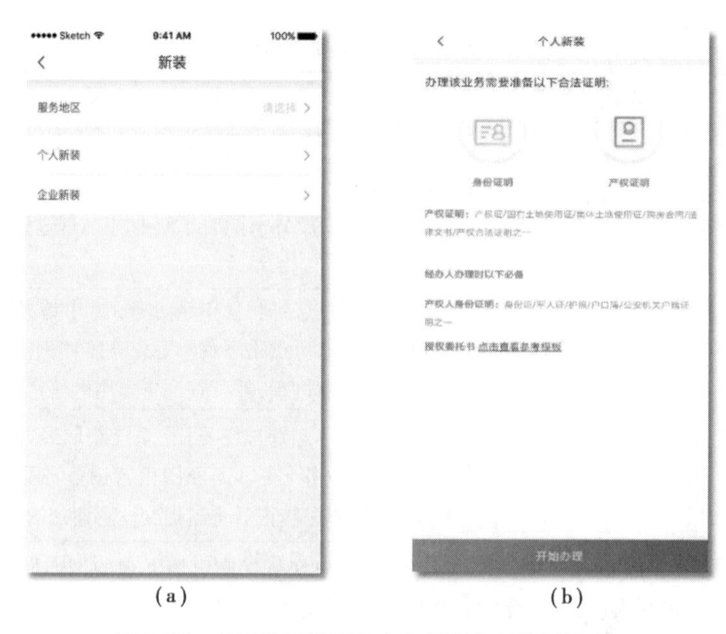

图 6.35　低压非居民客户个人新装业务选择界面

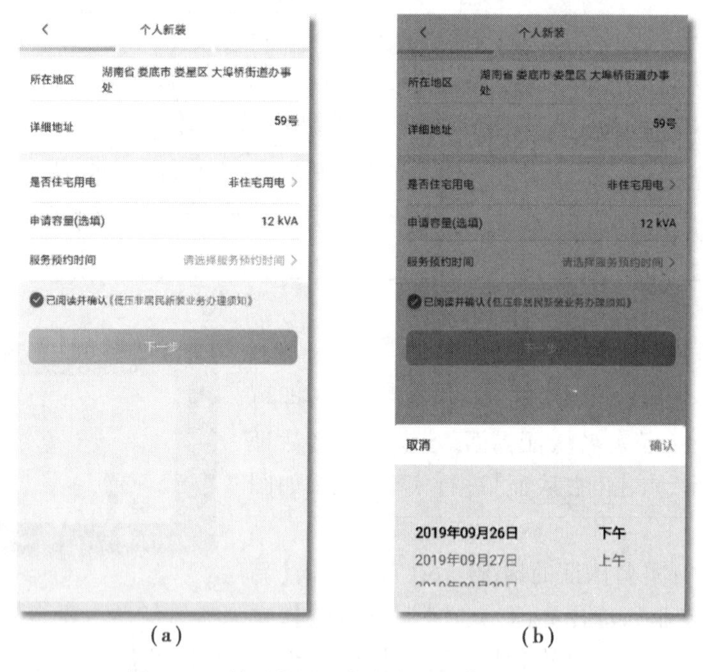

图 6.36　低压非居民客户个人新装业务办理

房合同”“法律文书”“产权合法证明”中进行选择,在此举例选择“产权证”,上传证明照片,【申请人】身份设定为【产权人】,App 实名认证信息将默认为产权人信息,【产权人姓名】为客户实名认证的姓名,且不可修改,【手机号码】为实名认证的手机号码,且不可以修改,点击【发送验证码】并输入收到的验证码,点击【提交】,如图 6.37 所示。

⑤点击【产权证明类型】从候选项“产权证”“国有土地使用证”“集体土地使用证”“购房合同”“法律文书”“产权合法证明”中进行选择,在此举例选择“产权证”,上传证明照片,

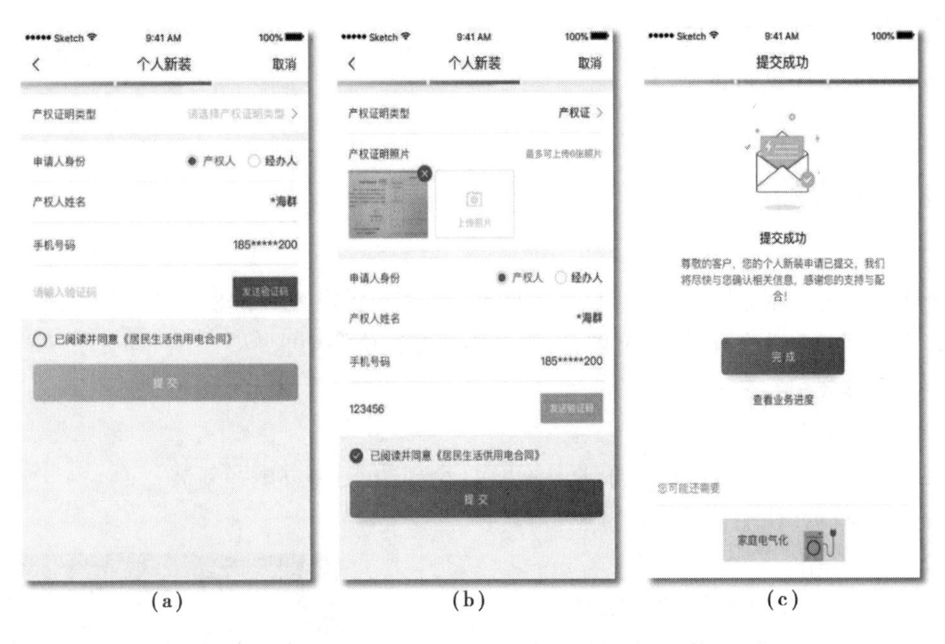

(a)　(b)　(c)

图 6.37　低压非居民客户个人新装业务证明类型 1 申请人资料填写(产权人)

【申请人】身份设定为【经办人】,App 实名认证信息将默认为经办人信息,【经办人姓名】为客户实名认证的姓名,且不可修改,【手机号码】为实名认证的手机号码,且不可以修改,点击【产权人身份证件类型】从候选项中“身份证”“军人证”“护照”“户口簿”“公安机关户籍证明”进行选择,上传证明照片,完成产权人姓名、身份证件号码、手机号码填写,上传产权人签署并盖章的授权委托书图片,点选【发送验证码】,获取验证码并完成输入后,点击【提交】按钮提交申请信息,如图 6.38 所示。

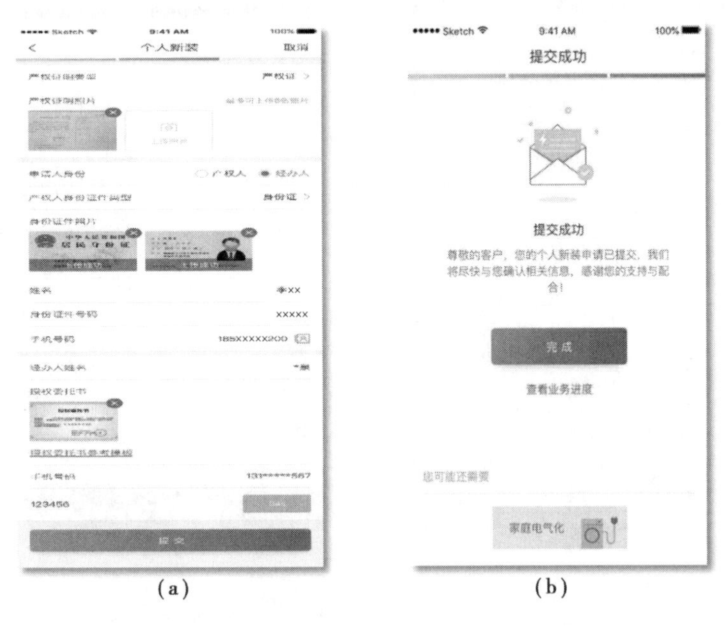

(a)　(b)

图 6.38　低压非居民客户个人新装业务申请人资料填写(经办人)

营销业务受理人员在后台完成业务受理审核，推送审核结果消息给客户，消息内容见个人新装下的低压居民新装。

6.2.8　企业新装

企业新装为低压非居民客户、低压企业和高压客户提供线上新装申请业务办理服务，同时为客户提供工单进度查询、线上催办、服务满意度评价等功能。

1）低压非居民客户

（1）功能位置。

入口一：首页（住宅、店铺、企事业）→更多（全部功能）→办电→新装

入口二：首页（住宅、店铺、企事业）→新装

（2）操作介绍。

①在首页点击【新装】，即可跳转到判断是否已经实名认证界面，若没有实名认证的话，则给出提示，点击【去认证】进行实名认证，如图6.39所示。

图6.39　实名认证提示界面

②在已经进行实名认证的情况下，在首页点击【新装】会跳转至新装业务选择界面，点选【服务地区】，选择所在"所在省市""所在区县""所在街道"，点击【企业新装】，会给出准备材料提示页，如图6.40所示。

(a)

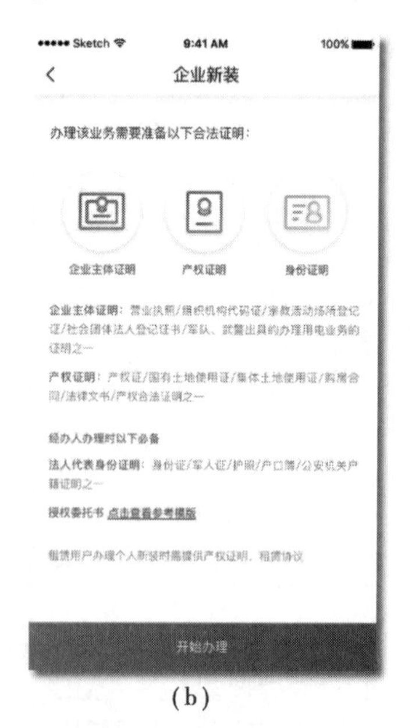

(b)

图6.40　低压非居民客户企业新装业务选择界面

③进入资料准备提示页，点击【点击查看参考模板】进行"授权委托书模板"的下载；并

可点击图6.41(a)右上角“分享”图标,进入如图6.41(b)所示的页面,可分别点击分享给“微信好友”“QQ好友”,或者点击【取消】按钮取消分享。

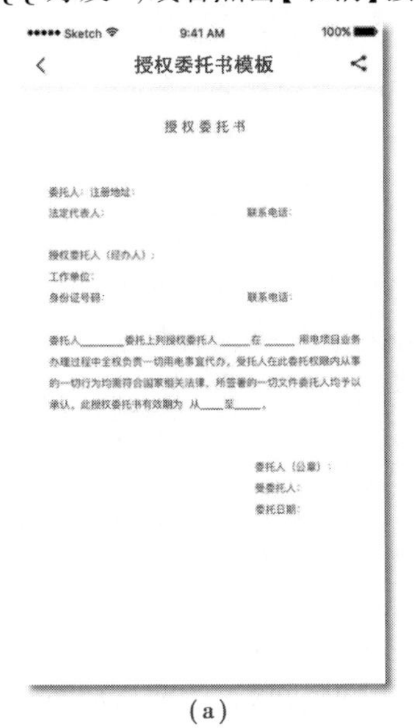

(a)

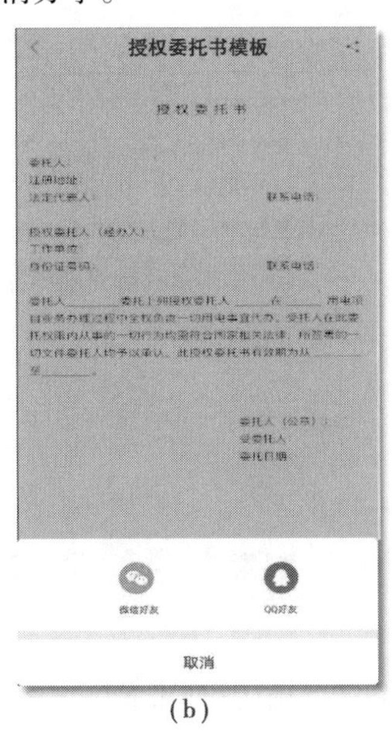

(b)

图6.41　授权委托书模板及其分享

④点击【返回】按钮返回到准备材料提示功能页,点击【开始办理】按钮,进入企业新装业务办理界面,输入【详细地址】,点击【是否安装变压器】,选择【不安装】,如图6.42所示。

(a)

(b)

图6.42　低压非居民客户企业新装业务办理界面1

⑤填写申请容量,点击选择【服务预约时间】(日承载量信息由营销人员后台维护),红色字体表示预约已满,如图6.43所示。

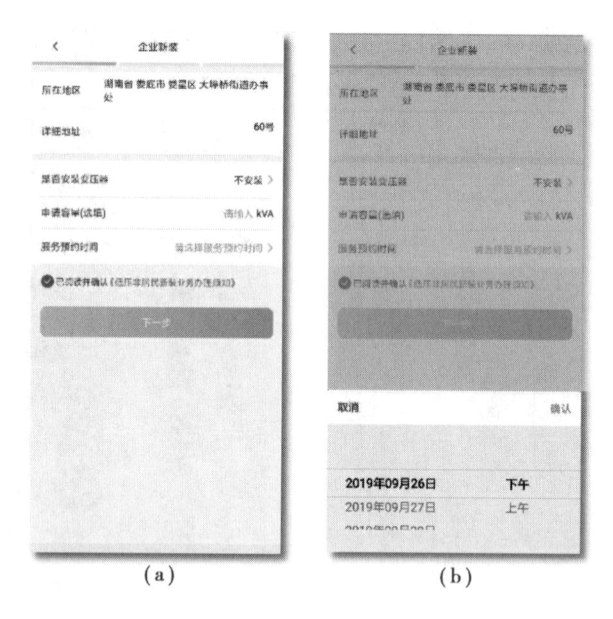

(a) (b)

图 6.43　低压非居民客户企业新装业务办理界面 2

⑥勾选【已阅读并确认《低压非居民新装业务办理须知》】,将展示如图 6.44 所示的《低压非居民新装(增容)业务办理须知》页,点击【返回】按钮,返回到申请界面,点击【下一步】。

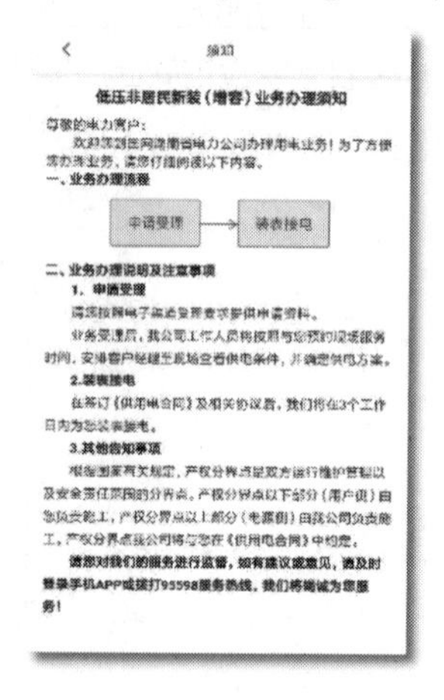

须知

低压非居民新装(增容)业务办理须知

尊敬的电力客户:

欢迎您到国网湖南省电力公司办理用电业务!为了方便您办理业务,请您仔细阅读以下内容。

一、业务办理流程

申请受理 → 装表接电

二、业务办理说明及注意事项

1.申请受理

请您按照电子渠道提示要求提供申请资料。

业务受理后,我公司工作人员将按照与您预约的现场服务时间,安排客户经理至现场查看供电条件,并确定供电方案。

2.装表接电

在签订《供用电合同》及相关协议后,我们将在3个工作日内为您装表接电。

3.其他告知事项

根据国家有关规定,产权分界点是双方运行维护管理以及安全责任范围的分界点,产权分界点以下部分(用户侧)由您负责施工,产权分界点以上部分(电源侧)由我公司负责施工,产权分界点我公司将与您在《供用电合同》中约定。

请您对我们的服务进行监督,如有建议或意见,请及时登录手机APP或拨打95598服务热线,我们将竭诚为您服务!

图 6.44　《低压非居民新装(增容)业务办理须知》界面

⑦点击【企业主体证明类型】,从候选项"营业执照""组织机构代码证""宗教活动场所登记证""社会团体法人登记证书""军队、武警出具的办电证明"中进行选择,在此举例选择"营业执照",上传证明照片,输入企业名称,点击【产权证明类型】,从候选项"产权证""国有土地使用证""集体土地使用证""购房合同""法律文书""产权合法证明"中进行选择,在此举例选择"产权证",上传证明照片,点击【下一步】,如图 6.45 所示。

⑧初始默认申请人身份为"法人代表",App 实名认证信息将默认为法人代表信息,【法人代表姓名】为客户实名认证的姓名,且不可修改,【手机号码】为实名认证的手机号码,且不可以修改,点选【发票信息】进入发票信息填写界面,完成发票相关信息填写并点击【确定】按钮返回资料填写功能页,点选【发送验证码】,获取验证码并完成输入后,点击【提交】

按钮提交申请信息,如图6.46所示。

(a)　　(b)

图6.45　低压非居民客户企业新装业务证明资料填写界面

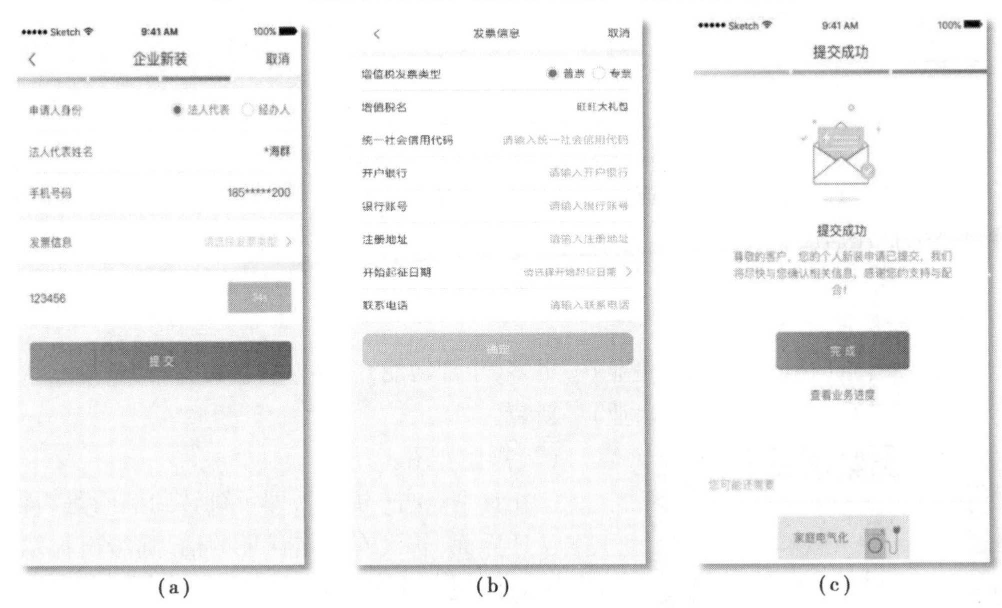

(a)　　(b)　　(c)

图6.46　低压非居民客户企业新装业务申请人资料填写(法人代表)

营销业务受理人员在后台完成业务受理审核,推送审核结果消息给客户,消息内容见个人新装下的低压居民新装。

⑨将申请人身份改为“经办人”,App实名认证信息将默认为经办人信息,【经办人姓名】为客户实名认证的姓名,且不可修改,【手机号码】为实名认证的手机号码,且不可以修改,点击【法人代表身份证件类型】从候选项中“身份证”“军人证”“护照”“户口簿”“公安机关户籍证明”进行选择,上传证明照片,完成法人代表姓名、身份证件号码、手机号码填写,上

传法人代表签署并盖章的授权委托书图片，点选【发票信息】进入发票信息填写界面，完成发票相关信息填写并点击确定按钮返回资料填写功能页，点选【发送验证码】，获取验证码并完成输入后，点击【提交】按钮提交申请信息，如图6.47所示。

(a)

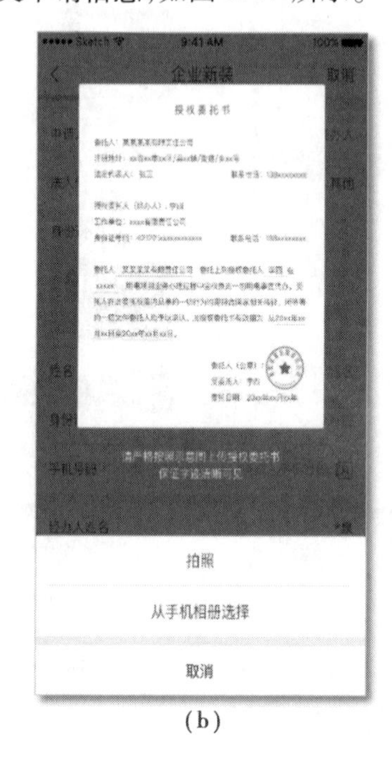

(b)

(c)

图6.47　低压非居民客户企业新装业务申请人资料填写(经办人)

营销业务受理人员在后台完成业务受理审核，推送审核结果消息给客户，消息内容见个人新装下的低压居民新装。

2)高压客户

(1)功能位置。

入口一：首页(住宅、店铺、企事业)→更多(全部功能)→办电→新装。

入口二：首页(住宅、店铺、企事业)→新装。

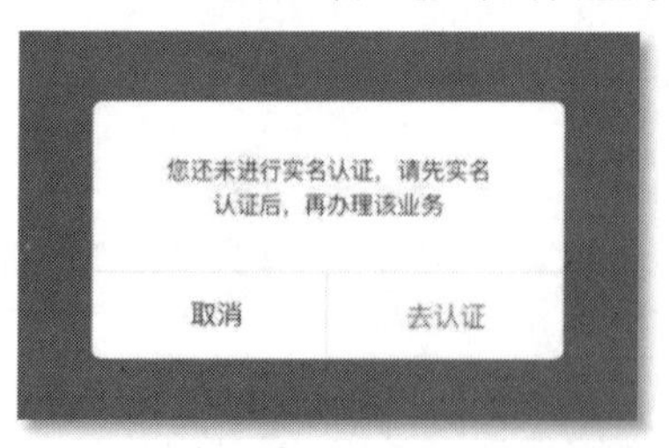

图6.48　实名认证提示界面

(2)操作介绍。

①在首页点击【新装】，即可跳转到判断是否已经实名认证界面，若没有实名认证的话，则给出提示，点击【去认证】进行实名认证，如图6.48所示。

②在已经进行实名认证的情况下，在首页点击【新装】会跳转至新装业务选择界面，点选【服务地区】，选择所在"所在省市""所在区县""所在街道"，点击"企业新装"，会给出准备材料提示页，如图6.49所示。

③进入资料准备提示页，点击【点击查看参考模板】进行"授权委托书模板"的下载；并可点击图6.50(a)右上角"分享"图标，进入如图6.50(b)所示的页面，可分别点击分享给"微信好友""朋友圈""QQ好友"，或者点击【取消】按钮取消分享。

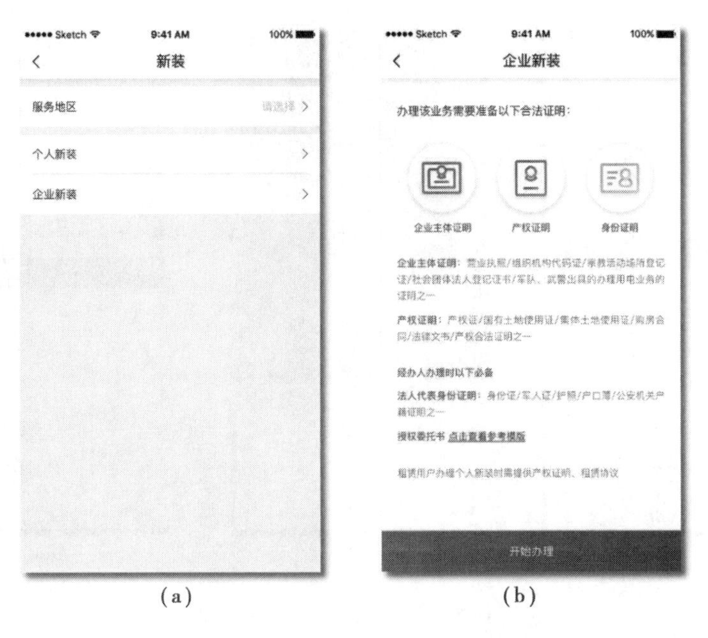

图 6.49　高压客户新装业务选择界面

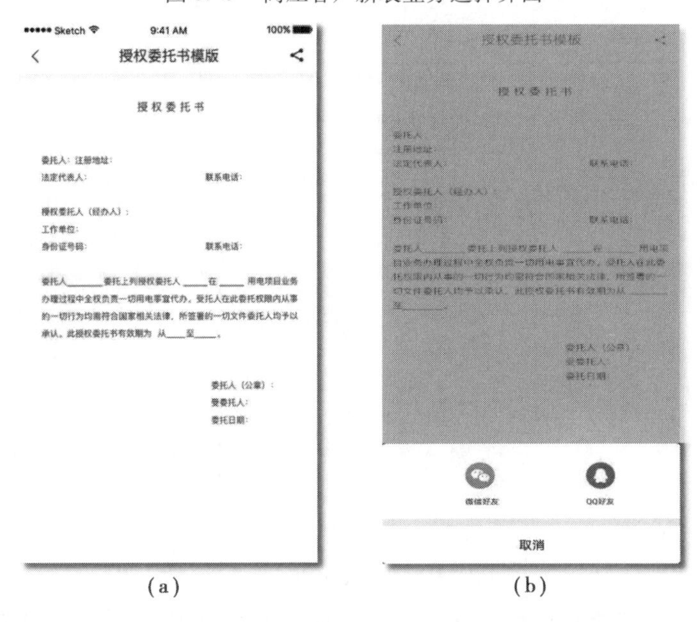

图 6.50　授权委托书模板及其分享

④点击【返回】按钮，返回到准备材料提示功能页，点击【开始办理】按钮，进入企业新装业务办理界面，填写【详细地址】，点击【是否安装变压器】，点击选择【安装】，输入申请容量，如图 6.51 所示。

⑤勾选【已阅读并确认《高压新装业务办理须知》】，将展示如图 6.52 所示的《高压新装（增容）用电业务办理须知》页，点击【返回】按钮返回到申请界面，然后点击【下一步】。

⑥进入企业主体证明类型选择页，点击【企业主体证明类型】，从候选项“营业执照”“组

(a)

(b)

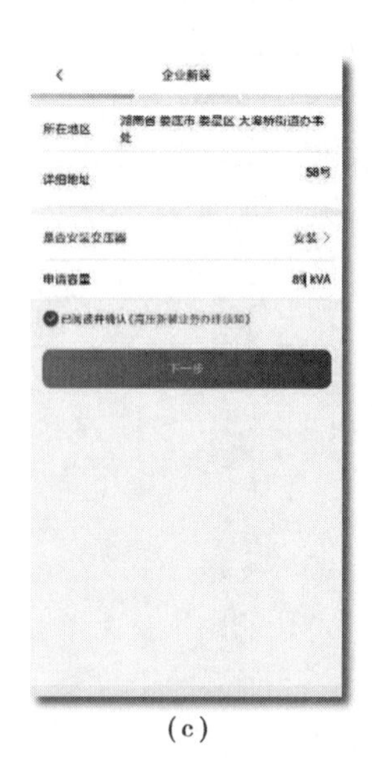

(c)

图 6.51　高压客户新装办理界面

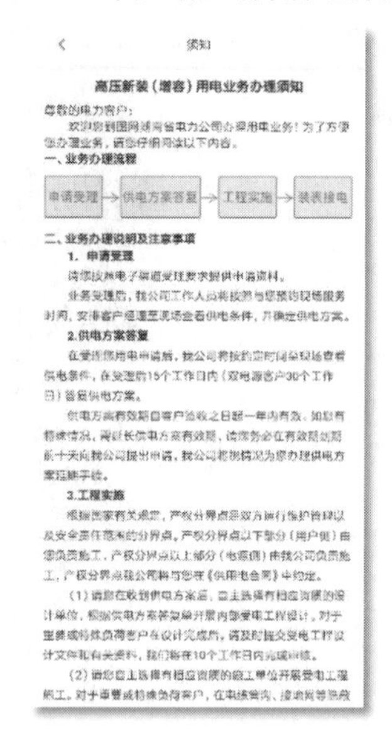

须知

高压新装（增容）用电业务办理须知

尊敬的电力客户：

欢迎您到国网湖南省电力公司办理用电业务！为了方便您办理业务，请您仔细阅读以下内容。

一、业务办理流程

申请受理→供电方案答复→工程实施→装表接电

二、业务办理说明及注意事项

1. 申请受理

请您按照电子渠道受理要求提供申请资料。

业务受理后，我公司工作人员将按照与您预约的现场服务时间，安排客户经理至现场查看供电条件，并确定供电方案。

2.供电方案答复

在受理您用电申请后，我公司将按约定时间至现场查看供电条件，在受理后15个工作日内（双电源客户30个工作日）答复供电方案。

供电方案有效期自客户签收之日起一年内有效。如遇有特殊情况，需延长供电方案有效期，请您务必在有效期到期前十天向我公司提出申请，我公司将视情况为您办理供电方案延期手续。

3.工程实施

根据国家有关规定，产权分界点是双方运行维护管理以及安全责任范围的分界点。产权分界点以下部分（用户侧）由您负责施工，产权分界点以上部分（电网侧）由我公司负责施工，产权分界点在我公司将与您签订《供用电合同》中约定。

（1）请您在收到供电方案后，自主选择有相应资质的设计单位，根据供电方案答复单开展内部受电工程设计。对于重要或特殊负荷客户在设计完成后，请及时提交受电工程设计文件和有关资料，我们将在10个工作日内完成审核。

（2）请您自主选择有相应资质的施工单位开展受电工程施工。对于重要或特殊负荷客户，在电缆管沟、接地网等隐蔽

图 6.52　《高压新装(增容)用电业务办理须知》界面

织机构代码证”“宗教活动场所登记证”“社会团体法人登记证书”“军队、武警出具的办电证明”中进行选择，在此举例选择“营业执照”，上传证明图片，输入企业名称，点击【产权证明类型】从候选项“产权证”“国有土地使用证”“集体土地使用证”“购房合同”“法律文书”“产权合法证明”中选择，在此举例选择“产权证”，并上传相关证件图片，如图 6.53 所示。

⑦初始默认申请人身份为“法人代表”，App 实名认证信息将默认为法人代表信息，【法人代表姓名】为客户实名认证的姓名，且不可修改，【手机号码】为实名认证的手机号码，且不可以修改，点选发票信息进入发票信息填写界面，完成发票相关信息填写并点击【确定】按钮返回资料填写功能页，点选【发送验证码】，获取验证码并完成输入后，点击【提交】按钮提

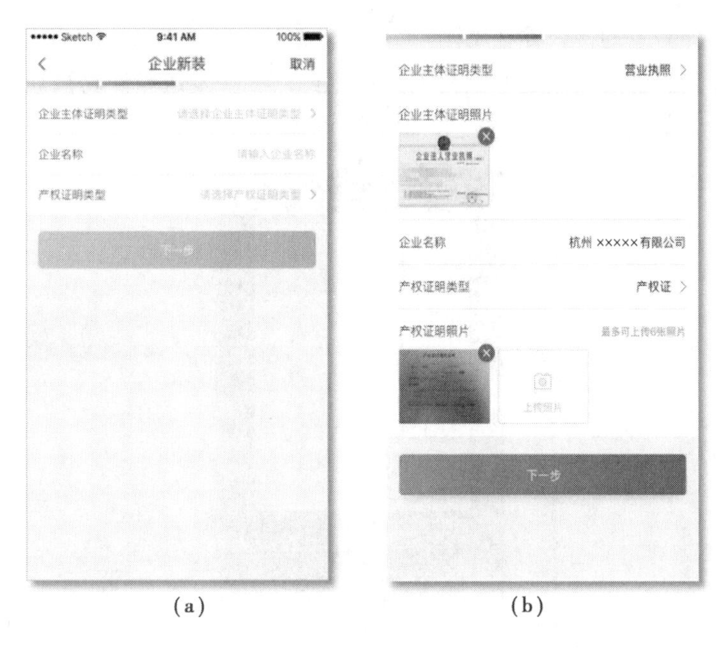

(a)　(b)

图 6.53　高压客户新装业务证明资料填写界面

交申请信息，如图 6.54 所示。

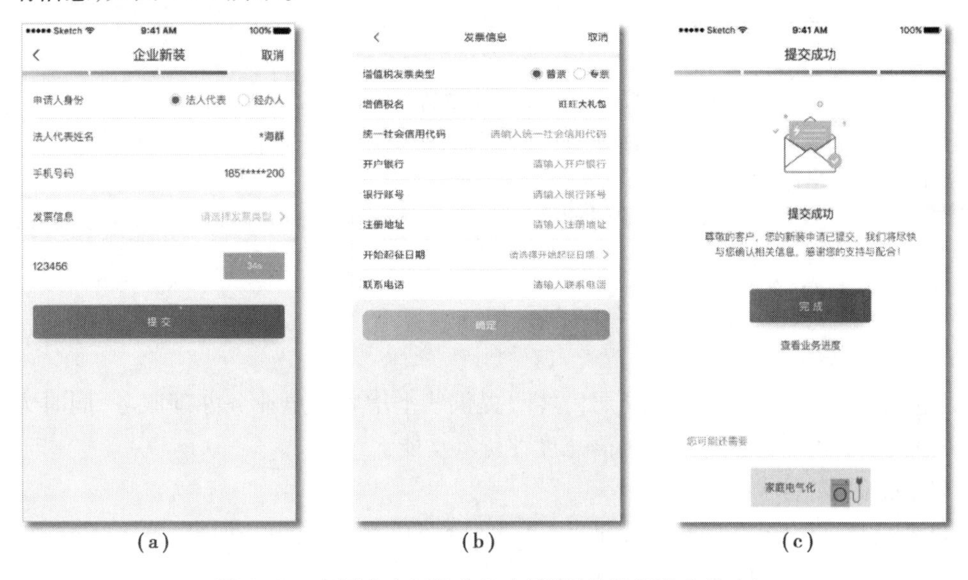

(a)　(b)　(c)

图 6.54　高压客户新装业务申请资料填写(法人代表)

营销业务受理人员在后台完成业务受理审核，推送审核结果消息给客户，消息内容见个人新装下的低压居民新装。

⑧将申请人身份修改为“经办人”，App 实名认证信息将默认为经办人信息，【经办人姓名】为客户实名认证的姓名，且不可修改，【手机号码】为实名认证的手机号码，且不可以修改，点击【法人代表身份证件类型】从候选项中“身份证”“军人证”“护照”“户口簿”“公安机关户籍证明”进行选择，上传证明照片，完成法人代表姓名、身份证件号码、手机号码填写，上

传法人代表签署并盖章的授权委托书图片，点选发票信息进入发票信息填写界面，完成发票相关信息填写并点击确定按钮返回资料填写功能页，点选【发送验证码】，获取验证码并完成输入后，点击【提交】按钮提交申请信息，如图6.55所示。

(a)

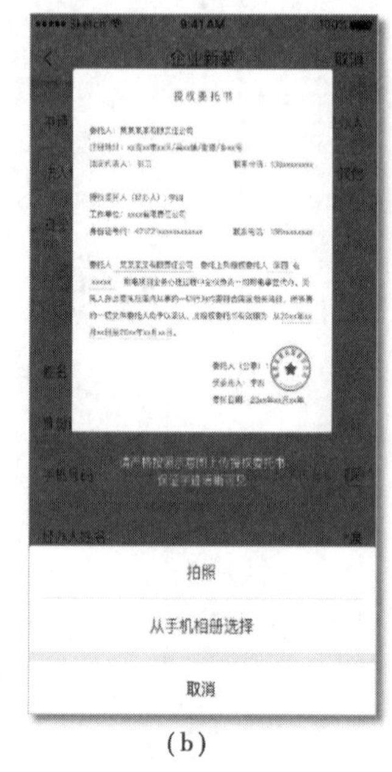

(b)

(c)

图6.55 高压客户新装业务申请资料填写(经办人)

营销业务受理人员在后台完成业务受理审核，推送审核结果消息给客户，消息内容见个人新装下的低压居民新装。

6.2.9 个人增容

为电压等级为220/380 V低压居民客户提供线上增容用电业务办理服务，同时为客户提供工单进度查询、线上催办、服务满意度评价等功能。

1)功能位置

入口一：首页(住宅、店铺、企事业)→更多(全部功能)→办电→增容。

入口二：首页(店铺、企事业)→增容。

2)操作介绍

①判断是否已经实名认证，若没有实名认证的话，则给出提示，并点击【去认证】进行实名认证，如图6.56所示。

②自动进入户号选择界面，判断是否存在已绑定或已用当前账号办理过业务的户号，若有则列表展示，若没有则点击【添加用电户号】进行户号添加，根据手机GPS定位自动识别【地区】，用电户号可以手动输入，也可以扫描得到，点击【如何获取户号】可以看到相关教程，如图6.57所示。

图6.56　实名认证提示界面

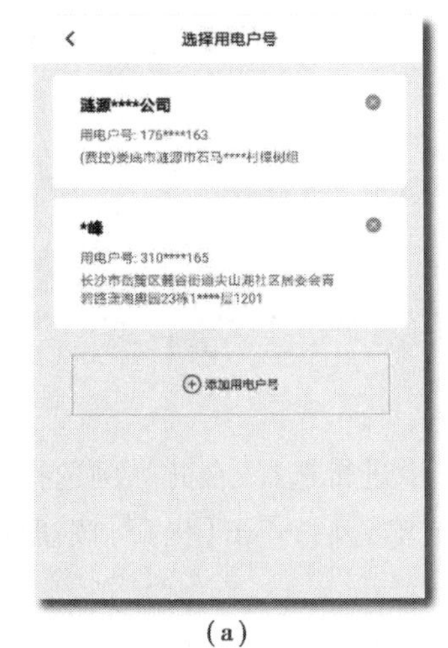

(a)

(b)

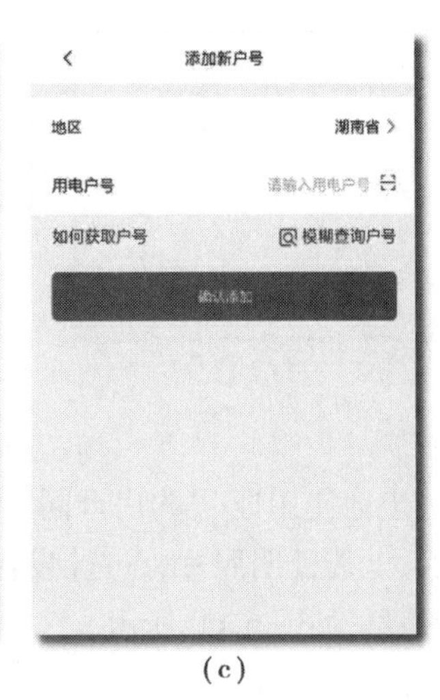

(c)

图6.57　低压居民客户个人增容户号选择界面

③点击列表中需要办理业务的低压居民户号，App 自动判断用户是否具备业务办理条件，如不具备则给出提示，不允许进入下一步；自动判断用户是否欠费，若欠费则给出欠费提醒，点击【去交费】进行电费充值，点击【稍后再说】则继续进行业务办理，如图6.58所示。

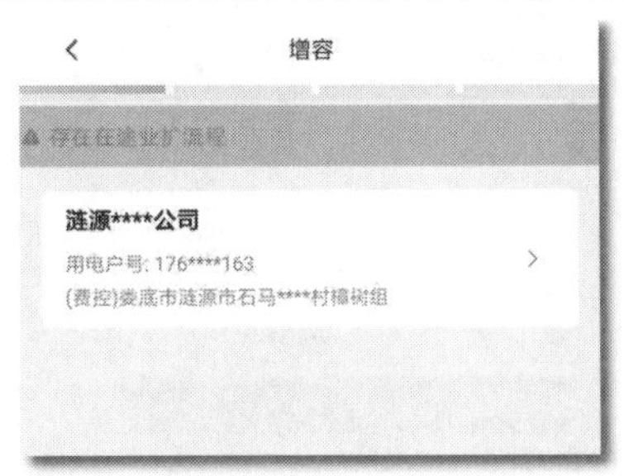

图6.58　低压居民客户个人增容业务办理判断界面

④App 自动判断所选用户类型，展示个人增容界面，点击【服务预约时间】，进行预约时间的选择，红色字体代表该时间段预约量已饱和（日承载量信息由营销人员后台维护），不允许选取，选择完成后，点击【下一步】，如图 6.59 所示。

⑤进入申请人资料填写界面，点击选择【申请人身份】为产权人，App 实名认证信息将默认为产权人信息，【产权人姓名】为客户实名认证的姓名，且不可修改，【手机号码】为实名认证的手机号码，且不可以修改，点击【产权证明类型】从候选项“产权证”“国有土地使用证”

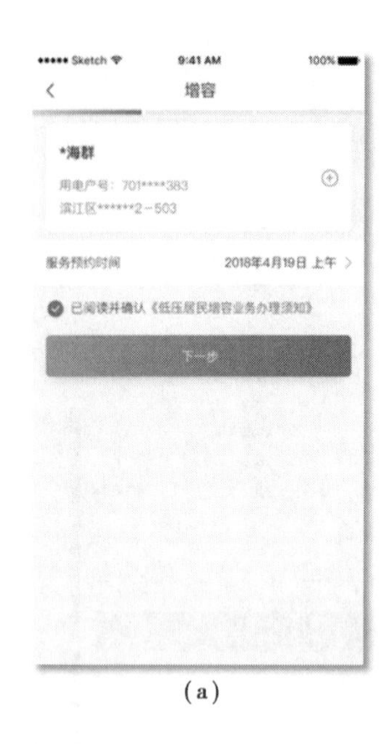

(a)

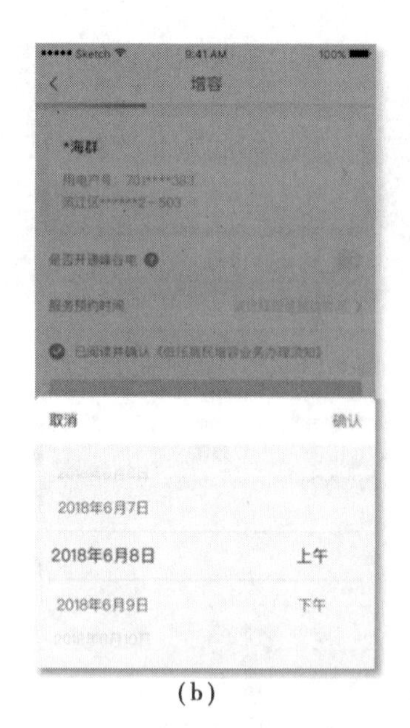

(b)

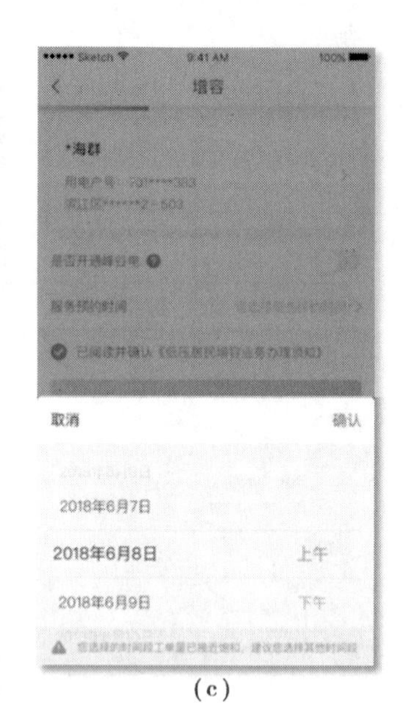

(c)

图 6.59　低压居民客户个人增容服务预约界面

"集体土地使用证""购房合同""法律文书""产权合法证明"中进行选择，在此举例选择"产权证"，上传证明照片，点选【发送验证码】，获取验证码并完成输入后，点击【提交】按钮提交申请信息，如图 6.60 所示。

(a)

(b)

(c)

图 6.60　低压居民客户个人增容申请人资料填写界面(产权人)

营销业务受理人员在后台完成业务受理审核，推送审核结果消息给客户，消息内容见个人新装下的低压居民新装。

⑥点击选择【申请人身份】为经办人，App 实名认证信息将默认为经办人信息，【经办人姓名】为客户实名认证的姓名，且不可修改，【手机号码】为实名认证的手机号码，且不可以

修改,点击【产权人身份证件类型】从候选项中“身份证”“军人证”“护照”“户口簿”“公安机关户籍证明”进行选择,上传证明照片,完成产权人姓名、身份证件号码、手机号码填写,上传产权人签署并盖章的授权委托书图片,点选【发送验证码】,获取验证码并完成输入后,点击【提交】按钮提交申请信息,如图6.61所示。

营销业务受理人员在后台完成业务受理审核,推送审核结果消息给客户,消息内容见个人新装下的低压居民新装。

(a)　(b)

图6.61　低压居民客户个人增容申请人资料填写界面(经办人)

6.2.10　企业增容

为电压等级为220/380 V低压非居民客户或电压等级为10 kV及以上高压客户提供线上增加用电容量的业务办理服务,同时为客户提供工单进度查询、线上催办、服务满意度评价等功能。

1)低压非居民客户

(1)功能位置。

入口一:首页(住宅、店铺、企事业)→更多(全部功能)→办电→增容。

入口二:首页(店铺、企事业)→增容。

(2)操作介绍。

①在首页点击【增容】,即可跳转到判断是否已经实名认证界面,若没有实名认证,则给

出提示,点击【去认证】进行实名认证,如图 6.62 所示。

图 6.62　实名认证提示界面

②自动进入户号选择界面,判断是否存在已绑定或已用当前账号办理过业务的户号,若有则列表展示,若没有则点击【添加用电户号】进行户号添加,根据手机 GPS 定位自动识别【地区】,用电户号可以手动输入,也可以扫描得到,点击【如何获取户号】可以看到相关教程,如图 6.63 所示。

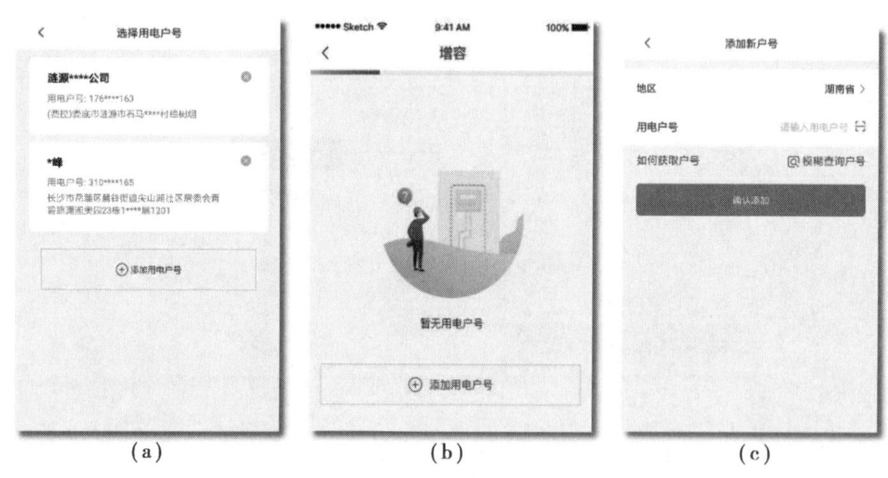

图 6.63　低压非居民客户增容户号选择界面

③点击列表中低压非居用户,App 自动判断用户是否具备业务办理条件,如不具备则给出提示,不允许进入下一步;自动判断客户是否欠费,若欠费则弹出欠费提示,引导客户进行交费,若客户选择稍后再说或不欠费,则进入申请页面,App 自动判断已选用户类型,展示低压非居民界面,提供用户性质选项,选择用电性质为个人,选择服务预约时间(日承载量信息由营销人员后台维护,红色字体代表该时间段预约量已饱和,不允许选取),勾选【已阅读并确认《低压非居民增容业务办理须知》,点击【下一步】,如图 6.64 所示。

④进入申请人资料填写页面,如客户为产权人,则选择申请人身份为产权人,App 实名认证信息将默认为产权人信息,【产权人姓名】为客户实名认证的姓名,且不可修改,【手机号码】为实名认证的手机号码,且不可以修改,点击【产权证明类型】从候选项"产权证""国有土地使用证""集体土地使用证""购房合同""法律文书""产权合法证明"中进行选择,在此举例选择"产权证",上传证明照片,点选【发送验证码】,获取验证码并完成输入后,点击【提交】按钮提交申请信息,如图 6.65 所示。

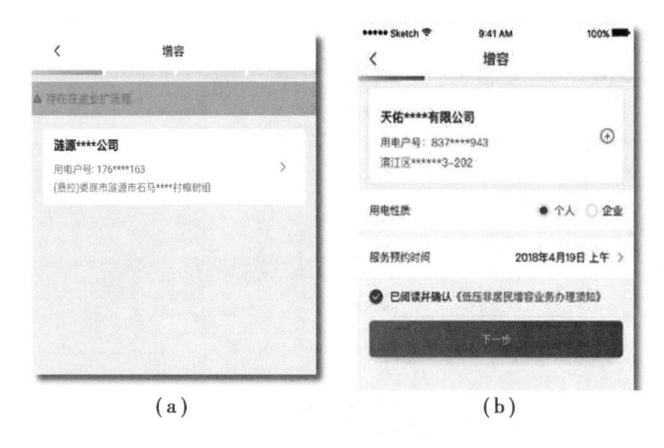

(a)　　　　(b)

图 6.64　低压非居民客户增容业务办理判断界面

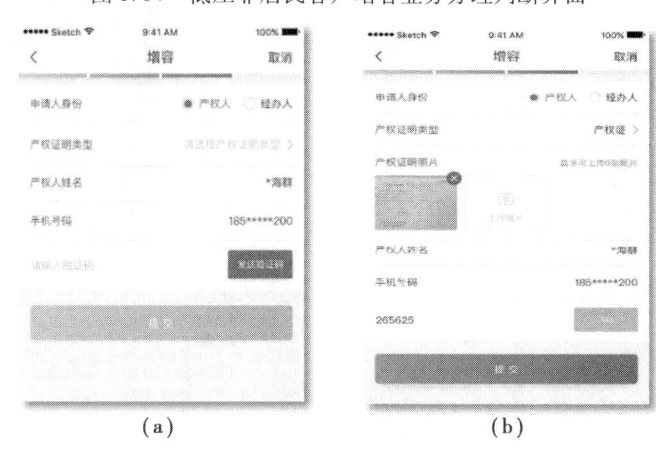

(a)　　　　(b)

图 6.65　低压非居民客户增容申请人资料填写界面(产权人)

⑤如客户为经办人,选择申请人身份为经办人,App 实名认证信息将默认为经办人信息,【经办人姓名】为客户实名认证的姓名,且不可修改,【手机号码】为实名认证的手机号码,且不可以修改,点击【产权人身份证件类型】从候选项中“身份证”“军人证”“护照”“户口簿”“公安机关户籍证明”进行选择,上传证明照片,完成产权人姓名、身份证件号码、手机号码填写,上传产权人签署并盖章的授权委托书图片,点选【发送验证码】,获取验证码并完成输入后,点击【提交】按钮提交申请信息,如图 6.66 所示。

营销业务受理人员在后台完成业务受理审核,推送审核结果消息给客户,消息内容见个人新装下的低压居民新装。

2)低压非居民企业

①在首页点击【增容】,即可跳转到判断是否已经实名认证界面,若没有实名认证的话,则给出提示,点击【去认证】进行实名认证,如图 6.67 所示。

②自动进入户号选择页面,判断是否存在已绑定或已用当前账号办理过业务的户号,若有则列表展示,若没有户号则点击【添加用电户号】进行户号添加,如图 6.68 所示,根据手机 GPS 定位自动识别【地区】,用电户号可以手动输入,也可以扫描得到,点击【如何获取户号】

可以看到相关教程。

(a)

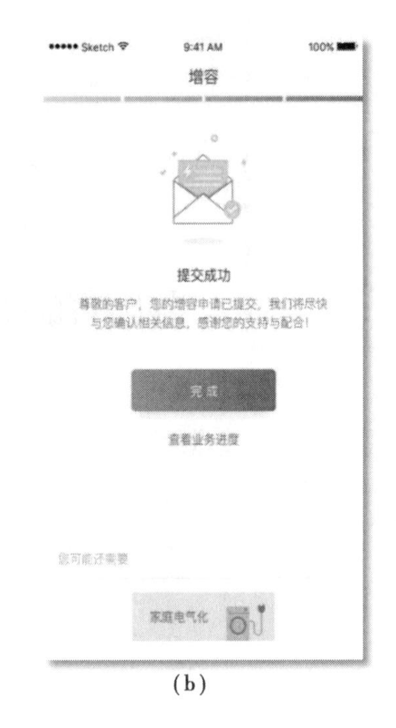

(b)

图 6.66　低压非居民客户增容申请人资料填写界面(经办人)

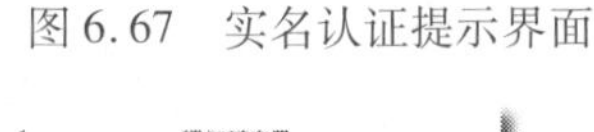

图 6.67　实名认证提示界面

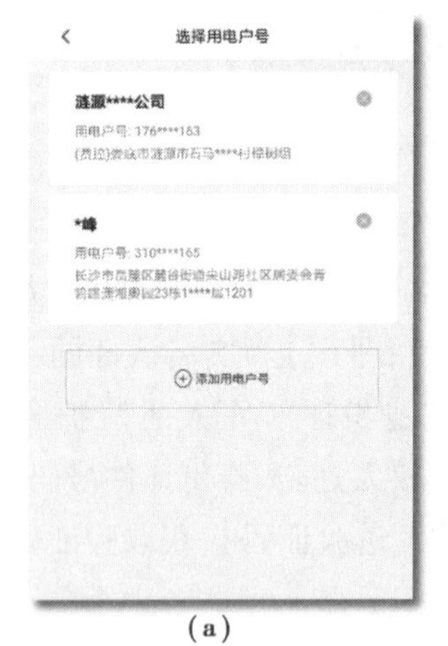

(a)

(b)

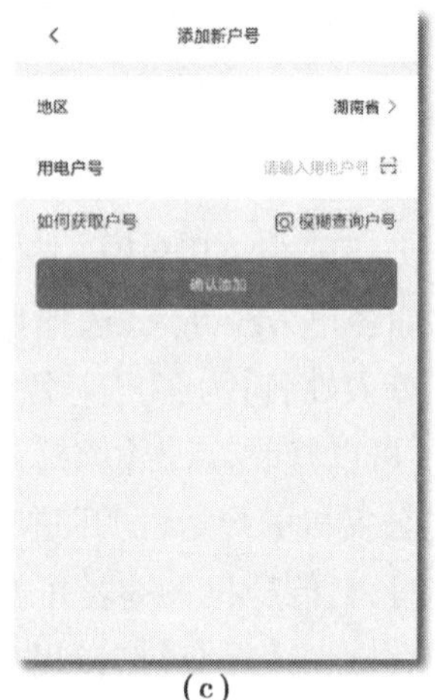

(c)

图 6.68　低压非居民企业增容户号选择界面

③点击列表中低压非居用户，App 自动判断用户是否具备业务办理条件，如不具备则给出提示，不允许进入下一步；自动判断客户是否欠费，若欠费则弹出欠费提示，引导客户进行交费，如图 6.69 所示。

④若客户选择稍后再说或不欠费，则跳转至申请信息填写界面，App 自动判断已选用户类型，展示低压非居民界面，提供用户性质选项，将“用电性质”选择为企业，选择服务预约时间(日承载量信息由营销人员后台维护，红色字体代表该时间段预约量已饱和，不允许选

(a)　　　　　　　　(b)

图6.69　低压非居民企业增容业务办理判断界面

取），并勾选【已阅读并确认《低压非居民增容业务办理须知》】，点击【下一步】按钮，如图6.70所示。

图6.70　低压非居民企业增容增容申请信息界面

⑤进入企业主体证明类型选择页，点击【企业主体证明类型】从候选项“营业执照”“组织机构代码证”“宗教活动场所登记证”“社会团体法人登记证书”“军队、武警出具的办电证明”中进行选择，在此举例选择“营业执照”，上传证明图片，点击【产权证明类型】从候选项“产权证”“国有土地使用证”“集体土地使用证”“购房合同”“法律文书”“产权合法证明”中选择，在此举例选择“产权证”，并上传相关证件图片，点击【下一步】，如图6.71所示。

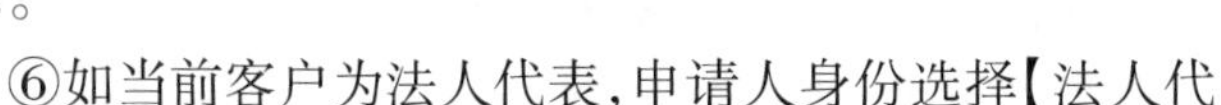

⑥如当前客户为法人代表，申请人身份选择【法人代

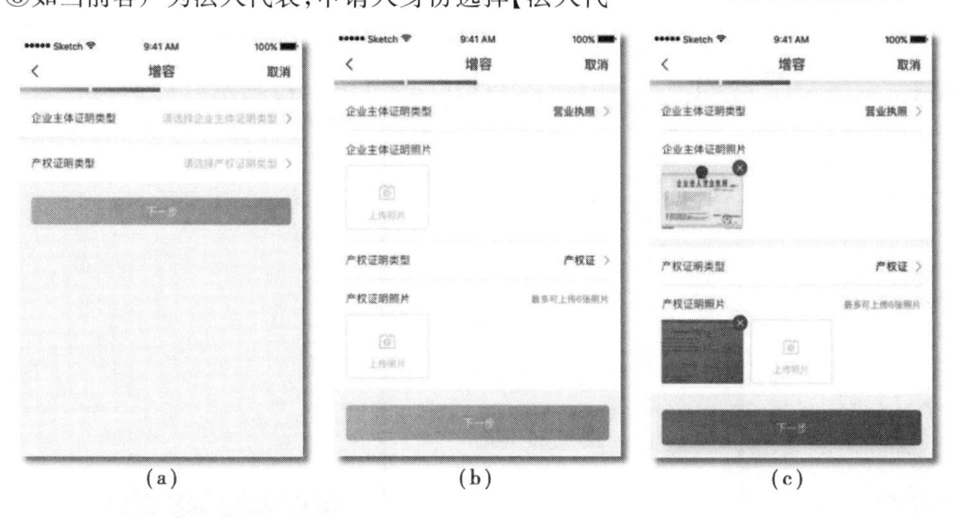

(a)　　　　　　　　(b)　　　　　　　　(c)

图6.71　低压非居民企业增容业务证明资料填写界面

表】，App实名认证信息将默认为法人代表信息，【法人代表姓名】为客户实名认证的姓名，且不可修改，【手机号码】为实名认证的手机号码，且不可以修改，点选【发送验证码】，获取验证码并完成输入后，点击【提交】按钮提交申请信息，如图6.72所示。

营销业务受理人员在后台完成业务受理审核，推送审核结果消息给客户，消息内容见个人新装下的低压居民新装。

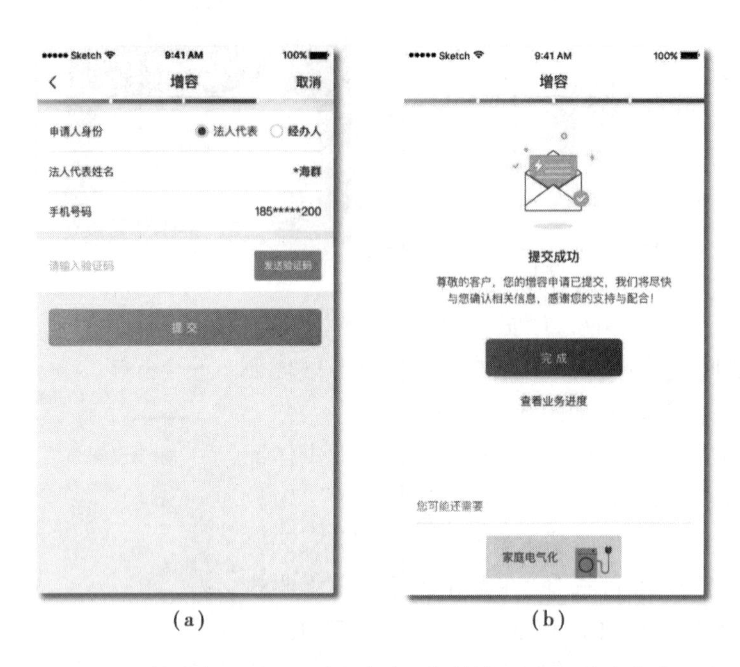

(a) (b)

图 6.72 低压非居民企业增容申请人资料填写界面(法人代表)

⑦如当前客户为经办人，申请人身份选择【经办人】，App 实名认证信息将默认为经办人信息，【经办人姓名】为客户实名认证的姓名，且不可修改，【手机号码】为实名认证的手机号码，且不可以修改，点击【法人代表身份证件类型】从候选项中“身份证”“军人证”“护照”“户口簿”“公安机关户籍证明”进行选择，上传证明照片，完成法人代表姓名、身份证件号码、手机号码填写，上传法人代表签署并盖章的授权委托书图片，点选发送短信验证码，获取验证码并完成输入后，点击【提交】按钮提交申请信息，如图 6.73 所示。

(a) (b)

图 6.73 低压非居民企业增容申请人资料填写界面(经办人)

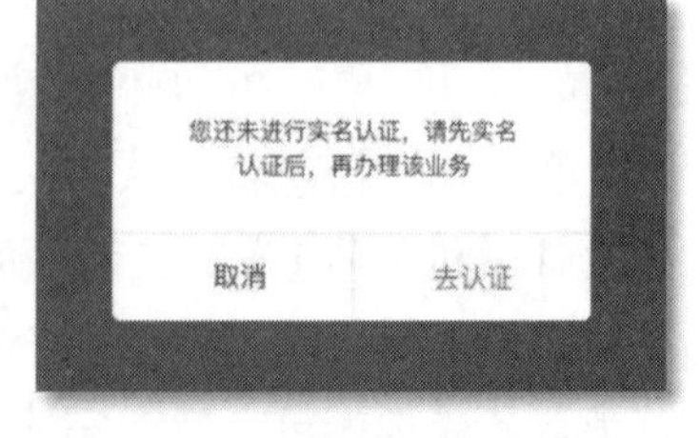

图 6.74 实名认证提示界面

营销业务受理人员在后台完成业务受理审核，推送审核结果消息给客户，消息内容见个人新装下的低压居民新装。

3）高压客户

①在首页点击【增容】，即可跳转到判断是否已经实名认证界面，若没有实名认证，则给出提示，点击【去认证】进行实名认证，如图6.74所示。

②自动进入户号选择界面，判断是否存在已绑定或已用当前账号办理过业务的户号，如有则列表展示，若没有户号，点击【添加用电户号】进行户号添加，如下方右图所示，根据手机GPS定位自动识别【地区】，用电户号可以手动输入，也可以扫描得到，点击【如何获取户号】可以看到相关教程，如图6.75所示。

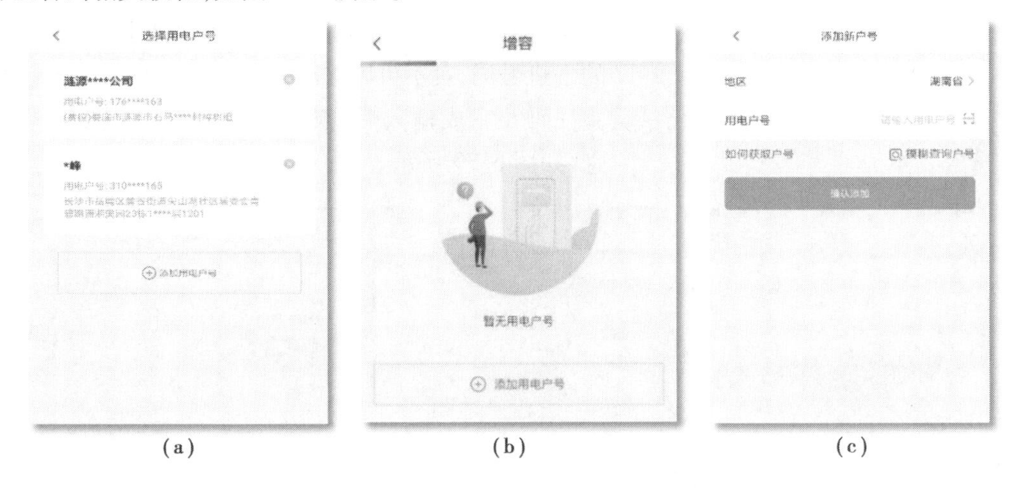

(a)　(b)　(c)

图6.75　高压客户增容户号选择界面

③点击列表中高压用户，App自动判断用户是否具备业务办理条件，如不具备则给出提示，不允许进入下一步；自动判断客户是否欠费，若欠费则弹出欠费提示，引导客户进行交费，如图6.76所示。

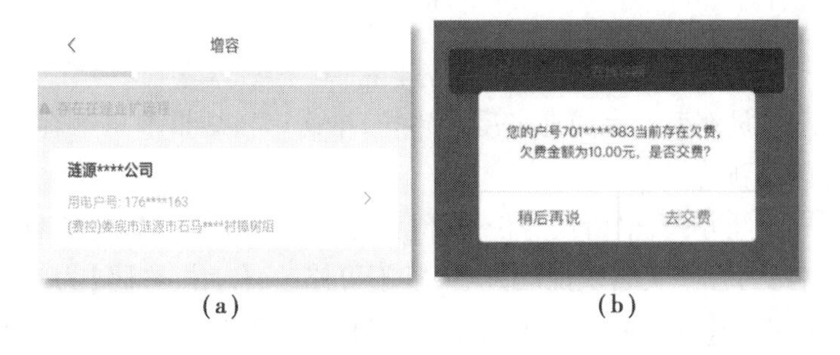

(a)　(b)

图6.76　高压客户增容业务办理判断界面

④若客户选择稍后再说或不欠费，App自动判断用户类型进入高压用户申请信息填写界面，填写增加容量，App自动计算出变更后容量，勾选【已阅读并确认《高压增容业务办理须知》，点击【下一步】，如图6.77所示。

⑤进入企业主体证明类型选择页，点击【企业主体证明类型】从候选项"营业执照""组织机构代码证""宗教活动场所登记证""社会团体法人登记证书""军队、武警出具的办电证

图 6.77　高压客户增容申请信息填写界面

明”中进行选择，在此举例选择“营业执照”，上传证明图片，点击【产权证明类型】从候选项“产权证”“国有土地使用证”“集体土地使用证”“购房合同”“法律文书”“产权合法证明”中选择，在此举例选择“产权证”，并上传相关证件图片，点击【下一步】，如图 6.78 所示。

⑥进入申请人信息填写页面，如当前客户是法人代表，申请人身份勾选【法人代表】，App 实名认证信息将默认为法人代表信息，【法人代表姓名】为客户实名认证的姓名，且不可修改，【手机号码】为实名认证的手机号码，且不可以修改，点选【发送验证码】，获取验证码并完成输入后，点击【提交】按钮提交申请信息，如图 6.79 所示。

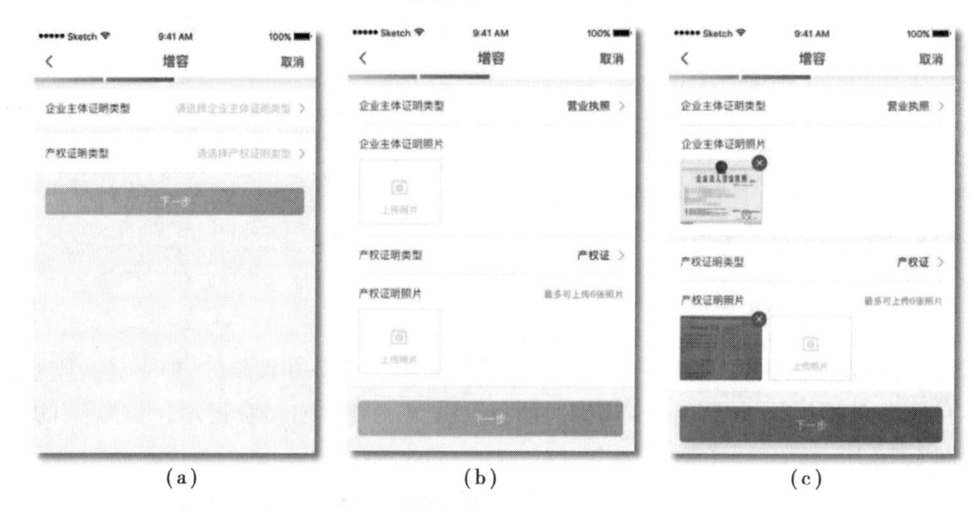

图 6.78　高压客户增容业务证明资料填写界面

营销业务受理人员在后台完成业务受理审核，推送审核结果消息给客户，消息内容见个人新装下的低压居民新装。

⑦如当前客户为经办人，申请人身份选择【经办人】，App 实名认证信息将默认为经办人信息，【经办人姓名】为客户实名认证的姓名，且不可修改，【手机号码】为实名认证的手机号码，且不可以修改，点击【法人代表身份证件类型】从候选项中“身份证”“军人证”“护照”“户口簿”“公安机关户籍证明”进行选择，上传证明照片，完成法人代表姓名、身份证件号码、手机号码填写，上传法人代表签署并盖章的授权委托书图片，点选【发送验证码】，获取验证码并完成输入后，点击【提交】按钮提交申请信息，如图 6.80 所示。

营销业务受理人员在后台完成业务受理审核，推送审核结果消息给客户，消息内容见个人新装下的低压居民新装。

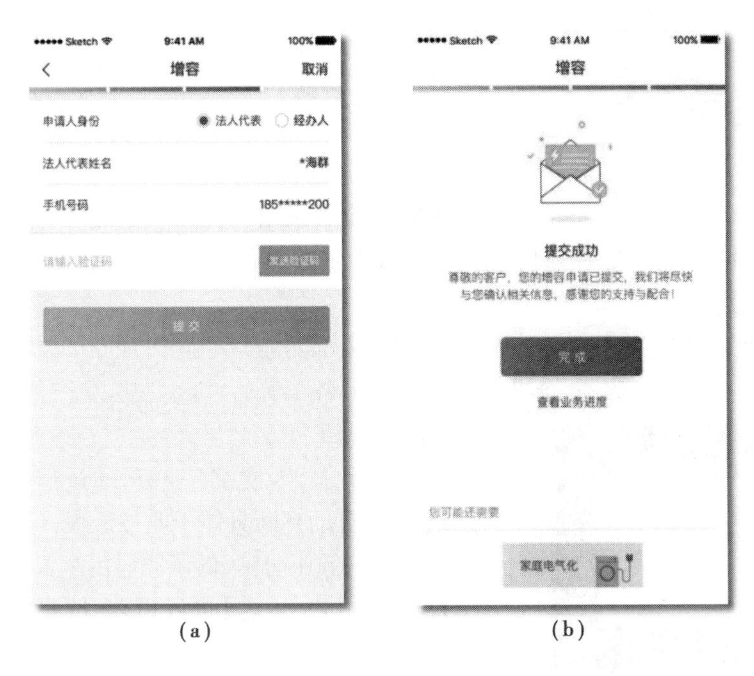

(a)　　　　　　　　(b)

图 6.79　高压客户增容申请人资料填写界面(法人代表)

(a)　　　　　　　　(b)

图 6.80　高压客户增容申请人资料填写界面(经办人)

6.2.11 过户/更名

为电压等级为220/380 V低压居民和低压非居民用户提供线上过户/更名变更用电业务办理服务,同时为客户提供工单进度查询、线上催办、服务满意度评价等功能。

1)功能位置

入口一:首页(住宅、店铺、企事业)→更多(全部功能)→办电→过户/更名。

入口二:首页(住宅、店铺、企事业)→过户/更名。

图6.81　实名认证提示界面

2)操作介绍

客户选择"过户/更名"业务,通过选择是否产权/户主变更,系统自动判断具体子业务流程,包括更名、过户。

(1)更名:低压居民、低压非居民个人。

①点击【过户/更名】进入更名/过户模块,即可跳转到判断是否已经实名认证界面,若没有实名认证的话,则给出提示,点击【去认证】进行实名认证,如图6.81所示。

②自动进入户号选择界面,判断是否存在已绑定或已用当前账号办理过业务的户号,若有则列表展示,若没有户号,点击【添加用电户号】进行户号添加,根据手机GPS定位自动识别【地区】,用电户号可以手动输入,也可以扫描得到,点击【如何获取户号】可以看到相关教程,如图6.82所示。

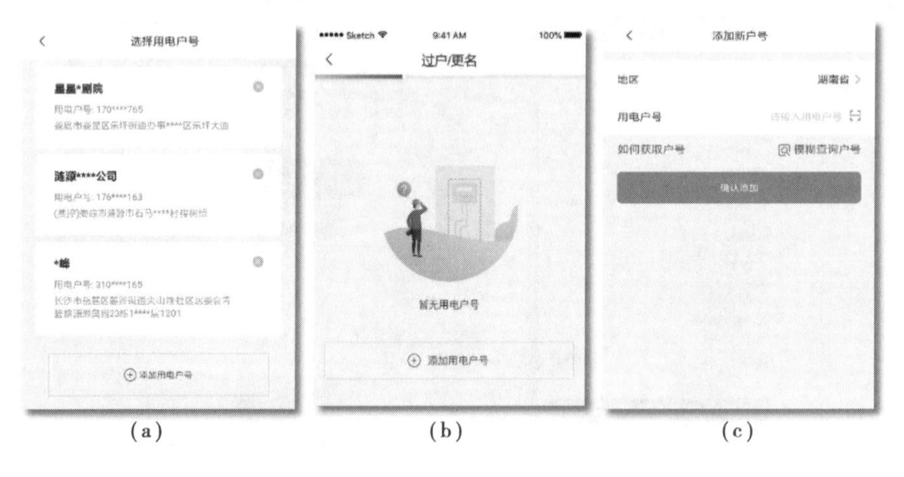

图6.82　低压居民、低压非居民个人更名户号选择界面

③点击列表中低压用户,App自动判断客户是否欠费,若欠费则弹出欠费提示,引导客户进行交费;若客户选择稍后再说或不欠费,则进入申请界面,如图6.83(a)所示。点选【是否产权/户主变更】为不变更,确定本次办理业务为更名,App自动判断用户是否具备业务办理条件,如不具备则给出提示,不允许进入下一步,如图6.83(b)所示。若具备业务办理条件,则展示如图6.83(c)所示。App自动判断户号性质,如为低压非居民,则出现用户性质

选项，点选用户性质为个人，点击【下一步】进入申请人资料填写界面，如为低压居民，则不出现用户性质选项，点击【下一步】进入申请人资料填写界面。

图 6.83　低压居民、低压非居民个人更名业务办理判断界面

④上传名称变更证明照片，如当前客户为产权人，申请人身份选择【产权人】，App 实名认证信息将默认为产权人信息，【手机号码】为实名认证的手机号码，且不可以修改，点击【产权证明类型】从候选项"产权证""国有土地使用证""集体土地使用证""购房合同""法律文书""产权合法证明"中进行选择，在此举例选择"产权证"，上传证明照片，点击【产权人身份证件类型】从候选项中"身份证""军人证""护照""户口簿""公安机关户籍证明"进行选择，上传证明照片，填写产权人姓名（新户名）、身份证号码，点选发送短信验证码，获取验证码并完成输入后，点击提交按钮提交申请信息，如图 6.84(a)所示。

如当前客户为经办人，申请人身份选择【经办人】，App 实名认证信息将默认为经办人信息，【经办人姓名】为客户实名认证的姓名，且不可修改，【手机号码】为实名认证的手机号码，且不可以修改，点击【产权人身份证件类型】从候选项中"身份证""军人证""护照""户口簿""公安机关户籍证明"进行选择，上传证明照片，填写产权人姓名（新户名）、身份证号码、手机号码，上传产权人签署并盖章的授权委托书图片，点选【发送验证码】，获取验证码并完成输入后，点击【提交】按钮提交申请信息，如图 6.84 所示。

⑤提交成功后，跳转至提交成功界面，如图 6.85 所示；提交失败，提示失败原因。在提交成功界面上，点击【查看业务进度】跳转至业务进度界面；点击【家庭电气化】跳转至家庭电气化模块。

营销业务受理人员在后台完成业务受理审核，推送审核结果消息给客户，消息内容见个人新装下的低压居民新装。

(2)更名：低压非居民企业。

①点击【过户/更名】进入更名/过户模块，即可跳转到判断是否已经实名认证页面，若没有实名认证的话，给出提示，点击【去认证】进行实名认证，如图 6.86 所示。

②自动进入户号选择界面，判断是否存在已绑定或已用当前账号办理过业务的户号，若有则列表展示，若没有户号，则点击【添加用电户号】进行户号添加，根据手机 GPS 定位自动识别【地区】，用电户号可以手动输入，也可以扫描得到，点击【如何获取户号】可以看到相关教程，如图 6.87 所示。

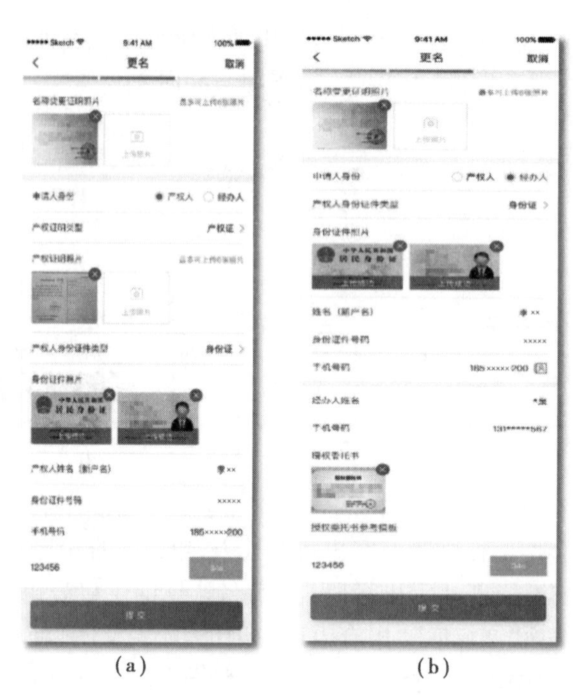

图 6.84　低压居民、低压非居民个人更名申请人资料填写界面

图 6.85　提交成功界面　　　　图 6.86　实名认证提示界面

③点击列表中低压非居民用户，App 自动判断客户是否欠费，若欠费则弹出欠费提示，引导客户进行交费；若客户选择稍后再说或不欠费，则进入申请界面，如图 6.88(a)所示。点选是否产权/户主变更为不变更，确定本次办理业务为更名，App 自动判断用户是否具备业务办理条件，如不允许则给出提示，不允许进入下一步，如图 6.88(b)所示。若具备业务

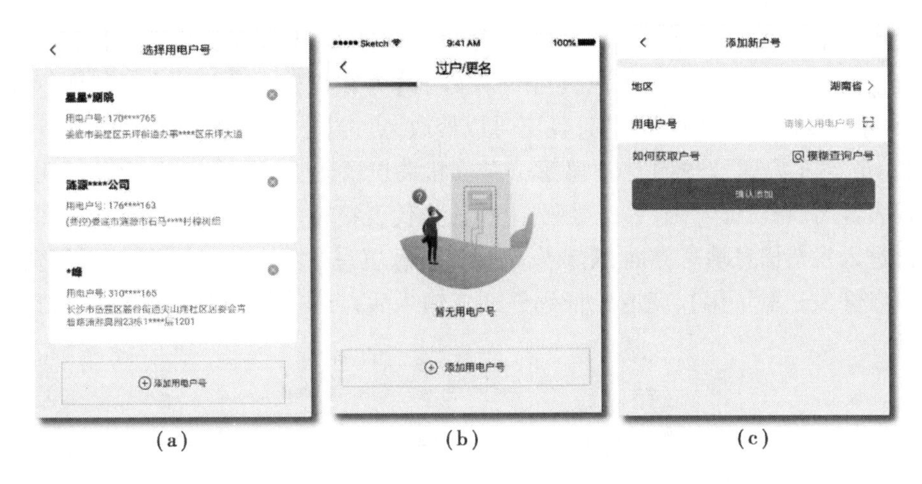

图 6.87　低压非居民企业更名户号选择界面

办理条件，App 自动判断户号性质，出现用户性质选项，点选用电性质为企业，则展示如图 6.88(c)所示。

图 6.88　低压非居民企业更名业务办理判断界面

④点击下一步进入证明资料填写界面，点击【企业主体证明类型】从候选项“营业执照”“组织机构代码证”“宗教活动场所登记证”“社会团体法人登记证书”“军队、武警出具的办电证明”中进行选择，在此举例选择“营业执照”，上传证明照片，填写企业名称(新户名)，上传工商局更名证明书照片，如图 6.89 所示，点击【下一步】，进入申请人资料填写界面。

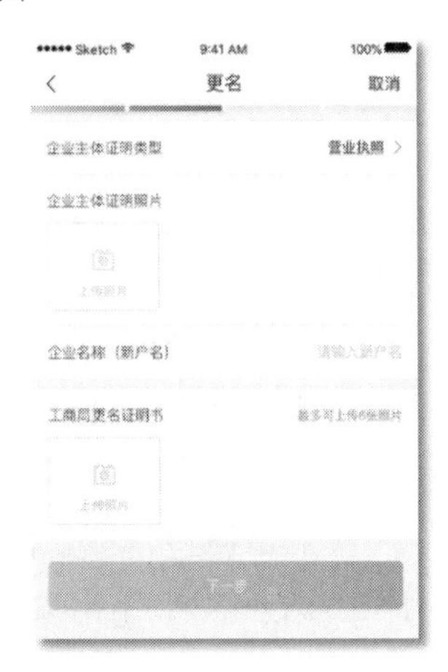

图 6.89　低压非居民企业更名业务证明资料填写界面

⑤如当前客户为法人代表，申请人身份选择【法人代表】，App 实名认证信息将默认为法人代表信息，【法人代表姓名】为实名认证的客户姓名，且不可修改，【手机号码】为实名认证的手机号码，且不可以修改，点选发票信息进入发票信息填写界面，完成发票相关信息填写并点击【确定】按钮返回资料填写功能页，点选【发送验证码】，获取验证码并完成输入后，点击【提交】

按钮提交申请信息,如下左图所示。如当前客户为经办人,申请人身份选择【经办人】,App实名认证信息将默认为经办人信息,【经办人姓名】为客户实名认证的姓名,且不可修改,【手机号码】为实名认证的手机号码,且不可以修改,点击【法人代表身份证件类型】从候选项中“身份证”“军人证”“护照”“户口簿”“公安机关户籍证明”进行选择,上传证明照片,填写法人代表姓名、身份证号码、手机号码,上传法人代表签署并盖章的授权委托书图片,点选发票信息进入发票信息填写界面,完成发票相关信息填写并点击【确定】按钮返回资料填写功能页,点选【发送验证码】,获取验证码并完成输入后,点击【提交】按钮提交申请信息,如图6.90所示。

图6.90　低压非居民企业更名申请人资料填写界面

⑥提交成功后,跳转至提交成功界面,如图6.91所示,若提交失败,则提示失败原因。在提交成功界面上,点击【查看业务进度】跳转至业务进度界面;点击【家庭电气化】跳转至家庭电气化模块。

营销业务受理人员在后台完成业务受理审核,推送审核结果消息给客户,消息内容见个人新装下的低压居民新装。

(3)过户:低压居民、低压非居民个人。

①点击【过户/更名】进入过户/更名模块,即可跳转到判断是否已经实名认证界面,若没有实名认证的话,给出提示,点击【去认证】进行实名认证,如图6.92所示。

②自动进入户号选择界面,判断是否存在已绑定或已用当前账号办理过业务的户号,若有则列表展示,若没有户号,点击【添加用电户号】进行户号添加,根据手机GPS定位自动识别【地区】,用电户号可以手动输入,也可以扫描得到,点击【如何获取户号】可以看到相关教

程,如图6.93所示。

图6.91　提交成功界面

图6.92　实名认证提示界面

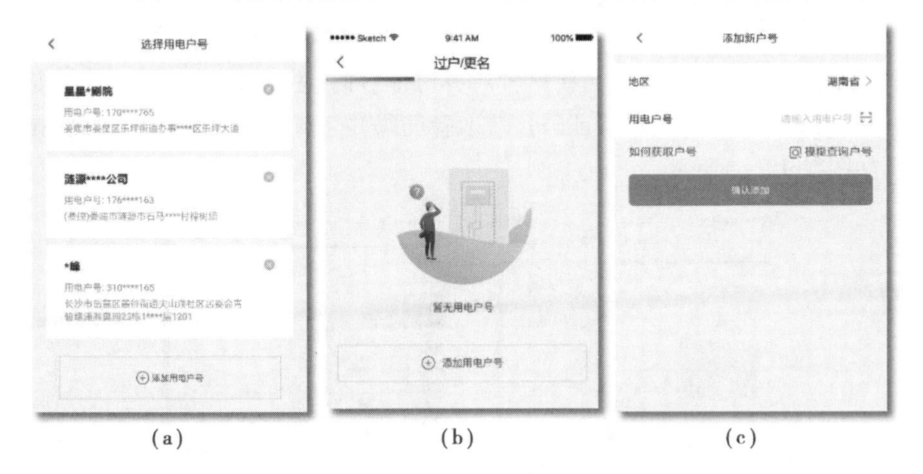

(a)　(b)　(c)

图6.93　低压居民、低压非居民个人过户户号选择界面

③点击列表中低压用户,App自动判断客户是否欠费,若欠费则弹出欠费提示,引导客户进行交费,若客户选择稍后再说或不欠费,则进入申请界面,如图6.94(a)所示。点选是否产权/户主变更为变更,确定本次办理业务为过户,App自动判断用户是否具备业务办理条件,如不具备则给出提示,不允许进入下一步,如图6.94(b)所示。若具备业务办理条件,则展示如图6.94(c)所示。App自动判断户号性质,如为低压非居民,则出现用户性质选项,点选【用户性质】为个人,点击【下一步】进入申请人资料填写界面,如为低压居民,则不出现用户性质选项,点击【下一步】进入申请人资料填写界面。

④点击【产权证明类型】从候选项“产权证”“国有土地使用证”“集体土地使用证”“购房合同”“法律文书”“产权合法证明”中进行选择,在此举例选择“产权证”,上传证明照片,如当前客户为产权人,申请人身份选择【产权人】,App实名认证信息将默认为产权人信息,

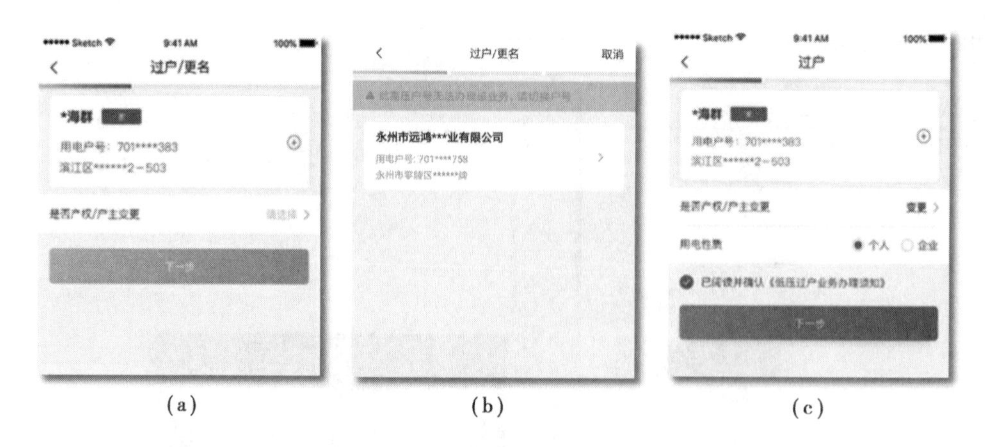

(a)　　(b)　　(c)

图 6.94　低压居民、低压非居民个人过户业务办理判断界面

【手机号码】为实名认证的手机号码，且不可以修改，点选【发送验证码】，获取验证码并完成输入后，点击【提交】按钮提交申请信息，如图 6.95(a)所示。如当前客户为经办人，申请人身份选择【经办人】，App 实名认证信息将默认为经办人信息，【经办人姓名】为客户实名认证的姓名，且不可修改，【手机号码】为实名认证的手机号码，且不可以修改，点击【产权人身份证件类型】从候选项中“身份证”“军人证”“护照”“户口簿”“公安机关户籍证明”进行选择，上传证明照片，填写产权人姓名(新户名)、身份证号码、手机号码，上传产权人签署并盖章的授权委托书图片，点选【发送验证码】，获取验证码并完成输入后，点击【提交】按钮提交申请信息，如图 6.95(b)所示。

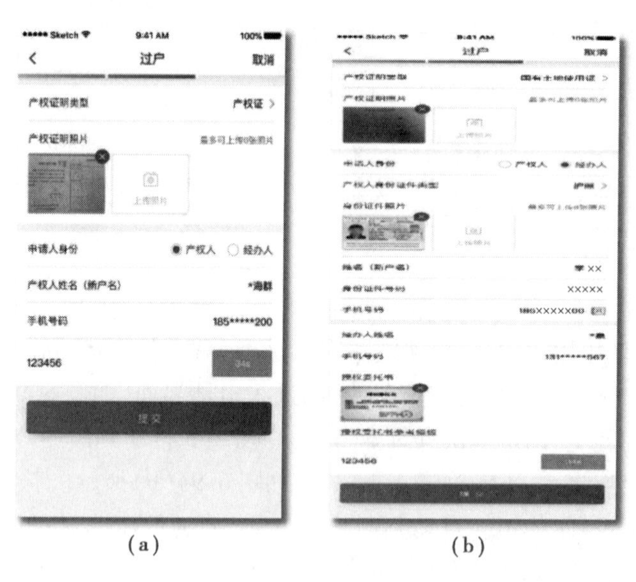

(a)　　(b)

图 6.95　低压居民、低压非居民个人过户申请人资料填写界面

⑤提交成功后，跳转至提交成功界面，如图 6.96 所示，提交失败，提示失败原因。提交成功界面：点击“查看业务进度”跳转至业务进度界面；点击【家庭电气化】跳转至家庭电气化模块。

营销业务受理人员在后台完成业务受理审核，推送审核结果消息给客户，消息内容见个人新装下的低压居民新装。

(4)过户：低压非居民企业。

①点击【过户/更名】进入过户/更名模块，即可跳转到判断是否已经实名认证界面，若没有实名认证的话，给出提示，点击【去认证】进行实名认证，如图6.97所示。

图6.96　提交成功界面

图6.97　实名认证提示界面

②自动进入户号选择页面，判断是否存在已绑定或已用当前账号办理过业务的户号，若有则列表展示，若没有户号，则点击【添加用电户号】进行户号添加，根据手机GPS定位自动识别【地区】，用电户号可以手动输入，也可以扫描得到，点击【如何获取户号】可以看到相关教程，如图6.98所示。

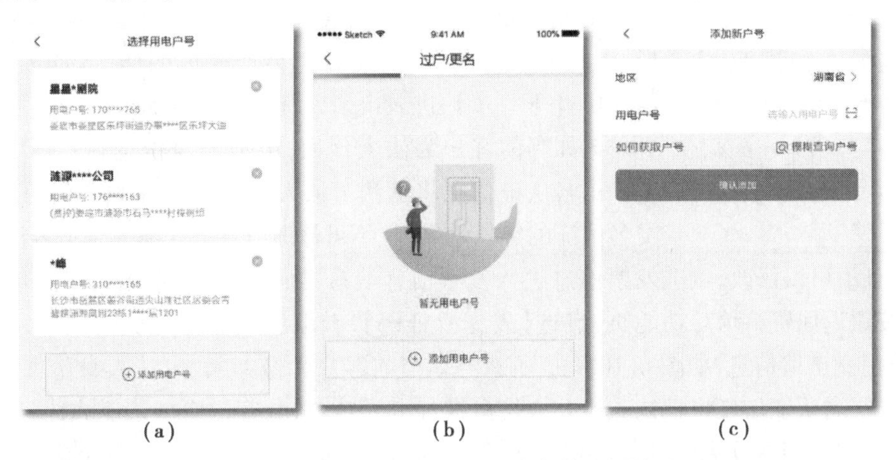

图6.98　低压非居民企业过户户号选择界面

③点击列表中低压非居民用户，App自动判断客户是否欠费，若欠费则弹出欠费提示，引导客户进行交费，若客户选择稍后再说或不欠费，则进入申请页面，如图6.99(a)所示。点选是否产权/户主变更为变更，确定本次办理业务为过户，App自动判断用户是否具备业

务办理条件,如不具备则给出提示,不允许进入下一步,如图 6.99(b)所示。若具备业务办理条件,App 自动判断户号性质,出现用户性质选项,点选【用户性质】为企业,则展示如图 6.99(c)所示。

(a) (b) (c)

图 6.99　低压非居民企业过户业务办理判断界面

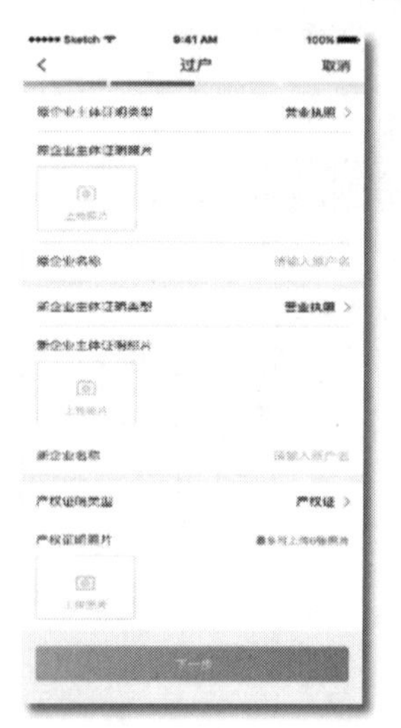

图 6.100　低压非居民企业过户证明资料填写界面

④点击【下一步】进入证明资料填写界面。点击【原企业主体证明类型】从候选项“营业执照”“组织机构代码证”“宗教活动场所登记证”“社会团体法人登记证书”“军队、武警出具的办电证明”中进行选择,在此举例选择“营业执照”,上传原证明照片,填写原企业名称,点击【新企业主体证明类型】从候选项“营业执照”“组织机构代码证”“宗教活动场所登记证”“社会团体法人登记证书”“军队、武警出具的办电证明”中进行选择,在此举例选择“营业执照”,上传新证明照片,填写新企业名称,点击【产权证明类型】从候选项“产权证”“国有土地使用证”“集体土地使用证”“购房合同”“法律文书”“产权合法证明”中进行选择,在此举例选择“产权证”,上传产权证明照片,如图6.100所示,点击【下一步】,进入申请人资料填写界面。

⑤如当前客户为法人代表,申请人身份选择【法人代表】,App 实名认证信息将默认为法人代表信息,【法人代表姓名】为实名认证的客户姓名,且不可修改,【手机号码】为实名认证的手机号码,且不可以修改,点选发票信息进入发票信息填写界面,完成发票相关信息填写并点击确定按钮返回资料填写功能页,点选【发送验证码】,获取验证码并完成输入后,点击【提交】按钮提交申请信息,如图 6.101(a)所示。如当前客户为经办人,申请人身份选择【经办人】,App 实名认证信息将默认为经办人信息,【经办人姓名】为客户实名认证的姓名,且不可修改,【手机号码】为实名认证的手机号码,且不可以修改,点击【法人代表身份证件类型】从候选项中“身份证”“军人证”“护照”“户口簿”“公安机关户籍证明”进行选择,上传证明照片,填写法人代表姓名、身份证号码、手机号码,上传法人代表签署并盖章的授权委托书图片,点选发票信息进入发票信息填写界面,完成发票相关信息填写并点击【确定】按钮返回资

料填写功能页，点选【发送验证码】，获取验证码并完成输入后，点击【提交】按钮提交申请信息，如图6.101(b)所示。

⑥提交成功后，跳转至提交成功界面，如图6.102所示，若提交失败则提示失败原因。在提交成功界面上，点击“查看业务进度”跳转至业务进度界面；点击【家庭电气化】跳转至家庭电气化模块。

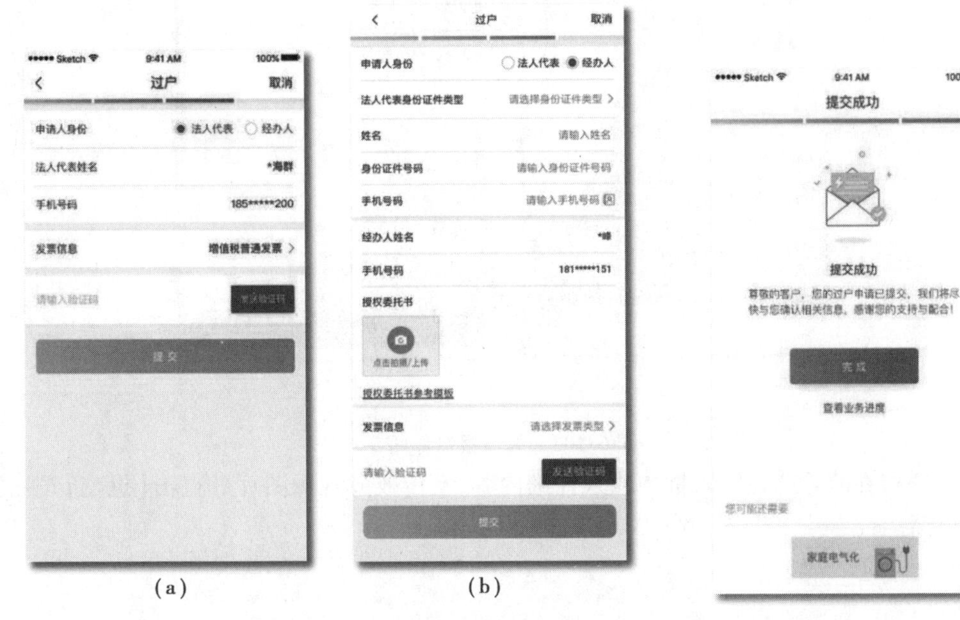

(a)　(b)

图6.101　低压非居民企业过户申请人资料填写界面　　图6.102　提交成功界面

营销业务受理人员在后台完成业务受理审核，推送审核结果消息给客户，消息内容见个人新装下的低压居民新装。

6.2.12　故障报修

为客户提供线上自助故障报修服务。

1)功能位置

入口一：首页(住宅、店铺、企事业)→更多(全部功能)→客户服务→故障报修。

入口二：首页(店铺、企事业)→故障报修。

2)操作介绍

客户通过故障报修按钮进入故障报修功能，首先进入报修地址选择页面，页面中将客户已绑定户号、历史报修相关户号、常用交费户号分为三类地址供客户选择，如客户需报修地址不在此三类列表选择范围内，可点击【添加用电户号】添加新的故障地址，如图6.103(a)所示。点选具体地址后进入故障内容填写页面，如图6.103(b)所示。

故障内容填写页面将自动点选用电户号的户名、联系电话、地址信息等，客户需选择【故

图 6.103　故障报修界面

障描述】,并可在故障描述输入框中输入详细内容,上传故障现场图片后点击【提交】按钮完成报修申请。

6.2.13　停电信息

为客户提供线上点对点的停电信息查询以及消息通知服务。

1)功能位置

入口一:首页(住宅、店铺、企事业)→更多(全部功能)→查询→停电信息。

入口二:首页(住宅、店铺、企事业)→停电信息。

2)操作介绍

客户进入“停电公告查询”功能,如果没有绑定户号,则提示客户绑定户号和添加用电户号,如图 6.104 所示。

默认查询出绑定户号所在地区的停电公告信息,有停电信息的,离停电日期越近的越往前排列,如图 6.105 所示。

点击右上角的【搜索】按钮,跳转至搜索页面,也可以根据地区、关键字搜索停电公告信息,还可根据时间进行筛选,如图 6.106 所示。

图6.104　停电公告查询

图6.105　停电公告信息

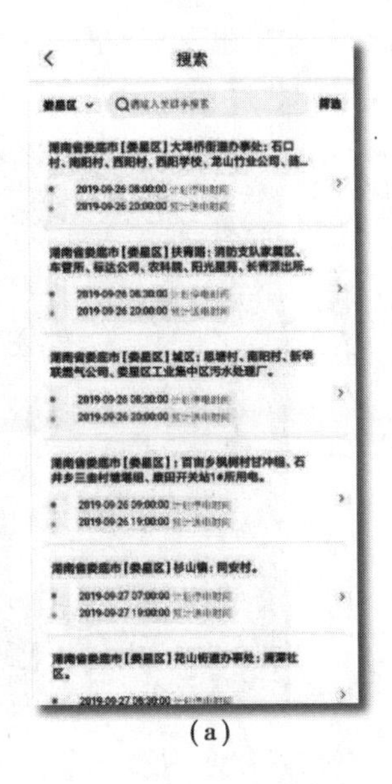

(a)

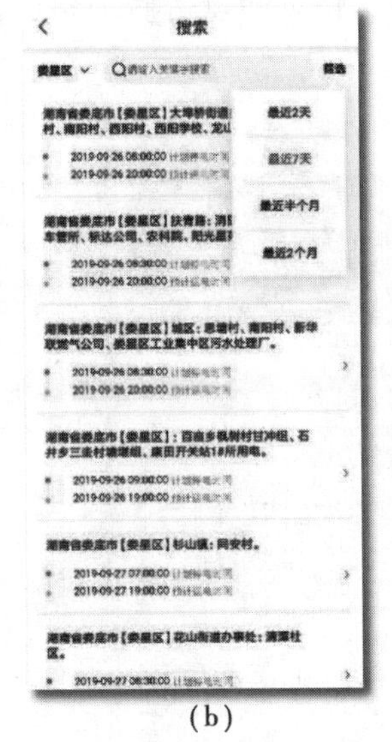

(b)

图6.106　停电信息搜索

点击搜索框左边的地址下拉菜单,可选择要查询的地区,如图6.107所示。

点击某一条停电信息公告,跳转至停电公告信息详情页面,如图6.108所示。

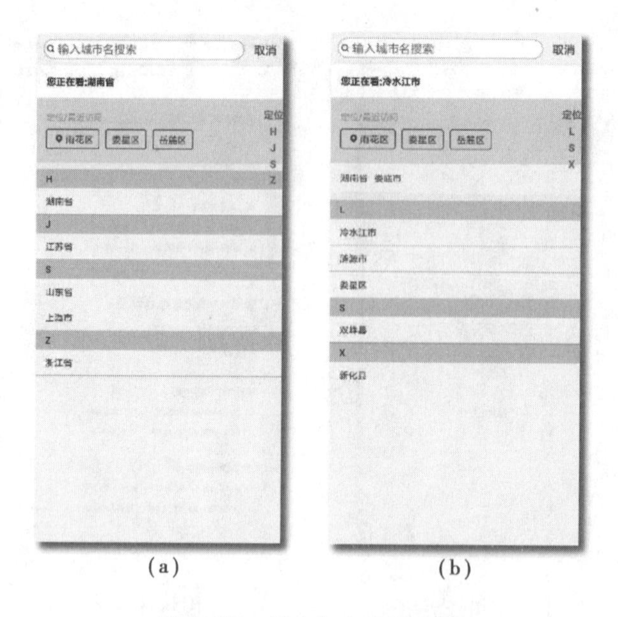

图 6.107　停电信息地区查询

在停电公告信息详情页面点击右上角的【分享】按钮,可分享到微信朋友圈、QQ 等,如图6.109所示。

图 6.108　停电公告信息详情

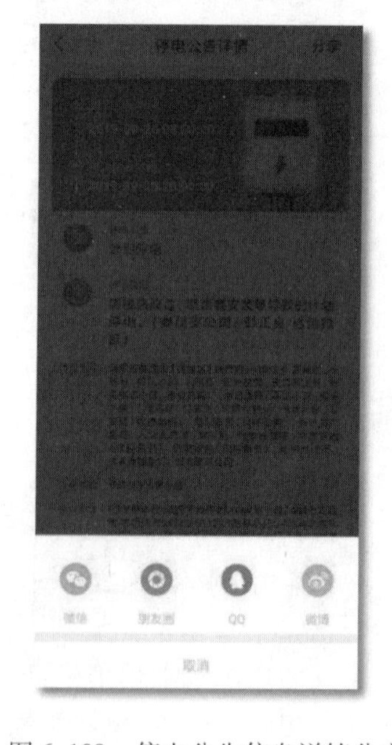

图 6.109　停电公告信息详情分享

【任务实施 6.1】

使用掌上电力线上办电任务指导书见表 6.4。

表 6.4　使用掌上电力线上办电任务指导书

任务名称	使用掌上电力线上办电	学时	5 课时
任务描述	针对学员情况,实践报装流程		
任务要求	1. 能简要说明线上办电的概念、目的及其意义。 2. 能正确下载新版本掌上电力 2019。 3. 能掌握正确使用 App 的新装、增容更名、过户等功能。 4. 能正确教导客户使用报装完之后所需要的功能,如电费查询、故障报修、查询停电信息等		
注意事项	注意业务办理时限		
任务实施步骤: 一、风险点辨识 1. 注意及时监控、确认客户业务办理工单。 2. 注意线上工单办理时限,预防超期。 二、作业前准备 下载掌上电力 2019App,SG186 营销系统登录,客户相关资料准备。 三、操作步骤及质量标准 1. 线上办电推广目的、意义。能说出并向客户宣传线上办电的概念、目的和意义。积极向客户推广电子渠道办电。 2. 线上办电准备。正确下载掌上电力 2019App,注册、登录、绑定用户。 3. 正确使用 App 开展新装、增容更名、过户。 4. 主要功能介绍。指导客户几种常用的功能,如电费查询、故障报修、停电信息查询等			

【任务评价 6.1】

使用掌上电力线上办电任务评价表见表 6.5。

表 6.5　使用掌上电力线上办电任务评价表

姓名		单位		同组成员			
开始时间		结束时间		标准分	100 分	得分	
任务名称	使用掌声电力线上办电						
序号	步骤名称	质量要求	满分/分	评分标准		扣分原因	得分
1	线上办电目的、意义	能正确说出线上办电的目的、意义	20	无法描述出要点的,每一项扣 5 分			
2	线上办电准备	正确下载掌上电力 2019App,注册、登录、绑定用户	20	不规范操作一处扣 5 分			

续表

序号	步骤名称	质量要求	满分/分	评分标准	扣分原因	得分
3	新装、增容、更名、过户	正确使用App开展新装、增容、更名、过户	30	不规范操作一处扣5分		
4	主要功能介绍	指导客户几种常用的功能，如电费查询、故障报修、查询停电信息等	30	答错一处扣5分		
考评员(签名)			总分/分			

【任务实施6.2】

使用线上办电相关App配合SG186系统进行全流程操作任务指导书见表6.6。

表6.6　使用线上办电相关App配合SG186系统进行全流程操作任务指导书

<table>
<tr><td>任务名称</td><td>使用线上办电相关App配合SG186系统进行全流程操作</td><td>学时</td><td>5课时</td></tr>
<tr><td>任务描述</td><td colspan="3">选取低压非居民新装为例，实践操作该业扩报装全流程</td></tr>
<tr><td>任务要求</td><td colspan="3">1. 能掌握线上、线下配合技巧。
2. 能熟练掌握相关操作。
3. 能熟练知晓业扩流程时限要求</td></tr>
<tr><td>注意事项</td><td colspan="3">注意开展线上办电时限监控和业务办理时限</td></tr>
<tr><td colspan="4">任务实施步骤：
一、风险点辨识
1. 指导客户正确下载掌上电力App，注册、登录、实名认证、完成绑定。
2. 注意开展线上办电时限监控和业务办理时限不能超期。
3. 注意资料审核。注意SG186系统新装增容模块的正确操作。
二、作业前准备
下载掌上电力2019App，SG186营销系统登录，客户相关资料准备。
三、操作步骤及质量标准
1. 线上办电准备。正确下载掌上电力2019App，注册、登录、实名认证、绑定用户。正确登录SG186系统。
2. 线上办电信息录入。指导客户进入掌上电力“办电”—“新装”页面，提出非居民客户新装办电需求，指导客户填写正确的企业信息，提交相关证明文件、企业资质资料图片、办电需求、容量需求等信息。
3. 线上办电受理。业务受理人员登录SG186营销系统—新装增容及变更用电—杂项—客户申请确认—查询未处理工单，对客户的相关信息完成后台审核，完成对客户的办电需求申请确认，现场服务时间预约。推送审核结果消息给客户，如“审核通过”“审核不通过”“审核不通过需补录资料”。
4. 业务流程处理。在SG186营销系统中完成正式受理、现场勘查、拟订供电方案、答复供电方案、竣工报验、确定费用、合同新签、配表、竣工验收、装表、送电、客户回访、信息归档、归档</td></tr>
</table>

【任务评价6.2】

使用线上办电相关App配合SG186系统进行全流程操作任务评价表见表6.7。

表6.7　使用线上办电相关App配合SG186系统进行全流程操作任务评价表

姓名		单位		同组成员		
开始时间		结束时间		标准分	100分	得分
任务名称	使用线上办电相关App配合SG186系统进行全流程操作					
序号	步骤名称	质量要求	满分/分	评分标准	扣分原因	得分
1	线上办电准备	正确下载掌上电力2019App，注册、登录、实名认证、绑定用户。正确登录SG186系统	10	无法正确下载、注册、登录掌上电力2019App，以及无法登录营销系统的，每项扣5分		
2	线上办电信息录入	指导客户进入掌上电力“办电”—“新装”页面，提出非居民客户新装办电需求，指导客户填写正确的企业信息，提交相关证明文件、企业资质资料图片、办电需求、容量需求等信息	20	不规范操作一处扣10分		
3	线上办电受理	业务受理人员登录SG186营销系统—新装增容及变更用电—杂项—客户申请确认—查询未处理工单，对客户的相关信息完成后台审核，完成对客户的办电需求申请确认，现场服务时间预约。推送审核结果消息给客户，如“审核通过”“审核不通过”“审核不通过需补录资料”	30	不规范操作一处扣5分		

续表

序号	步骤名称	质量要求	满分/分	评分标准	扣分原因	得分
4	业务流程处理	在 SG186 营销系统中完成正式受理、现场勘查、拟订供电方案、答复供电方案、竣工报验、确定费用、合同新签、配表、竣工验收、装表、送电、客户回访、信息归档、归档	40	不规范操作一处扣 5 分		
考评员(签名)			总分/分			

【思考与练习】

1. 请说出线上办电(或“网上国网”办电)的战略意义。

2. 简要说明“网上国网”的业务服务范围。

3. 简要说明“网上国网”(掌上电力 2019App)的正确下载,注册、登录、实名认证、绑定用户等方法。

4. 简要说明指导客户办理个人新装、增容、过户、更名、电费查询、故障报修、停电信息查询等功能的步骤。

5. 简要说明受理客户(非居民)新装的业扩全流程步骤。

情境 7　新型业务办理服务

【情境描述】

本情境是在遵循相关法律法规和标准的前提下,对新型业务办理服务实施整体把握。要求以供用电网和客户服务组织构建起客户服务大情境。涵盖的工作任务主要包括电动汽车充换电设施用电服务、分布式电源并网服务两个学习任务。要求学习本情境后能明确新型业务办理服务分类与面临的挑战,掌握用电客户新业务服务的基本规范和基本要求,具备用电客户服务新业务基本技能。

【情境目标】

1. 知识目标

(1)能简要说明充换电设施用电服务、分布式电源并网服务的意义和内容。

(2)熟悉充换电设施用电服务、分布式电源并网服务的工作流程。

(3)熟悉充换电设施用电服务、分布式电源并网服务的基本技术。

2. 能力目标

(1)具备受理充换电设施用电服务的能力。

(2)具备分布式电源并网服务的能力。

3. 态度目标

(1)能主动提出问题并积极查找相关资料。

(2)能团结协作,共同学习与提高。

任务 7.1 电动汽车充换电设施用电服务

【任务目标】

1. 能简要说明充换电设施用电服务的意义、内容。
2. 能简要说明充换电设施用电服务的工作流程。
3. 能简要说明充换电设施用电服务实际中的理论解答。

【任务描述】

介绍充换电设施用电服务的意义、内容和工作流程，掌握充换电设施用电服务基本技能和基本技能，具备充换电设施用电服务的能力。

【任务准备】

1. 知识准备

(1)熟悉为客户办理充换电设施用电服务的工作流程。

(2)熟悉为客户办理充换电设施用电服务的工作要点(方案、电价、计量等)。

2. 资料准备

办理充换电设施用电申请业务的模板。

【相关知识】

7.1.1 充换电设施服务的背景

近年来，中国将新能源汽车作为七大战略性产业之一。习近平总书记提出，发展新能源汽车是我国从汽车大国迈向汽车强国的必由之路。中国设置了多样的新能源汽车支持政策，如购置税减免、补贴新车成本、设置专用车牌等，使得我国的新能源汽车发展相对比较健全，更为系统。

2019 年 10 月 25 日，国网电动汽车公司联合北京汽车集团有限公司、广汽新能源汽车有限公司、比亚迪汽车工业有限公司、威马汽车科技集团有限公司等四家国内知名车企，在京发布以“泛在物联、无感支付、引领消费、绿色出行”为主题的“车电服务包”产品，带来“即插即充、无感支付”新体验。为落实国家电网公司“三型两网、世界一流”战略目标，进一步提升用户充换电设施用电体验，打造智慧车联网平台核心竞争力，国网电动汽车公司启动了“即插即充、无感支付”技术研发，将充换电设施用电操作从 5 步缩短为 1 步，极大提升了电动汽车用户的充换电设施用电便利性，并已开始在 3 000 多个国网公共充换电设施用电站应用推广。目前，国家电网公司已建成 9 万根自营充换电设施用电桩，其中高功率直流快充 6.5万根，公共充换电设施用电站快充网络覆盖了城区、郊区、景区，同时还搭建了全球最大的“十纵十横两环”高速充换电设施用电网络，保证车主畅行无忧。未来，国网公司将引入更多社会资源，扩大充换电设施用电桩规模，为新能源车主提供优质服务，保证主要城市充换电设施用电站布点半径不超过 500 m、同一站点充换电设施用电等候不超过30 min，确保充换电设施用电服务套餐用户实现区域内充换电设施用电畅行。充换电设施用电站如图 7.1 所示。

图 7.1　充换电设施用电站

7.1.2　充换电设施服务工作流程

按照“一口对外、服务规范、便捷高效”的原则，充换电设施服务提供营业厅、95598 电话、网站、手机 App、微信等多种服务。

充换电设施，是指与电动汽车发生电能交换的相关设施的总称，一般包括充电站、换电站、充电塔、分散式充电桩等。其用电报装业务分为以下两类：

第一类:居民客户在自有产权或拥有使用权的停车位(库)建设的充电设施。

第二类:其他非居民客户(包括高压客户)在政府机关、公用机构、大型商业区、居民社区等公共区域建设的充换电设施。

客户充换电设施受电及接入系统工程由客户投资建设,其设计、施工及设备材料供应单位由客户自主选择;公司在充换电设施用电申请受理、设计审查、装表接电等全过程服务中,不收取任何服务费用,并投资建设因充换电设施接入引起的公共电网改造。

对应用覆盖率达到一定规模的居住区,新建低压配网,保证电动汽车充换电设施用电需求。

分散式充电桩要加装逆功率保护,不允许倒送电;充换电站如需通过利用储能电池向电网送电,必须按照国网公司分布式电源要求办理相关手续,并采取专用开关、反孤岛装置等措施。

受理客户报装申请时,应主动为客户提供用电咨询服务,接收并查验客户的申请资料。对居民低压客户,由各单位编制供电方案模板,在受理申请时直接答复供电方案;对其他客户,应与客户预约现场勘查时间;对非营业厅受理的,由属地公司在现场勘查时答复方案。

1)(低压)业务办理流程

①用电申请、交费并签订合同。

②装表接电。

(1)用电申请、交费并签订合同。

在受理您用电申请时,请您与我们签订《电动汽车充换电设施用电桩供用电协议》,并按照当地政府物价部门价格标准交清相关费用。您需提供的申请材料包括:

①客户有效身份证明。

②固定车位产权证明或产权单位许可证明。

③物业出具同意使用充换电设施的证明材料。

④若您受用电人委托办理业务,还需提供您的有效身份证明。

(2)装表接电。

在受理您用电申请后,我们将在下一个工作日或按照与您约定的时间至现场查看供电条件并答复您供电方案。如果您的用电涉及工程施工,请您自主选择您产权范围内工程的施工单位(具备相应资质),在工程竣工后,请及时报验,我们将在1个工作日内完成竣工检验。居民客户验收合格并办结有关手续,在竣工检验时同步完成装表接电工作;非居民客户验收合格并办结有关手续后一个工作日内完成装表接电工作。

2)(高压)业务办理流程

①用电申请。

②确定方案。

③工程设计。

④工程施工。

⑤装表接电。

(1)用电申请。

您需提供的申请资料:

①报装申请单。

②客户有效身份证明(包括营业执照或组织机构代码证)。

③固定车位产权证明或产权单位许可证明。

(2)确定方案。

在受理您用电申请后,我们将安排客户经理在下一个工作日或按照与您约定的时间至现场查看供电条件,并在15个工作日内答复供电方案。根据国家规定,产权分界点以下部分由您负责施工,产权分界点以上向电源侧工程由供电企业负责。

(3)工程设计。

请您自主选择产权范围内工程的设计单位(需具备相应资质)。设计完成后,请及时提交设计文件,我们将对图纸进行备案。

(4)工程施工。

请您自主选择您产权范围内工程的施工单位(需具备相应资质)进行施工。工程竣工后,请及时报验,我们将于5个工作日内完成竣工检验。

(5)装表接电。

在竣工检验合格,签订《供用电合同》及相关协议,结清相关费用并办结相关手续后,我们将在5个工作日内为您装表接电。业务费用的标准按照当地物价部门的价格标准执行。

国家出台充换电设施用电价格政策前,居民低压客户以及居民社区配套充换电设施用电执行居民生活电价,其他客户执行国家规定的目录销售电价。国家明确充换电设施用电价格政策后,按国家规定电价政策执行。

湖南省发展和改革委员会文件

湘发政价商〔2015〕34号关于我省电动汽车用电价格政策有关问题的通知

各相关单位:

为促进电动汽车推广应用,根据国家发展和改革委《关于电动汽车用电价格政策有关问题的通知)(发改价格〔2014〕1668号)精神,现就我省电动汽车充电设施用电价格及充换电服务费有关事项通知如下:

一、落实国家电动汽车充电设施用电扶持性电价政策

(一)对向电网经营企业直接报装接电的经营性集中式充换电设施用电,执行大工业用电价格。2020年前,暂免收基本电费。

(二)其他充电设施按其所在场所执行分类目录电价。其中,居民家庭住宅、居民住部区、执行居民电价的非居民用户中设置的充电设施用电,执行居民用电价格中的合表

用户电价；党政机关、企事业单位和社会公共停车场中设置的充电设施用电执行“一般工商业及其他”类用电价格。

（三）电动汽车充换电设施用电执行峰谷分时电价政策。鼓励电动汽车在电力系统用电低谷时段充电，提高电力系统利用效率，降低充电成本。

二、对电动汽车充换电服务费实行政府指导价管理

（一）2020年前，对电动汽车充换电服务费实行政府指导价管理，根据成本监审情况，每千瓦时收费上限标准为0.8元，自2015年6月1日起执行。各经营单位可按照不超过上限标准，制定具体收费标准。

（二）当电动车发展达到一定规模并在交通运输市场具有一定竞争力后，结合充换电设施服务市场发展情况，我省逐步放开充电服务费，通过市场竞争形成。

三、加强价格政策执行情况监管

对不执行我省电动汽车充换电设施用电以及充换电服务费价格政策的行为，各级价格主管部门将依法予以查处。特此通知。

国网湖南省电力公司 2015年5月18日印发

电动汽车充电桩供用电协议

为明确供电企业（以下简称供电方）和用电单位（以下简称用电方）在电力供应与使用中的权利和义务，安全、经济、合理、有序地供电和用电，根据《中华人民共和国合同法》《中华人民共和国电力法》《电力供应与使用条例》和《供电营业规则》的规定，经供电方、用电方协商一致，签订本协议，共同信守，严格履行。

一、用电方基本情况

1. 电价：＿＿＿＿＿＿＿＿＿＿＿＿；若遇电价调整，按调价政策规定执行。

2. 用电容量为＿＿＿＿＿kW，该容量为协议约定用电方的最大装接容量，如超过约定容量用电，造成的损失由用电方自行承担。用电方需增加用电容量，应到供电方办理增容手续。

3. 电费支付方式及结算周期：＿＿＿＿＿＿＿＿＿＿＿。

4. 供电设施维护管理责任：＿＿＿＿＿＿＿＿＿＿＿。

二、双方的权利与义务

1. 在电力系统正常状况下，供电方按《供电营业规则》规定的电能质量标准向用电方供电。

2. 用电方不得擅自改变用电性质用电、不得向用电地址外转供电力。

3. 对用电方有下列情况之一者，供电方有权中止供电：

（1）不可抗力和紧急避险；

（2）确有窃电行为；

（3）危害供用电安全，扰乱供用电秩序，拒绝检查者；

(4)拖欠电费经通知催交到期仍不交者;

(5)拒不在规定限期内交付违约用电引起的费用者;

(6)用电方受电装置经供电方检验不合格,在指定期限内未整改者。

4. 供电方、用电方若对电能表计量有异议时,应进行校验。若用电方提出异议,应办理校验申请,并交纳校验费;经校验超差的,供用电双方按校验结果进行退、补电费(退、补时间从上次校验或换表之日起至误差更正之日止的二分之一时间计算)。

5. 用电方应保证电动汽车充电桩的电气参数、性能要求、安全防护功能等符合国家或行业标准,并采取积极有效的技术措施对影响电能质量的因素实施有效治理,确保控制在国家规定的电能质量指标限值范围内。

6. 用电方应配合供电方加装逆功率保护装置,确保不会通过电动汽车储能电池向电网送电。

三、违约责任

1. 供电方违反本供用电协议,给用电方造成损失的,应当依法承担赔偿责任。

2. 用电方若有窃电行为,供电方可当场中止供电,用电方按所窃电量补交电费,并承担补交电费3倍的违约使用电费。

3. 用电方在规定期限内未交清电费的,应承担电费滞纳的违约责任。电费违约金从逾期之日起计算至交纳之日止,每日按欠费总额的千分之一计算,不足1元按1元计收。

4. 用电方在规定期限内未交清电费的,应承担电费滞纳的违约责任。

5. 用电方擅自接用电价高的用电设备或私自改变用电类别,应按照实际使用日期补交其差额电费,并承担2倍差额电费的违约使用电费。

6. 用电方私自迁移、更动和擅自操作供电方的电能计量装置、供用电设施,应承担每次500元的违约使用电费,并承担因上述行为所造成的一切责任和经济损失。

7. 用电方私自向外转供电能,根据《供电营业规则》第一百条第六款的规定,除当即拆除接线外,并承担每千瓦(千伏安)500元的违约使用电费。

四、争议的解决方式

供电方、用电方因履行本协议发生争议时,应协商解决。协商不成时,双方共同提请电力管理部门行政调解。调解不成时,双方可选择申请仲裁或提起诉讼其中一种方式解决。

五、本协议的效力及未尽事宜

1. 本协议未尽事宜按《电力法》《电力供应与使用条例》《供电营业规则》等有关法律、法规、规章的规定办理。如遇国家法律、政策调整时,则按规定修改、补充本协议有关系款。

2. 本协议自签订之日起____年内有效,协议到期后,双方对本协议的条款没有异议时,本协议继续有效。

3. 供电方、用电方任何一方欲变更、解除协议时,按《供电营业规则》第九十四条办理。在变更、解除的书面协议签订前,本协议继续有效。

4. 本协议一式二份，供电方、用电方双方各执一份，自签订之日起生效。

供电方：　　（公章）	用电方：　　（公章）
委托代理人：　　（签字）	委托代理人：　　（签字）
签约时间：　　年　月　日	签约时间：　　年　月　日
签约地点：	

【任务实施】

电动汽车充换电设施用电服务指导书见表 7.1。

表 7.1　电动汽车充换电设施用电服务指导书

任务名称	电动汽车充换电设施用电服务案例分析	学时	2 课时
任务描述	客户张先生准备新申报一汽车充电桩的户头，前往就近的属地供电营业厅进行报装申请，营业厅工作人员小王告诉张先生他的属地业务不在此办理，应前往对应的营业厅，对张先生所询问的申报资料也表示当地营业厅会告知他，到时候等他过去他就知道了，张先生没办法只能自行前往另一营业厅		
任务要求	请指出供电公司工作人员违反了哪些条款？暴露了哪些问题？并针对暴露的问题提出改进建议		
注意事项	准确判断客户诉求适用于哪些规定		
任务实施步骤： 一、风险点辨识 客户诉求的合理性、相关条款的适用性。 二、作业前准备 国家电网公司供电服务规范。 三、操作步骤及质量标准 1. 违规条款 2. 暴露问题 3. 措施建议			

【任务评价】

电动汽车充换电设施用电服务评价表见表 7.2。

表 7.2　电动汽车充换电设施用电服务评价表

<table>
<tr><td>姓名</td><td></td><td>单位</td><td></td><td colspan="2">同组成员</td><td colspan="2"></td></tr>
<tr><td>开始时间</td><td></td><td>结束时间</td><td></td><td>标准分</td><td>100 分</td><td>得分</td><td></td></tr>
<tr><td>任务名称</td><td colspan="7">电动汽车充换电设施用电服务案例分析</td></tr>
<tr><td>序号</td><td>步骤名称</td><td>质量要求</td><td>满分/分</td><td colspan="2">评分标准</td><td>扣分原因</td><td>得分</td></tr>
<tr><td>1</td><td>违规条款</td><td>指出具体条款</td><td>40</td><td colspan="2">少于两条每一条扣 20 分</td><td></td><td></td></tr>
<tr><td>2</td><td>暴露问题</td><td>描述具体问题</td><td>20</td><td colspan="2">少于两条每一条扣 10 分</td><td></td><td></td></tr>
<tr><td>3</td><td>措施建议</td><td>给出具体建议</td><td>40</td><td colspan="2">少于两条每一条扣 20 分</td><td></td><td></td></tr>
<tr><td colspan="2">考评员（签名）</td><td></td><td>总分/分</td><td colspan="4"></td></tr>
</table>

【思考与练习】

某公共住宅小区内业主陈先生新购置一辆品牌电动汽车，但并未购置小区内车位产权也无其产权内车库，只能租赁小区内公共车位，现陈先生申请新装立户需要准备哪些材料？在受理陈先生申请时供电公司应做好哪些服务工作？

任务 7.2　分布式电源并网服务

【任务目标】

1. 能简要说明分布式电源并网服务的意义、内容。
2. 能简要说明分布式电源并网服务的工作流程。
3. 能简要说明新能源服务的基本技术。

4. 具备分布式电源并网服务技能,如能使用电 E 宝中的光 E 宝受理业务。

【任务描述】

介绍分布式电源并网服务的意义、内容和工作流程,掌握分布式电源并网服务基本技能和基本技能,具备分布式电源并网服务的能力。

【任务准备】

1. 知识准备

(1)熟悉分布式电源的基本概念、政策和工作流程。

(2)熟悉电 E 宝 App 的下载、注册及分布式电源新装业务申请的方法。

2. 资料准备

分布式电源相关业务的政策文件。

【相关知识】

7.2.1 分布式能源的定义

所谓"分布式能源"是指分布在用户端的能源综合利用系统。一次能源以气体燃料为主,可再生能源为辅,利用一切可以利用的资源;二次能源以分布在用户端的热电冷(值)联产为主,其他中央能源供应系统为辅,实现以直接满足用户多种需求的能源梯级利用,并通过中央能源供应系统提供支持和补充;在环境保护上,将部分污染分散化、资源化,争取实现适度排放的目标;在能源的输送和利用上分片布置,减少长距离输送能源的损失,有效地提高了能源利用的安全性和灵活性。

分布式电源,是指在用户所在场地或附近建设安装、运行方式以用户侧自发自用为主、多余电量上网,且在配电网系统平衡调节为特征的发电设施或有电力输出的能量综合梯级利用多联供设施,其包括太阳能、天然气、生物质能、风能、地热能、海洋能、资源综合利用发电(含煤矿瓦斯发电)等。

分布式发电技术主要有光伏发电、风能发电、生物质能发电、燃气轮机及潮汐能发电等。目前,国内外以发展光伏发电及风能发电为主,尤其是光伏发电的技术研发及市场应用已经相对成熟,如图 7.2 所示。

(a)

(b)

图 7.2　光伏发电

7.2.2　分布式电源并网服务的工作流程

按照“四个统一”“便捷高效”和“一口对外”的基本原则,由国网公司统一管理模式、统一技术标准、统一工作流程、统一服务规则;进一步整合服务资源,压缩管理层级,精简并网手续,并行业务环节,推广典型设计,开辟“绿色通道”,加快分布式电源并网速度,由营销部门牵头负责分布式电源并网服务相关工作,向分布式电源业主提供“一口对外”优质服务,适用于以下两种类型分布式电源(不含小水电):

第一类:10 kV 及以下电压等级接入,且单个并网点总装机容量不超过 6 MW 的分布式电源。

第二类:35 kV 电压等级接入,年自发自用电量大于 50% 的分布式电源;或 10 kV 电压等级接入且单个并网点总装机容量超过 6 MW,年自发自用电量大于 50% 的分布式电源。

1)分布式电源并网服务办理告知书(居民)

(1)业务办理流程(图 7.3)。

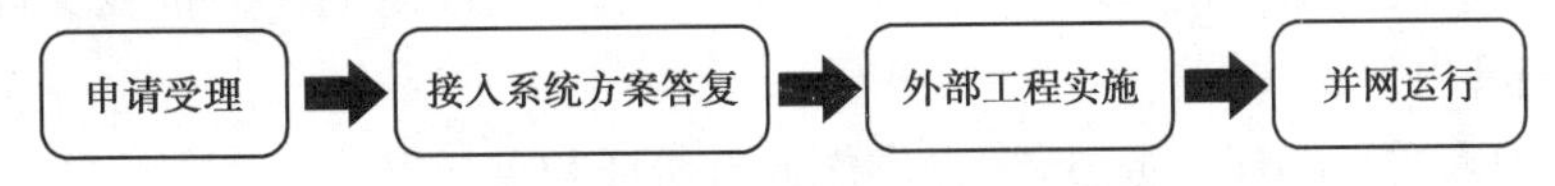

图 7.3　分布式电源并网服务业务办理流程(居民)

(2)业务办理说明。

①申请受理。

在受理您分布式电源并网申请时,您需提供的申请材料包括:

a. 并网申请书。

b. 申请人身份证。

c. 房产证(或乡镇及以上政府出具的房屋使用证明)。

d.物业出具同意建设分布式电源的证明材料。

e.若您受他人委托办理业务,还需提供您的身份证和委托书。

②接入系统方案答复。

受理您的申请后,我们将按照与您约定的时间至现场查看接入条件,并在5个工作日内答复接入系统方案。

③外部工程实施。

工程竣工后,请您及时报验,我们在受理并网验收及并网调试申请后,5个工作日内完成并网验收与调试。

④并网运行。

我们将与您签署关于购售电、供用电和调度方面的合同,免费提供关口计量表和发电量计量用电能表,调试通过后直接转入并网运行。

⑤其他事项。

我们在并网及后续结算服务中,不收取任何服务费用。如果您是分布式光伏发电项目,我们将免费代您向政府能源主管部门进行备案。

2)分布式电源并网服务办理告知书(非居民)

(1)业务办理流程(图7.4)。

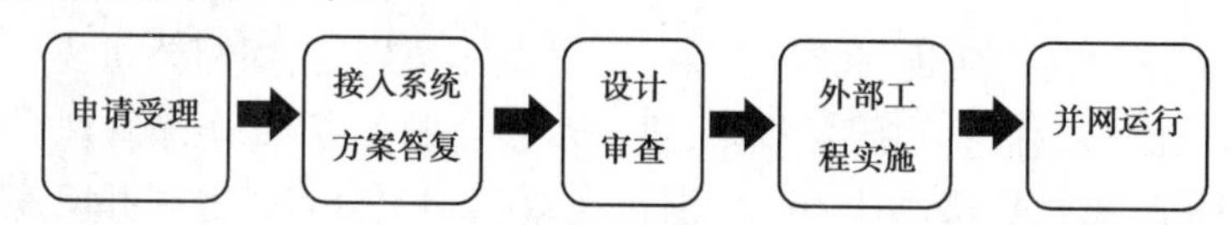

图7.4　分布式电源并网服务业务办理流程(非居民)

(2)业务办理说明。

①申请受理。

在受理您分布式电源并网申请时,您需提供的申请材料包括:

a.并网申请书。

b.申请人身份证。

c.土地证(或场地使用证明)。

d.需政府核准的项目,提供政府投资主管部门同意开展前期工作的批复文件;大工业用户,提供用户内部电气接线图。

e.若您受他人委托办理业务,还需提供您的身份证和委托书。

②接入系统方案答复。

受理您的申请后,我们将按照与您约定的时间至现场查看接入条件,并在规定期限内答复接入系统方案,20个工作日内答复接入系统方案。

③设计审查。

设计完成后,请及时提交设计文件,我们将在10个工作日内完成审查。

④外部工程实施。

工程竣工后,请您及时报验,我们在受理并网验收及并网调试申请后,0.4 kV及以下电压等级接入的分布式电源 5 个工作日内完成并网验收与调试;10 kV 及以上分布式电源 10 个工作日内完成并网验收与调试。

⑤并网运行。

我们将与您签署关于购售电、供用电和调度方面的合同,免费提供关口计量表和发电量计量用电能表,调试通过后直接转入并网运行。

⑥其他告知事项。

我们在并网及后续结算服务中,不收取任何服务费用。在受理您的申请书后,我们将安排专属客户经理,为您全程提供业务办理服务。在业务办理过程中,如果您需要了解业务办理进度,可以直接与您的客户经理联系进行查询。

若您属于 35 kV 电压等级接入,年自发自用电量大于 50%,或 10 kV 电压等级接入且单个并网点总装机容量超过 6 MW,年自发自用电量大于 50% 的分布式电源项目,我们将在 30 个工作日内答复接入系统方案。

7.2.3　分布式电源项目并网咨询服务规范

并网咨询服务内容包括分布式电源相关的政策法规、并网服务流程、接入系统方案制定、工程建设、合同签订、费用收取、并网验收、并网调试、并网运行等。95598 服务热线、网上营业厅、地市和县国网公司客户服务中心均应提供并网咨询服务。

省供电服务中心负责收集、整理分布式电源项目并网涉及的政策法规、标准制度信息,建立并及时更新分布式电源项目并网知识库,并负责管辖范围内分布式电源并网咨询服务工作开展情况的监督、检查、统计和分析工作。

95598 坐席代表负责答复有关分布式电源并网的电话或网络咨询,对于坐席代表无法准确答复的咨询问题,建议项目业主(电力用户)前往指定的地市(县)国网公司客户服务中心与客户经理当面咨询,并通知客户服务中心予以接待。

地市(县)国网公司客户服务中心营业窗口负责受理分布式电源并网咨询,安排客户经理为项目业主(电力用户)提供当面咨询。

7.2.4　分布式电源接入配电网相关技术规范(修订版)

一、总则

第一条　为促进分布式电源又好又快发展,满足分布式电源接入配电网需求,有效防范安全风险,依据国家、行业和国网公司相关制度标准,制定本规范。

第二条　本规范所指分布式电源,是指在用户所在场地或附近建设安装、运行方式以用户侧自发自用为主、多余电量上网,且在配电网系统平衡调节为特征的发电设施或有电力输出的能量综合梯级利用多联供设施。

第三条　本规范明确了国网公司经营区域内的所有分布式电源并网发电项目应遵循的技术原则和电网设备运维检修要求。

第四条　小水电和 35 kV 及以上接入分布式电源按国家及国网公司有关规定执行。

10 kV 及以下接入分布式电源按接入电网形式分为逆变器和旋转电机两类。逆变器类型分布式电源经逆变器接入电网，主要包括光伏、全功率逆变器并网风机等；旋转电机类型分布式电源分为同步电机和感应电机两类，同步电机类型分布式电源主要包括天然气三联供、生物质发电等，感应电机类型分布式电源主要包括直接并网的感应式风机等。

二、一般技术原则

第五条　接有分布式电源的 10 kV 配电台区，不得与其他台区建立低压联络（配电室、箱式变低压母线间联络除外）。

第六条　分布式电源接入系统方案应明确用户进线开关、并网点位置，并对接入分布式电源的配电线路载流量、变压器容量进行校核。

第七条　分布式电源继电保护和安全自动装置配置应符合相关继电保护技术规程、运行规程和反事故措施的规定，装置定值应与电网继电保护和安全自动装置配合整定，防止发生继电保护和安全自动装置误动、拒动，确保人身、设备和电网安全。

第八条　配电自动化系统故障自动隔离功能应适应分布式电源接入，确保故障定位准确，隔离策略正确。

第九条　分布式电源并网运行信息采集及传输应满足《电力二次系统安全防护规定》等相关制度标准要求。接入 10 kV 电压等级的分布式电源（除 10 kV 接入的分布式光伏发电、风电、海洋能发电项目）应能够实时采集并网运行信息，主要包括并网点开关状态、并网点电压和电流、分布式电源输送有功、无功功率、发电量等，并上传至相关电网调度部门；配置遥控装置的分布式电源，应能接收、执行调度端远方控制解/并列、启停和发电功率的指令。接入 220/380 V 电压等级的分布式电源，或 10 kV 接入的分布式光伏发电、风电、海洋能发电项目，暂只需上传电流、电压和发电量信息，条件具备时，预留上传并网点开关状态能力。

第十条　分布式电源接入后，其与公共电网连接（如用户进线开关）处的电压偏差、电压波动和闪变、谐波、三相电压不平衡、间谐波等电能质量指标应满足 GB/T 12325、GB/T 12326、GB/T 14549、GB/T 15543、GB/T 24337 等电能质量国家标准要求。

三、逆变器类型分布式电源接入配电网技术要求

第十一条　逆变器类型分布式电源接入 10 kV 配电网技术要求

1. 并网点应安装易操作、可闭锁、具有明显开断点、带接地功能、可开断故障电流的开断设备。

2. 逆变器应符合国家、行业相关技术标准，具备高/低电压闭锁、检有压自动并网功能（电压保护动作时间要求见表 7.3；检有压 85% U_N 自动并网）。

表7.3　电压保护动作时间要求

并网点电压	要求
$U<50\% U_N$	最大分闸时间不超过0.2 s
$50\% U_N \leqslant U<85\% U_N$	最大分闸时间不超过2.0 s
$85\% U_N \leqslant U<110\% U_N$	连续运行
$110\% U_N \leqslant U<135\% U_N$	最大分闸时间不超过2.0 s
$135 U_N \leqslant U$	最大分闸时间不超过0.2 s
注:①U_N 为分布式电源并网点的电网额定电压;②最大分闸时间是指异常状态发生到电源停止向电网送电时间	

3.分布式电源采用专线方式接入时,专线线路可不设或停用重合闸。

4.公共电网线路投入自动重合闸时,宜增加重合闸检无压功能;条件不具备时,应校核重合闸时间是否与分布式电源并、离网控制时间配合(重合闸时间宜整定为 $2+\delta t$ 秒, δt 为保护配合级差时间)。

5.分布式电源功率因数应在0.95(超前)~0.95(滞后)可调。

第十二条　逆变器类型分布式电源接入220/380 V配电网技术要求

1.并网点应安装易操作,具有明显开断指示、具备开断故障电流能力的低压并网专用开关,专用开关应具备失压跳闸及检有压合闸功能,失压跳闸定值宜整定为 $20\% U_N$、10 s,检有压定值宜整定为大于 $85\% U_N$。

2.逆变器应符合国家、行业相关技术标准,具备高/低电压闭锁、检有压自动并网功能(电压保护动作时间见表7.3,检有压 $85\% U_N$、自动并网)。

3.分布式电源接入容量超过本台区配变额定容量25%时,配变低压侧刀熔总开关应改造为低压总开关,并在配变低压母线处装设反孤岛装置;低压总开关应与反孤岛装置间具备操作闭锁功能,母线间有联络时,联络开关也应与反孤岛装置间具备操作闭锁功能。

4.分布式电源接入380 V配电网时,宜采用三相逆变器;分布式电源接入220 V配电网前,应校核同一台区单相接入总容量,防止三相功率不平衡情况。

5.分布式电源功率因数应在0.95 (超前) ~ 0.95 (滞后)可调。

四、旋转电机类型分布式电源接入配电网技术要求

第十三条　旋转电机类型分布式电源接入10 kV配电网技术要求

1.分布式电源接入系统前,应对系统侧母线、线路、开关等进行短路电流、热稳定校核。

2.分布式电源采用专线方式接入时,专线线路可不设或停用重合闸。

3.分布式电源并网点应安装易操作、可闭锁、具有明显开断点、带接地功能、可开断故障电流的断路器。

4.同步电机类型分布式电源,并网点开关应配置低周、电压保护装置,具备故障解列及检同期合闸功能,低周保护定值宜整定为48 Hz、0.2 s,高/低压保护动作时间见表7.3。

5. 感应电机类型分布式电源，并网点开关应配置高/低压保护装置，具备电压保护跳闸及检有压合闸功能，高/低压保护动作时间见表7.3，检有压定值宜整定为85% U_N。

6. 感应电机类型分布式电源与公共电网连接处（如用户进线开关）功率因数应在0.98（超前）~0.98（滞后）。

7. 相邻线路故障可能引起同步电机类型分布式电源并网点开关误动时，并网点开关应加装电流方向保护。

8. 公共电网线路投入自动重合闸时，宜增加重合闸检无压功能；条件不具备时，应校核重合闸时间是否与分布式电源并、离网控制时间配合（重合闸时间宜整定为2 + δt秒，δt为保护配合级差时间）。

第十四条　旋转电机类型分布式电源接入220/380 V配电网技术要求

1. 分布式电源接入前，应对接入的母线、线路、开关等进行短路电流、热稳定校核。

2. 并网点应安装易操作，具有明显开断指示、具备开断故障电流能力的断路器。

3. 分布式电源接入容量超过本台区配变额定容量25%时，配变低压侧刀熔总开关应改造为低压总开关，并在配变低压母线处装设反孤岛装置；低压总开关应与反孤岛装置间具备操作闭锁功能，母线间有联络时，联络开关也应与反孤岛装置间具备操作闭锁功能。

4. 同步电机类型分布式电源，并网点开关应配置低周、低压保护装置，具备故障解列及检同期合闸功能，低周保护定值宜整定为48Hz、0.2 s，高/低压保护动作时间见表7.3。

5. 感应电机类型分布式电源，并网点开关应配置高/低压保护装置，具备电压保护跳闸及检有压合闸功能，高/低压保护动作时间见表7.3，检有压定值宜整定为85% U_N。

6. 感应电机类型分布式电源与公共电网连接处（如用户进线开关）功率因数应在0.98（超前）~0.98（滞后）。

五、运行维护规范

第十五条　接入10 kV配电网的分布式电源

1. 调度运行管理按照电源性质实行。

2. 系统侧设备消缺、检修优先采用不停电作业方式。

3. 系统侧设备停电检修工作结束后，分布式电源用户应按次序逐一并网。

第十六条　接入220/380 V配电网的分布式电源

1. 系统侧设备消缺、检修优先采用不停电作业方式。

2. 系统侧设备停电消缺、检修，应按照供电服务相关规定，提前通知分布式电源用户。

第十七条　接有分布式电源的配电网电气设备倒闸操作和运维检修，应严格执行《电力安全工作规程》等有关安全组织措施和技术措施要求。

第十八条　系统侧设备运行巡视、消缺维护、技术监督、资料管理等工作，按照（配电网运维检修管理标准和工作标准》（国家电网运检〔2012〕70号）执行。

【任务实施】

一、任务指导书

分布式电源并网服务指导书见表 7.4。

表 7.4　分布式电源并网服务指导书

任务名称	分布式电源并网服务案例分析	学时	2 课时
任务描述	客户李先生准备新申报一分布式电源(光伏新装)的业务,前往就近的属地供电营业厅进行报装申请,营业厅工作人员小王告诉李先生申请光伏发电需要另外出立户费用新立一个户头进行发电上网,且要等手头的普通申请新装的客户装完后才能帮李先生去现场查勘装表		
任务要求	请指出供电公司工作人员违反了哪些条款,暴露了哪些问题,并针对暴露的问题提出改进建议		
注意事项	准确判断客户诉求适用于哪些规定		
任务实施步骤: 一、风险点辨识 客户诉求的合理性、相关条款的适用性。 二、作业前准备 国家电网公司供电服务规范。 三、操作步骤及质量标准 1. 违规条款 2. 暴露问题 3. 措施建议			

【任务评价】

分布式电源并网服务评价表见表 7.5。

表 7.5　分布式电源并网服务评价表

姓名		单位		同组成员			
开始时间		结束时间		标准分	100 分	得分	
任务名称	分布式电源并网服务案例分析						

续表

序号	步骤名称	质量要求	满分/分	评分标准	扣分原因	得分
1	违规条款	指出具体条款	40	少于两条每一条扣20分		
2	暴露问题	描述具体问题	20	少于两条每一条扣10分		
3	措施建议	给出具体建议	40	少于两条每一条扣20分		
考评员(签名)			总分/分			

【思考与练习】

某公共搬迁安置小区内某三层房屋,分别为三户安置客户所有一、二、三层产权,每层居民分别都在房产局办理了房产证,住在第三层的张先生需要申请分布式电源新装,身为营业厅前台工作受理人员的小李需要告知张先生准备哪些申报材料?申请分布式电源新装的流程和注意事项有哪些?

情境8　安全、纪律风险防控

【情境描述】

本情境是在遵循相关法律法规和标准的前提下，对业扩报装工作中的安全把控及纪律把控实施整体把握。涵盖的工作任务主要包括业扩报装工作中的安全知识、业扩报装工作中安全风险的防控两个学习任务。要求学习本情境后能明确掌握业扩报装现场作业安全管理及基本规范和基本要求，具备办理市场化交易业务、管理用电客户档案资料管理基本技能。

【情境目标】

1. 知识目标

(1)能简要说明业扩报装工作中有哪些安全风险与纪律风险。

(2)能熟练掌握、变电、线路安规要求。

(3)熟练掌握业扩报装工作的纪律要求。

2. 能力目标

(1)具备安全风险防控的能力。

(2)具备纪律风险防控的能力。

3. 态度目标

(1)能主动提出问题并积极防控风险。

(2)能团结协作，共同学习与提高。

任务8.1　业扩报装安全知识

【任务目标】

1. 熟悉业扩报装现场作业安全管理的相关内容。

2. 熟悉《关于业扩报装现场作业安全管理指导意见》。
3. 熟悉《营销业扩报装工作全过程防人身事故十二条措施》。
4. 能熟练掌握使用业扩报装工作过程中的各种业务类型的作业指导卡。

【任务描述】

依据相关技术标准和服务规范,熟练掌握各项有关于业扩报装工作安全的规定。

【任务准备】

1. 知识准备
(1)熟悉业扩安全管理文件要求。
(2)熟悉与业扩专业相关的作业指导卡、作业工作票。
2. 资料准备
《关于业扩报装现场作业安全管理指导意见》《营销业扩报装工作全过程防人身事故十二条措施》。

【相关知识】

湖南省电力公司文件

湘电公司营销〔2011〕138 号

关于业扩报装现场作业安全管理指导意见

各电业局:

为吸取业扩报装现场安全事故教训,提高业扩报装人员安全意识,加强作业现场安全管理,确保业扩报装过程中人身设备安全和安全目标实现,现就加强公司业扩报装现场作业安全管理提出以下指导意见。

一、加强业扩报装现场作业安全管理的重要意义

业扩报装过程中的勘查、中间检查、竣工检验以及装表接电四个现场作业环节,存在人身设备安全风险,在全国以往的业扩报装过程中,发生了多起人身触电伤亡事故。加强业扩现场安全管理,是公司安全管理的重要组成部分;确保业扩工作人员人身安全,是实现公司整体安全目标的必然要求。各级领导和有关工作人员必须高度重视扩报装现场安全工作。

二、指导思想和工作目标

1. 指导思想

以确保人身设备安全为目标,坚持抓培训、抓标准化、抓现场,提高业扩报装工作人员安

全意识、安全知识和业务技能，全面实施业扩报装现场标准化作业，强化现场安全管理，确保实现“两无”目标。

2. 工作目标

①无人身伤亡事做。

②无较大设备损坏事故。

三、安全管理措施

(1)建立作业批准制度

高压客户业扩报装现场作业履行批准手续，填写作业任务单，经相关负责人批准方可开展，作业一经批准，不得擅自变更，确需变更，必须重履行批准手续。需要生产运行配合的竣工检验，送电等现场作业应纳入周生产例会进行统筹安排。根据工作职责，10 kV一般专变客户现场作业由三级单位班组长批准，10 kV 专线及以上客户现场作业由二级单位主管领导批准。批准人应对作业必要性和安全性、作业任务单所填安全措施是否正确完备、所派作业负责人和作业人员是否适当和充足等负责。

(2)做好作业方案编制

高压客户竣工检验、接电现场作业应编制作业方案，对作业人员进行专业分组、确定专业负责人。专业负责人组织编制本专业作业内容、程序与安全措施。

(3)严格现场组织管理

原则上，业扩报装现场作业根据业务范围划分，由所属一级单位负责组织；计量装置安装、调试作业可由计量中心或区(县)局单独组织。

进入现场前，作业负责人应与客户或施工方进行现场安全状况沟通，向作业人员交代作业现场危险点与注意事项，统一进行作业安排。现场作业各专业负责人向本专业作业人员进行技术交底、安全交底，确保作业人员任务清楚、危险点清楚、作业程序方法清楚，安全保障措施清楚，组织好本专业作业。相关各方参与作业人员应服从统一安排并严格遵守安全工作规程，严格落实标准化作业要求，确保业扩报装现场作业有序、安全开展。

(4)严格落实安全措施

进入作业现场，所有人员必须正确着装，佩戴安全帽，正确使用安全工器具，保持与电气设施的安全距离。需进入安全距离内的，应先由运行人员或施工人员完成安全技术措施后进入。需要在客户高压电气设备上工作的，应至少由两人进行，完成保证安全的组织措施和技术措施。所有作业人员不许单独进入、滞留在高压室内和室外高压设备区内。坚决杜绝不验电、不采取安全措施作业，以及强制解锁、擅自操作客户设备等违章行为。

(5)全面实施标准化作业

业扩勘查、中间检查、竣工验收作业内容与现场情况加强安全风险点辨识，重点防止走错间隔、误碰带电设备、坠落、高空坠物、电流互感器二次回路开路、电压互感器二次短路等事故发生；严格执行接电前检查、试送电方案，做好风险预控措施：严禁不按规定程序接电，严防客户或施工单位私自接电。

(6)严肃查处违章行为

以《安全生产典型违章100条》《国家电网公司营销安全风险防范工作手册(试行)》《湖南省电力公司营销服务违章处罚实施规定(修订)》为重点，系统分析和查找业扩报装现场作业的管理违章、行为违章现象，坚持以“三铁”反“三违”，从严处罚，常抓不懈。

(7)加强安全学习培训

紧密结合业扩报装工作特点和现场作业人员在安全知识方面的薄弱点,定期开展安全培训、考核。以学习《电力安全工作规程》等安全规章制度为重点,结合案例教育、岗位练兵开展多种形式的安全培训,进一步提高业扩报装现场作业人员安全意识和现场安全作业技能。

四、保障措施

(1)切实加强组织领导

各单位要建立包括安监、营销、稽查、生产、调度以及客户服务中心、计量中心、各县(区)局的业扩报装现场作业安全管理体系,层层落实责任。

(2)加大业扩报装安全投入

各单位要加大投入,组织开展业扩报装工作人员安全培训,配置必要的安全工器具,提高现场作业人员安全保障。

(3)强化监督考核

各单位要将业扩报装现场作业纳入安全监管体系,开展现场安全监督,严格考核。

(4)抓好落实

营销业扩报装工作全过程防人身事故十二条措施(试行)

一、严格落实安全责任

按照"谁主管、谁负责""谁组织、谁负责""谁实施、谁负责"的原则,进一步明确发策、安全、营销、生产、基建、调度等相关部门在业扩报装工作中的安全职责;按照人员、时间、力量"三个百分之百"的要求,抓基础、抓基层、抓基本功,严肃安全纪律,强化安全责任制落实。

二、严格业扩报装组织管理

客户服务中心应加强业扩报装统筹协调,负责统一组织相关部门到客户现场开展方案勘查、受电工程中间检查、受电工程竣工验收、装表、接电等工作。要加强作业计划编制和刚性执行,减少和避免重复、临时工作。要严格执行公司统一的业扩报装流程,确保施工、验收、接电环节有序衔接,严禁不按规定程序私自接电。要建立客户停送电联系制度,严格执行现场送电程序,对高压供电客户侧第一断开点设备进行操作(工作),必须经调度或运行维护单位许可。

三、严格执行工作票(单)制度

在高压供电客户的电气设备上作业必须填用工作票,在低压供电客户的电气设备上作业必须使用工作票或工作任务单(作业卡),并明确供电方现场工作负责人和应采取的安全措施,严禁无票(单)作业。客户电气工作票实行由供电方签发人和客户方签发人共同签发的"双签发"管理。供电方工作票签发人对工作的必要性和安全性、工作票上安全措施的正确性、所安排工作负责人和工作人员是否合适等内容负责。客户方工作票签发人对工作的必要性和安全性、工作票上安全措施的正确性等内容审核确认。

四、严格执行工作许可制度

在高压供电客户的主要受电设施上从事相关工作,实行供电方、客户方"双许可"制度,其中,客户方许可人由具备资质的电气工作人员许可,并对工作票中所列安全措施的正确性、完备性、现场安全措施的完善性以及现场停电设备有无突然来电的危险等内容负责。双方签字确认后方可开始工作。

五、严格执行工作监护制度

在客户电气设备上从事相关工作，现场工作负责人或专责监护人在作业前必须向全体作业人员统一进行现场安全交底，使所有作业人员做到“四清楚”（即作业任务清楚、现场危险点清楚、现场的作业程序清楚、应采取的安全措施清楚），并签字确认。在作业过程中必须认真履行监护职责，及时纠正不安全行为。

六、严格落实安全技术措施

在客户电气设备上从事相关工作，必须落实保证现场作业安全的技术措施（停电、验电、装设接地线、悬挂标识牌和安装遮挡等）。由客户方按工作票内容实施现场安全技术措施后，现场工作负责人与客户许可人共同检查并签字确认。现场作业班组要根据工作内容配备齐全的验电器（笔）、接地线（短路线）等安全工器具并确保正确使用。

七、严格落实现场风险预控措施

依据《营销业扩报装工作全过程安全危险点辨识与预控手册（试行）》，根据工作内容和现场实际，认真做好现场风险点辨识与预控，重点防止走错间隔、误碰带电设备、高空坠落、电流互感器二次回路开路、电压互感器二次短路等，坚决杜绝不验电、不采取安全措施以及强制解锁、擅自操作客户设备等违章行为。要定期分析安全危险点并完善预控措施，确保其针对性和有效性。

八、严格执行个人安全防护措施

进入客户受电设施作业现场，所有人员必须正确佩戴安全帽、正确使用安全带、穿棉制工作服，正确使用合格的安全工器具和安全防护用品。

九、严格查处违章行为

建立健全营销反违章工作机制，以《安全生产典型违章100条》《营销业扩报装工作全过程安全危险点辨识与预控手册（试行）》为重点，系统分析和查找营销业扩每项工作、每个岗位、每个环节的管理违章、行为违章、装置违章现象，坚持以“三铁”反“三违”，从严处罚，常抓不懈。

十、严格执行业扩报装标准规程

严格受电工程设计、施工、试验单位资质审查，遵循公司统一的技术导则及标准开展供电方案编制、受电工程设计审核及竣工验收等工作，防止客户受电设施带安全隐患接入电网。

十一、加强业扩现场标准化作业管理

在勘查、受电工程中间检查及竣工验收、装表、接电等环节推行标准化作业，完善现场标准化作业流程，应用标准化作业卡并将危险点预控措施固化在作业卡中，实现业扩现场作业全过程的安全控制和质量控制，避免人的不安全行为、物的不安全状态、环境的不安全因素出现和失控。

十二、加强安全学习培训

将提升业扩从业人员安全素质建设作为长期性、基础性工作，紧密结合业扩报装特点和营销员工在应用安全知识方面的薄弱点，采取合理有效的培训和考核方式，以学习《电力安全工作规程》等安全规章制度为重点，结合专业实际开展案例教育、岗位培训，进一步提高营销人员安全意识、安全风险辨识能力和现场操作技能。

业扩报装工作过程中的各种业务类型的作业指导卡如下。

高压客户现场勘查作业卡见表8.1。

表8.1　高压客户现场勘查作业卡

<table>
<tr><td>批准人</td><td></td><td>作业负责人</td><td></td><td>作业人员</td><td></td></tr>
<tr><td>客户名称</td><td colspan="3"></td><td>用户编号</td><td></td></tr>
<tr><td>作业地点</td><td colspan="5"></td></tr>
<tr><td>作业时间</td><td colspan="5">年　　月　　日至　　　年　　月　　日</td></tr>
<tr><td>序号</td><td colspan="3">作业内容</td><td colspan="2">风险点(质量关键点)控制措施</td></tr>
<tr><td>1</td><td colspan="3">整理携带必要的客户申报资料。对申请增容的客户,应查阅客户用电档案,记录客户信息、以往用电及变更情况等</td><td colspan="2">—</td></tr>
<tr><td>2</td><td colspan="3">与客户预约勘查时间,并通知相关部门进行勘查</td><td colspan="2">—</td></tr>
<tr><td>3</td><td colspan="3">现场核对申报资料是否与实际相符:
(1)根据客户提供申请用电的相关资料仔细核对是否与现场相符;
(2)初步了解客户现场生产状况并做好记录。

现场勘查的主要内容:
(1)核实客户用电性质、用电容量、用电类别等信息。了解受电装置安装位置,结合现场供电条件,初步确定供电电压、供电电源及回路、负荷等级、计量与计费方案等。
(2)核实客户行业范围、负荷特性、客户对供电可靠性要求以及中断供电危害程度。
(3)对申请增容的客户,核实客户名称、用电地址、电能表箱位、表位、表号、倍率等信息,检查电能计量装置和受电装置运行情况。
(4)对新建小区调查小区远、近期规划,结合客户规划,合理选择供电电源、供电线路、配电变压器分布位置、低压线缆路径等</td><td colspan="2" rowspan="3">(1)进入带电设备区,现场勘查工作至少两人共同进行,实行现场监护。勘查人员应掌握带电设备的位置,与带电设备保持足够安全距离,注意不要误碰、误动、误登运行设备。
(2)工作班成员应在客户电气工作人员的带领下进入工作现场,并在规定的工作范围内工作,做到对现场危险点、安全措施等情况清楚了解。
(3)进入带电设备区,应设专人监护,严格监督带电设备与周围设备及工作人员的安全距离是否足够,不得操作客户设备。对客户设备状态不明时,均视为运行设备。
(4)现场工作必须穿工作服、戴安全帽、佩戴好工号牌,携带必要的照明器材。需攀登杆塔或梯子时,要落实防坠落措施,并在有效的监护下进行。不得在高空落物区通行或逗留</td></tr>
<tr><td>4</td><td colspan="3">绘制供电方案草图,注明供电线路、搭火点、变压器容量等参数</td></tr>
<tr><td>5</td><td colspan="3">规范填写勘查工单,并当场告知客户初步勘查意见</td></tr>
</table>

适用范围:高压新装、增容、减容(有客户工程)、迁址、暂换、改压、分户、并户业务的勘查。

高压客户竣工检验作业卡见表8.2。

表 8.2　高压客户竣工检验作业卡

<table>
<tr><td>批准人</td><td></td><td>作业负责人</td><td></td><td>作业人员</td><td></td></tr>
<tr><td>客户名称</td><td colspan="3"></td><td>用户编号</td><td></td></tr>
<tr><td>作业地点</td><td colspan="5"></td></tr>
<tr><td>作业时间</td><td colspan="5">年　月　日至　年　月　日</td></tr>
<tr><td>序号</td><td colspan="3">作业内容</td><td colspan="2">风险点（质量关键点）控制措施</td></tr>
<tr><td>1</td><td colspan="3">受理客户提交的竣工检验申请，查验施工企业、试验单位资质以及所属进网作业电工持证情况是否符合相关资质要求；查验客户所属进网作业电工持证情况是否符合相关资质要求</td><td colspan="2">核对施工内容是否超出资质证书许可范围；核对资质证书有效期</td></tr>
<tr><td>2</td><td colspan="3">与客户预约竣工检验时间，告知检验项目和应配合的工作。按规定提前通知相关部门参与竣工检验</td><td colspan="2">—</td></tr>
<tr><td>3</td><td colspan="3">工程施工应符合经审查合格的设计要求，隐蔽工程应有施工记录</td><td colspan="2" rowspan="19">（1）对工作人员着装进行检查，必须穿工作服、戴安全帽，符合劳动防护要求。现场通道照明不足时应携带照明器材。不得在高空落物区通行或逗留。
（2）工作负责人对工作现场进行统一安全交底，明确职责，各专业负责落实相关安全措施和责任。竣工检验工作必须由客户方或施工方熟悉环境和电气设备的人员配合进行。
（3）竣工检验前，确定受电设备没有进行高压接电（搭头）。至少两人一起作业，监护人短时离开，指定专人进行监护或停止作业并离开现场。不能扩大工作范围，不能移动和跨越围栏（遮拦）进行作业。工作范围两端已做好安全技术措施。
（4）客户方或施工方已进行现场安全交底，可能发生误触电的区域已设置围栏，并悬挂好标识牌。确认工作范围内的设备已停电、安全措施符合现场工作需要，明确设备带电与不带电部位。竣工检验中，工作人员不得操作客户设备。
（5）攀登杆塔或梯子时设专人监护。正确使用安全带。梯子摆放稳固，工作时梯子有人扶持</td></tr>
<tr><td>4</td><td colspan="3">设备安装、施工工艺和工程选用材料应符合有关规范要求</td></tr>
<tr><td>5</td><td colspan="3">一次设备接线和用电容量与批准方案是否相符</td></tr>
<tr><td>6</td><td colspan="3">电气设备外观应清洁，充油设备无渗漏油，设备编号应正确、醒目</td></tr>
<tr><td>7</td><td colspan="3">无功补偿装置是否能正常投入运行</td></tr>
<tr><td>8</td><td colspan="3">设备接地系统是否符合有关规程要求，接地网及单独接地系统的电阻值是否符合设计要求</td></tr>
<tr><td>9</td><td colspan="3">多路电源、自备电源等各种联锁、闭锁装置是否齐全可靠</td></tr>
<tr><td>10</td><td colspan="3">各种操作机构是否有效可靠</td></tr>
<tr><td>11</td><td colspan="3">计量装置配置和安装是否规范、可靠</td></tr>
<tr><td>12</td><td colspan="3">高压设备交接试验报告是否齐全、合格</td></tr>
<tr><td>13</td><td colspan="3">继电保护装置经传动试验动作是否准确无误</td></tr>
<tr><td>14</td><td colspan="3">调度通信装置经测试是否准确、可靠</td></tr>
<tr><td>15</td><td colspan="3">各项安全防护措施应落实，能保障供用电设施运行安全</td></tr>
<tr><td>16</td><td colspan="3">客户变电所（站）模拟图板的接线、设备编号等应符合规范，且与实际相符，模拟操作灵活、准确</td></tr>
<tr><td>17</td><td colspan="3">新装客户变电所（站）是否配备合格的安全工器具、测量仪表、消防器材</td></tr>
<tr><td>18</td><td colspan="3">客户变电所（站）是否建立倒闸操作、运行检修规程和管理制度，是否建立各种运行记录簿，备有操作票和工作票</td></tr>
<tr><td>19</td><td colspan="3">站内应备有一套全站设备技术资料和调试报告</td></tr>
<tr><td>20</td><td colspan="3">客户电气工作人员是否具备相应资格</td></tr>
<tr><td>21</td><td colspan="3">将检验情况和结论记录在受电工程竣工验收单上</td></tr>
</table>

适用范围：对高压新装增容、减容（有客户工程）、迁址、暂换、改压、分户、并户业务的竣工检验。

高压客户送电作业卡见表8.3。

表8.3　高压客户送电作业卡

<table>
<tr><td>批准人</td><td></td><td>作业负责人</td><td></td><td>作业人员</td><td></td></tr>
<tr><td>客户名称</td><td colspan="3"></td><td>用户编号</td><td></td></tr>
<tr><td>作业地点</td><td colspan="5"></td></tr>
<tr><td>作业时间</td><td colspan="5">年　　月　　日至　　　年　　月　　日</td></tr>
<tr><td>序号</td><td colspan="2">作业内容</td><td colspan="3">风险点(质量关键点)控制措施</td></tr>
<tr><td>1</td><td colspan="2">是否具备接电条件:
(1)启动送电方案已审定;
(2)新建的供电工程已验收合格;
(3)客户受电工程已经竣工并检验合格;
(4)《供用电合同》及相关协议已签订;
(5)业扩费用已经结清;
(6)电能计量装置、用电信息采集终端已安装检验合格;
(7)客户电气工作人员具备上岗资质、安全措施齐备</td><td colspan="3">—</td></tr>
<tr><td>2</td><td colspan="2">按规定提前通知相关部门参与送电</td><td colspan="3">—</td></tr>
<tr><td>3</td><td colspan="2">对全部电气设备做外观检查,确认已拆除所有临时电源与施工设施,并对二次回路进行联动试验</td><td colspan="3" rowspan="5">(1)作业负责人组织开展安全交底和安全检查,明确职责,各专业分别落实相关安全措施并向负责人确认设备具备投运条件。
(2)送电工作必须有客户方或施工方熟悉环境和电气设备且具备相应资质人员配合进行。投运前,客户方电气负责人应认真检查设备状况,有无遗漏临时措施,确保现场清理到位,并向作业负责人汇报并签字确认。
(3)客户自备应急电源与电网电源之间必须正确装设切换装置和可靠的联锁装置,确保在任何情况下,不并网的自备应急电源均无法向电网倒送电。
(4)现场工作必须穿工作服、戴安全帽、佩戴好工号牌,携带必要的照明器材。需攀登杆塔或梯子时,要落实防坠落措施,并在有效的监护下进行。不得在高空落物区通行或逗留</td></tr>
<tr><td>4</td><td colspan="2">确认电源与新投运设备之间的一次电路有明显且可靠的断开点</td></tr>
<tr><td>5</td><td colspan="2">新投运设备的第一次试送电由施工单位进行操作,试运行合格后方可办理交接手续</td></tr>
<tr><td>6</td><td colspan="2">接电后,检查采集终端、电能计量装置运行是否正常,会同客户现场抄录电能表起始示数,记录送电时间、变压器启用时间及相关情况</td></tr>
<tr><td>7</td><td colspan="2">填写送电任务现场工作单</td></tr>
</table>

适用范围:对高压新装增容、减容(有客户工程)、迁址、暂换、改压、分户、并户业务的送电。

低压客户新装、增容—现场勘查作业卡见表8.4。

表8.4　低压客户新装、增容—现场勘查作业卡

<table>
<tr><td>批准人</td><td></td><td>作业负责人</td><td></td><td>作业人员</td><td colspan="2"></td></tr>
<tr><td>客户名称</td><td colspan="4"></td><td>用户编号</td><td></td></tr>
<tr><td>作业地点</td><td colspan="6"></td></tr>
<tr><td>作业时间</td><td colspan="6">年　　月　　日至　　　年　　月　　日</td></tr>
<tr><td>序号</td><td colspan="4">作业内容</td><td colspan="2">风险点(质量关键点)控制措施</td></tr>
<tr><td>1</td><td colspan="4">勘查员接收任务:清点接收资料,逐项核对无误,在资料交接记录上签收</td><td colspan="2">—</td></tr>
<tr><td>2</td><td colspan="4">整理携带必要的客户申报资料</td><td colspan="2">—</td></tr>
<tr><td>3</td><td colspan="4">与客户预约勘查时间,并通知相关部门进行勘查</td><td colspan="2">—</td></tr>
<tr><td>4</td><td colspan="4">现场核对原始资料与实际是否相符:核对客户联系人是否与客户委托函(或有效证明)上委托人一致;根据客户提供申请用电资料仔细核对是否与现场相符;生产经营用户还需了解客户现场生产和经营状况并做好记录</td><td colspan="2" rowspan="5">现场工作必须穿工作服、佩戴好工号牌。进入施工现场,应戴安全帽。
需攀登杆塔或梯子时,要落实防坠落措施,并在有效的监护下进行。不得在高空落物区通行或逗留</td></tr>
<tr><td>5</td><td colspan="4">了解客户所处台区基本情况(客户数量、月最大负荷与用电量)</td></tr>
<tr><td>6</td><td colspan="4">确定供电方案的可行性、供电容量、计量方式、计量装置的配置、用电性质以及是否存在欠费</td></tr>
<tr><td>7</td><td colspan="4">选定客户低压进线搭火点及表箱安装位置。确定接户线型号、走径,线路架(敷)设方式</td></tr>
<tr><td>8</td><td colspan="4">收集汇总勘查意见,填写勘查工单</td></tr>
</table>

适用范围:低压零散、批量客户新装、增容业务的勘查。

变更用电—暂停、暂停恢复作业卡见表8.5。

表8.5　变更用电—暂停、暂停恢复作业卡

<table>
<tr><td>批准人</td><td></td><td>作业负责人</td><td></td><td>作业人员</td><td colspan="2"></td></tr>
<tr><td>客户名称</td><td colspan="4"></td><td>用户编号</td><td></td></tr>
<tr><td>作业地点</td><td colspan="6"></td></tr>
<tr><td>作业时间</td><td colspan="6">年　　月　　日至　　　年　　月　　日</td></tr>
<tr><td>序号</td><td colspan="4">作业内容</td><td colspan="2">风险点(质量关键点)控制措施</td></tr>
<tr><td>1</td><td colspan="4">核实客户基本情况:客户名、用电地址、申请暂停(恢复)日期、基本电费计收方式等</td><td colspan="2" rowspan="7">(1)现场服务人员工作时间按要求着装、佩戴工号牌、戴好安全帽
(2)人体与带电部分保持足够的、符合规程的安全距离。
(3)不接触运行设备的外壳。
(4)不得操作客户电气设备</td></tr>
<tr><td>2</td><td colspan="4">现场检查计量装置和用电设备安全情况是否完好</td></tr>
<tr><td>3</td><td colspan="4">现场核实退出(恢复)设备,并对暂停设备加封(启封)</td></tr>
<tr><td>4</td><td colspan="4">现场核实变更后设备容量</td></tr>
<tr><td>5</td><td colspan="4">核准执行日期</td></tr>
<tr><td>6</td><td colspan="4">抄录计费电能表表码和需量值</td></tr>
<tr><td>7</td><td colspan="4">规范填写暂停(恢复)业务工作单</td></tr>
</table>

适用范围:暂停(恢复)业务的现场工作。

变更用电—减容(无客户受电工程)作业卡见表8.6。

表8.6　变更用电—减容(无客户受电工程)作业卡

<table>
<tr><td>批准人</td><td></td><td>作业负责人</td><td></td><td>作业人员</td><td colspan="2"></td></tr>
<tr><td>客户名称</td><td colspan="4"></td><td>用户编号</td><td></td></tr>
<tr><td>作业地点</td><td colspan="6"></td></tr>
<tr><td>作业时间</td><td colspan="6">年　月　日至　年　月　日</td></tr>
<tr><td>序号</td><td colspan="4">作业内容</td><td colspan="2">风险点(质量关键点)控制措施</td></tr>
<tr><td>1</td><td colspan="4">核实客户基本情况:客户名、用电地址、申请销户日期、基本电费计收方式等</td><td colspan="2" rowspan="7">(1)现场服务人员工作时间按要求着装、佩戴工号牌、戴好安全帽。
(2)人体与带电部分保持足够的、符合规程的安全距离。
(3)不接触运行设备的外壳。
(4)不得操作客户电气设备</td></tr>
<tr><td>2</td><td colspan="4">现场检查计量装置和用电设备安全情况是否完好</td></tr>
<tr><td>3</td><td colspan="4">现场核实退出设备,并对减容设备加封</td></tr>
<tr><td>4</td><td colspan="4">现场核实变更后设备容量</td></tr>
<tr><td>5</td><td colspan="4">核准执行日期</td></tr>
<tr><td>6</td><td colspan="4">抄录计费电能表表码和需量值</td></tr>
<tr><td>7</td><td colspan="4">规范填写销户业务工作单</td></tr>
</table>

适用范围:无客户受电工程的减容业务的现场工作。

变更用电—销户(无客户受电工程)作业卡见表8.7。

表8.7　变更用电—销户(无客户受电工程)作业卡

<table>
<tr><td>批准人</td><td></td><td>作业负责人</td><td></td><td>作业人员</td><td colspan="2"></td></tr>
<tr><td>客户名称</td><td colspan="4"></td><td>用户编号</td><td></td></tr>
<tr><td>作业地点</td><td colspan="6"></td></tr>
<tr><td>作业时间</td><td colspan="6">年　月　日至　年　月　日</td></tr>
<tr><td>序　号</td><td colspan="4">作业内容</td><td colspan="2">风险点(质量关键点)控制措施</td></tr>
<tr><td>1</td><td colspan="4">核实客户基本情况:客户名、用电地址、申请销户日期、基本电费计收方式等</td><td colspan="2" rowspan="7">(1)现场服务人员工作时间按要求着装、佩戴工号牌、戴好安全帽。
(2)人体与带电部分保持足够的、符合规程的安全距离。
(3)不接触运行设备的外壳。
(4)不得操作客户电气设备</td></tr>
<tr><td>2</td><td colspan="4">现场检查计量装置和用电设备安全情况是否完好</td></tr>
<tr><td>3</td><td colspan="4">现场核实退出设备,并对减容设备加封</td></tr>
<tr><td>4</td><td colspan="4">现场核实变更后设备容量</td></tr>
<tr><td>5</td><td colspan="4">核准执行日期</td></tr>
<tr><td>6</td><td colspan="4">抄录计费电能表表码和需量值</td></tr>
<tr><td>7</td><td colspan="4">规范填写销户业务工作单</td></tr>
</table>

适用范围:无客户受电工程的销户业务的现场工作。

变更用电—减容、减容恢复(无客户受电工程)作业卡见表8.8。

表 8.8　变更用电—减容、减容恢复(无客户受电工程)作业卡

<table>
<tr><td>批准人</td><td></td><td>作业负责人</td><td></td><td>作业人员</td><td colspan="2"></td></tr>
<tr><td>客户名称</td><td colspan="4"></td><td>用户编号</td><td></td></tr>
<tr><td>作业地点</td><td colspan="6"></td></tr>
<tr><td>作业时间</td><td colspan="6">年　　月　　日至　　　年　　月　　日</td></tr>
<tr><td>序号</td><td colspan="3">作业内容</td><td colspan="3">风险点(质量关键点)控制措施</td></tr>
<tr><td>1</td><td colspan="3">核实客户基本情况:客户名、用电地址、申请减容(恢复)日期、基本电费计收方式等</td><td colspan="3" rowspan="7">(1)现场服务人员工作时间按要求着装、佩戴工号牌、戴好安全帽。
(2)人体与带电部分保持足够的、符合规程的安全距离。
(3)不接触运行设备的外壳。
(4)不得操作客户电气设备</td></tr>
<tr><td>2</td><td colspan="3">现场检查计量装置和用电设备安全情况是否完好</td></tr>
<tr><td>3</td><td colspan="3">现场核实退出(恢复)设备,并对减容设备加封(启封)</td></tr>
<tr><td>4</td><td colspan="3">现场核实变更后设备容量</td></tr>
<tr><td>5</td><td colspan="3">核准执行日期</td></tr>
<tr><td>6</td><td colspan="3">抄录计费电能表表码和需量值</td></tr>
<tr><td>7</td><td colspan="3">规范填写减容(恢复)业务工作单</td></tr>
</table>

适用范围:无客户受电工程的减容(恢复)业务的现场工作。

【任务实施】

业扩报装安全知识学习指导书见表 8.9。

表 8.9　业扩报装安全知识学习指导书

<table>
<tr><td>任务名称</td><td>业扩报装安全知识学习案例分析</td><td>学时</td><td>2 课时</td></tr>
<tr><td>任务描述</td><td colspan="3">某供电公司客户服务中心高压业扩项目经理小王在组织 10 kV 专变客户送电的过程中,在客户高压侧设备带电后,未采取任何安全措施且未对低压侧设备进行验电就允许客户电工进行低压接线,导致该电工触电伤亡</td></tr>
<tr><td>任务要求</td><td colspan="3">请指出供电公司工作人员违反了哪些条款?暴露了哪些问题?并针对暴露的问题提出改进建议</td></tr>
<tr><td>注意事项</td><td colspan="3">准确判断客户诉求适用于哪些规定</td></tr>
<tr><td colspan="4">任务实施步骤:
一、风险点辨识
客户诉求的合理性、相关条款的适用性。
二、作业前准备
国家电网公司供电服务规范。
三、操作步骤及质量标准
1. 违规条款
2. 暴露问题
3. 措施建议</td></tr>
</table>

【任务评价】

业扩报装安全知识学习评价表见表8.10。

表8.10 业扩报装安全知识学习评价表

姓名		单位		同组成员		
开始时间		结束时间		标准分	100分	得分
任务名称	业扩报装安全知识学习案例分析					
序号	步骤名称	质量要求	满分/分	评分标准	扣分原因	得分
1	违规条款	指出具体条款	40	少于两条每一条扣20分		
2	暴露问题	描述具体问题	20	少于两条每一条扣10分		
3	措施建议	给出具体建议	40	少于两条每一条扣20分		
考评员(签名)			总分/分			

【思考与练习】

哪些业扩报装工作流程中需要填写标准化作业指导卡?

任务8.2 业扩报装工作中安全风险的防控

【任务目标】

能熟练掌握“三不指定”“三个十条”的内容。

【任务描述】

依据相关技术标准和服务规范,熟练掌握各项有关于业扩报装工作纪律风险点的规定。

【任务准备】

1. 知识准备

(1)熟悉对业扩报装工作纪律风险相关的文件要求。

(2)熟悉对业扩报装工作服务风险相关的文件要求。

2. 资料准备

"三不指定""三个十条"相关文件。

【相关知识】

8.2.1　业扩报装"三不指定"

(1)不指定用户受电工程设计单位。

(2)不指定用户受电工程施工单位。

(3)不指定用户受电工程设备材料供应单位。

8.2.2　专项治理"三指定",全面规范整改措施

根治"三指定"问题,时间紧迫,刻不容缓。各单位要坚决贯彻国网公司关于"三指定"治理的一系列部署和要求,下大决心、下大力气深化治理,坚决杜绝"三指定"行为。

1)严格规范业务流程

认真贯彻国网公司业扩报装"一口对外、便捷高效、三不指定办事公开"的原则,严格规范业扩报装工作流程,营销部门要一口对外,组织协调计划生产、调度等部门完成业扩报装相应工作。要进一步加强营销信息系统业务应用,杜绝业扩报装环节流转出现体外循环,流程倒置。强化业扩过程监督,严格执行工作标准,防止业务信息外泄、流程超时限,杜绝无关人员介入流程环节等问题。

2)严格履行工作规范

加强供电方案管理,严格执行国网公司《业扩报装管理工作规范》。对供电方案发生变更,应严格履行审批程序,书面告知客户。严禁在报装工作单据中出现涉嫌指定或限定设计、施工和设备材料供应单位的内容。设计审核、中间检查、竣工检验和装表接电等环节应

严格遵照有关技术规程和规范,不得私自设置其他标准。

3)严格规范营业窗口

推行客户用电报装告知确认制度,在受理申请环节主动向客户提供《用电报装业务办理告知确认书》,向客户明示办理用电申请所需的资料、业扩报装的流程及时限,明确告知客户拥有设计、施工、设备材料供应单位的自主选择权和对服务质量、工程质量的评价权,保障客户的知情权。在营业窗口加大信息公开力度,提供便捷的查询服务,方便客户了解相关信息。推行客户回访制度,客户受电工程送电后实行100%客户回访。规范营业窗口管理,按照公司统一标准要求,合理设置服务功能和项目。

4)严格规范工程管理

对客户受电工程提供统一、规范的技术服务,严禁采用双重标准等各种形式,影响客户自主选择设计、施工和设备材料供应单位。严格执行国家有关定额标准,完善客户委托受电工程设备材料的招标管理,坚决制止各种造成客户受电工程造价虚高的行为。要进一步规范集体企业资质管理与合同管理,依法依规承揽工程,严格按照合同要求,切实抓好工程质量和施工期限控制,有效防止出现客户工程分包或转包。

5)严格规范主多关系

严格落实国网公司规范集体企业管理的有关要求,进一步强化集体企业管理,按照国网公司统一安排部署,实现主业与集体企业"五分开"。加强主业与集体企业业务监管,防止业务交叉、人员混岗等情况,坚决制止各类涉嫌"三指定"的行为。集体企业要进一步强化市场意识、服务意识,注重发挥自身专业技术优势、规模优势,提高市场竞争能力,按照市场规则与其他社会企业公平竞争,合理合法承揽客户受电工程。

8.2.3 国家电网公司新"三个十条"

1)国家电网公司供电服务"十项承诺"

①城市地区:供电可靠率不低于99.90%,居民客户端电压合格率96%;农村地区:供电可靠率和居民客户端电压合格率,经国家电网公司核定后,由各省(自治区、直辖市)电力公司公布承诺指标。

②提供24 h电力故障报修服务,供电抢修人员到达现场的时间一般不超过:城区范围45 min;农村地区90 min;特殊边远地区2 h。

③供电设施计划检修停电,提前7天向社会公告。对欠电费客户依法采取停电措施,提前7天送达停电通知书,费用结清后24 h内恢复供电。

④严格执行价格主管部门制定的电价和收费政策,及时在供电营业场所和网站公开电价、收费标准和服务程序。

⑤供电方案答复期限:居民客户不超过3个工作日,低压电力客户不超过7个工作日,高压单电源客户不超过15个工作日,高压双电源客户不超过30个工作日。

⑥装表接电期限:受电工程检验合格并办结相关手续后,居民客户3个工作日内送电,非居民客户5个工作日内送电。

⑦受理客户计费电能表校验申请后,5个工作日内出具检测结果。客户提出抄表数据异常后,7个工作日内核实并答复。

⑧当电力供应不足,不能保证连续供电时,严格按照政府批准的有序用电方案实施错避峰、停限电。

⑨供电服务热线“95598”24 h受理业务咨询、信息查询、服务投诉和电力故障报修。

⑩受理客户投诉后,1个工作日内联系客户,7个工作日内答复处理意见。

2)国网湖南省电力有限公司工程建设领域廉洁风险防控“十条禁令”

①严禁以权谋私、干预招投标、“提篮子”行为。

②严禁虚假立项、重复申报工程项目。

③严禁以虚假合同等方式套取资金设立“小金库”或账外列支。

④严禁“应招未招”“明招暗定”“越权采购”等违规采购行为。

⑤严禁转包和违法分包。

⑥严禁虚列工程量和虚假签证。

⑦严禁物资虚假入库、出库,私自处置工程结余物资和废旧物资。

⑧严禁挤占挪用工程建设资金、列支“公关费”“协调费”等无关费用。

⑨严禁虚假结算,以预算、施工方结算代结算等违规结算行为。

⑩严禁乱收费乱摊派、拖欠民工工资等损害群众利益的行为。

3)国家电网公司调度交易服务“十项措施”

①规范《并网调度协议》和《购售电合同》的签订与执行工作,坚持公开、公平、公正调度交易,依法维护电网运行秩序,为并网发电企业提供良好的运营环境。

②按规定、按时向政府有关部门报送调度交易信息;按规定、按时向发电企业和社会公众披露调度交易信息。

③规范服务行为,公开服务流程,健全服务机制,进一步推进调度交易优质服务窗口建设。

④严格执行政府有关部门制定的发电量调控目标,合理安排发电量进度,公平调用发电机组辅助服务。

⑤健全完善问询答复制度,对发电企业提出的问询能够当场答复的,应当场予以答复;不能当场答复的,应当自接到问询之日起6个工作日内予以答复;如需延长答复期限的,应告知发电企业,延长答复的期限最长不超过12个工作日。

⑥充分尊重市场主体意愿,严格遵守政策规则,公开透明组织各类电力交易,按时准确完成电量结算。

⑦认真贯彻执行国家法律法规,严格落实小火电关停计划,做好清洁能源优先消纳工作,提高调度交易精益化水平,促进电力系统节能减排。

⑧健全完善电网企业与发电企业、电网企业与用电客户沟通协调机制,定期召开联席会,加强技术服务,及时协调解决重大技术问题,保障电力可靠有序供应。

⑨认真执行国家有关规定和调度规程，优化新机并网服务流程，为发电企业提供高效优质的新机并网及转商运服务。

⑩严格执行《国家电网公司电力调度机构工作人员“五不准”规定》和《国家电网公司电力交易机构服务准则》，聘请“三公”调度交易监督员，省级及以上调度交易设立投诉电话，公布投诉电子邮箱。

【任务实施】

业扩报装纪律风险点指导书见表 8.11。

表 8.11 业扩报装纪律风险点指导书

任务名称	业扩报装纪律风险点学习案例分析	学时	2 课时
任务描述	某私人企业老板王总来到某供电公司办理专变高压新装业务，经前台受理后找到客户服务中心高压业扩项目经理小王，小王在答复供电方案后告诉王总必须要委托与自己关系较好的一家施工单位进行施工则报装过程中才不会有“障碍”，并向王总索要了香烟作为辛苦费		
任务要求	请指出供电公司工作人员违反了哪些条款？暴露了哪些问题？并针对暴露的问题提出改进建议		
注意事项	准确判断客户诉求适用于哪些规定		
任务实施步骤： 一、风险点辨识 客户诉求的合理性、相关条款的适用性。 二、作业前准备 国家电网公司供电服务规范。 三、操作步骤及质量标准 1. 违规条款 2. 暴露问题 3. 措施建议			

【任务评价】

业扩报装纪律风险点知识学习评价表见表 8.12。

表 8.12　业扩报装纪律风险点知识学习评价表

姓名		单位		同组成员		
开始时间		结束时间		标准分	100 分	得分
任务名称	业扩报装纪律风险点知识学习案例分析					
序号	步骤名称	质量要求	满分/分	评分标准	扣分原因	得分
1	违规条款	指出具体条款	40	少于两条每一条扣 20 分		
2	暴露问题	描述具体问题	20	少于两条每一条扣 10 分		
3	措施建议	给出具体建议	40	少于两条每一条扣 20 分		
考评员(签名)			总分/分			

【思考与练习】

供电抢修人员到达现场的时间一般不超过多久?

参考文献

[1] 国家电网公司营销部(农电工作部).“全能型”乡镇供电所岗位培训教材.通用知识[M].北京:中国电力出版社,2017.

[2] 国家电网公司营销部.供电服务典型案例汇编(2017 版)[M].北京:中国电力出版社,2017.

[3] 梁竞之.供电服务技能实用手册[M].北京:中国电力出版社,2015.

[4] 国家电网公司人力资源部.用电业务受理[M].北京:中国电力出版社,2010.

[5] 国家电网公司人力资源部.95598 客户服务[M].北京:中国电力出版社,2010.